金属矿山清洁生产技术

李富平　赵礼兵　李示波　王伟之　编著

北　京

冶 金 工 业 出 版 社

2012

内 容 提 要

本书在介绍清洁生产基础知识的基础上，重点从采矿清洁生产技术、选矿清洁生产技术、尾矿综合利用技术以及矿区生态恢复与重建技术等四个方面论述了金属矿山清洁生产技术，最后以案例的形式介绍了金属矿山清洁生产审核的方法及程序。

本书可以作为从事清洁生产审核及矿山工程技术人员的参考书，也可供高等院校采矿、矿物加工等相关专业师生参考。

图书在版编目(CIP)数据

金属矿山清洁生产技术/李富平等编著．—北京：
冶金工业出版社，2012.5
ISBN 978-7-5024-6023-5

Ⅰ．①金… Ⅱ．①李… Ⅲ．①金属矿开采—无污染
技术 Ⅳ．①TD85

中国版本图书馆 CIP 数据核字(2012)第 195001 号

出 版 人 曹胜利
地 址 北京北河沿大街嵩祝院北巷 39 号，邮编 100009
电 话 (010)64027926 电子信箱 yjcbs@cnmip.com.cn
责任编辑 杨秋奎 美术编辑 彭子赫 版式设计 孙跃红
责任校对 王永欣 责任印制 牛晓波
ISBN 978-7-5024-6023-5
北京百善印刷厂印刷；冶金工业出版社出版发行；各地新华书店经销
2012 年 5 月第 1 版，2012 年 5 月第 1 次印刷
787mm×1092mm 1/16；16 印张；385 千字；245 页
46.00 元

冶金工业出版社投稿电话：(010)64027932 投稿信箱：tougao@cnmip.com.cn
冶金工业出版社发行部 电话：(010)64044283 传真：(010)64027893
冶金书店 地址：北京东四西大街 46 号(100010) 电话：(010)65289081(兼传真)
(本书如有印装质量问题，本社发行部负责退换)

前　言

世界上95%以上的一次能源、80%的工业原料和70%的农业生产资料均来自矿产资源。我国是世界上最早开发利用矿产资源的国家之一。矿产资源的开发在为经济建设做出巨大贡献的同时，也产生了一系列的生态环境问题。由于矿产资源的开发使矿区生态结构破坏，生态功能丧失或降低，生态环境恶化，生态平衡受到破坏，尤其是金属矿山的开采要产生大量的固体废弃物等，不仅占用大量土地，还存在严重的重金属污染等环境问题，属于高破坏、高能耗、高污染行业，已被国家环保部门列为清洁生产审核的重点行业，因此，在矿产资源开发领域研究和实施清洁生产技术具有重大的现实意义。

自1992年联合国环境与发展大会正式提出清洁生产以来，我国政府便给予高度重视并积极响应。1992年国务院批准的《环境与发展十大对策》中就提出了在新建项目中要尽量使用能耗小、污染物排放量少的清洁工艺。2002年颁布实施了《中华人民共和国清洁生产促进法》，以立法这一最强有力的形式推动清洁生产在全国各行业的实施。经过10年的发展，我国清洁生产工作在各行业均取得了一系列成果，产生了显著的效益和良好的社会影响，并出版大量有关清洁生产方面的图书，但其中涉及矿产资源开发方面内容的很少，也没有专门针对金属矿山清洁生产方面的图书，故作者在总结多年来从事矿产资源开发及清洁生产审核教学及相关研究的基础上编写了本书。

本书第1章简要介绍了清洁生产基础知识，第2、3章重点介绍了采矿、选矿清洁生产技术，第4、5章详细介绍了尾矿综合利用技术、采矿迹地生态重建技术，第6章介绍金属矿山清洁生产审核案例。

全书共6章，第1章由李富平执笔，第2章由李示波执笔，第3章由赵礼兵执笔，第4章由王伟之执笔，第5章由许永利执笔，第6章由武会强执笔。

全书由李富平教授统稿，谷岩、冯捷等参与了资料收集和图表整理等工作。本书参考和借鉴了许多同行发表的论文与专著，在此向他们深表谢意。

应当指出的是，金属矿山清洁生产技术多数都是相对的，不可能是标准的、一劳永逸的技术。随着矿产资源开发情况的变化、科学技术进步以及环境保护意识及要求的提高，开发和实施更新的金属矿山清洁生产技术，不断满足社会对环境的要求是一项长期而艰巨的任务。因此，还需要矿业环保人投入更大精力、相关部门投入更大的财力共同为金属矿山实现绿色开采而努力。

由于作者水平所限，书中不当之处，敬请广大读者批评指正。

作　者

2012 年 4 月于唐山

目　录

1 清洁生产基础知识

1.1 清洁生产产生的背景

人类社会生存和发展的基础是物质生产，物质生产的本质是将可利用的自然资源经过加工、提取、转化等手段最终转化为人类的生活资料，在这一过程中需付出一定的劳力和智力，创造劳动工具以提高效率。人类社会的初级阶段主要靠简单工具、双手和体力捕获动物和采集植物，完全靠大自然的赐予过着游牧生活，其生活方式与高等动物的觅食无根本区别，时时受到自然界的威胁，因而人类在思想上敬畏和依赖自然，人类活动对自然环境的破坏相对较小。

进入以种植和养殖为主的农业社会后，人类从游牧到定居，开垦土地，制造简单金属工具，利用畜力，掌握了部分动物、植物的繁殖规律。此时，社会分工较细，商业开始繁荣，城镇也发展到一定规模，生产力大大提高，人类虽然还要"靠天吃饭"，但已不完全依靠自然界，而且已经能够利用自身力量影响、局部改变自然环境。

18 世纪的产业革命，由于科学技术的发展，生产力大大提高。人类不仅生产生活资料，而且还生产生产资料，从利用分散的可再生能源转向利用集中的不可再生的化石燃料能源，从种植、养殖生物到开发和加工矿产原料，从自然经济转向商品经济。此时的人类产生了"驾驭自然、征服自然、做自然的主人"的思想。

人类长期对自然资源的高强度开发消耗，倾泻式的巨大环境污染排放，极大地冲击着人类赖以生存的地球生命支持系统，包括其各种不同空间尺度的生态系统，造成了严重的环境恶化、土地萎缩、森林锐减、水资源紧缺、能源危机、土壤沙化等各种资源环境问题。这些问题互相关联、交互作用，影响不断扩大，并反作用到人类社会，危及人体健康，制约着社会经济发展。甚至有些地区已处于生态环境条件不断恶化与经济发展遭遇困境的恶性循环之中。

20 世纪 60 年代，发达国家开始通过各种方法和技术对生产过程中产生的废弃物和污染物进行处理，以减少其排放量，减轻对环境的危害，这就是所谓的"末端治理"。同时，末端治理的思想和做法也逐渐渗透到环境管理和政府的政策法规中。随着末端治理措施的广泛应用，人们发现末端治理并不是一个真正的解决方案。很多情况下，末端治理需要投入昂贵的设备费用、惊人的维护开支和最终处理费用，其工作本身还要消耗资源、能源，并且这种处理方式会使污染在空间和时间上发生转移而产生二次污染。人类为治理污染付出了高昂而沉重的代价，收效却并不理想。因此，从 70 年代开始，发达国家的一些企业相继尝试运用如"污染预防"、"废物最小化"、"减废技术"、"源削减"、"零排放技术"、"零废物生产"和"环境友好技术"等方法和措施，来提高生产过程中的资源利用效率、削减污染物以减轻对环境和公众的危害。这些实践取得了良好的环境效益和经济效益，使人们认识到革新工艺过程及产品的重要性。在总结工业污染防治理论和实践的基础上，联合国环境规划署（UNEP）于1989年提出了清洁生产的战略和推广计划。

清洁生产是国际社会在总结工业污染治理经验教训的基础上提出的一种新型污染预防和控制战略，随着清洁生产实践的不断深入，其定义一再更新，其内容又逐步扩展到服务业、农业、产品、消费等方面，其原则和方法已经融合到环境保护和经济发展的各个方面，不仅广泛应用于废水、废气、固体废物的污染防治，而且还延伸到技术改造、生产管理、经济结构调整、环保产业、环境贸易和法制建设等领域，并开始建立"循环经济"和"循环社会"等。

1.2 清洁生产的内涵

在可持续发展战略的大背景下，人类经过一段末端治理的实践后，开始朝着清洁生产的道路转向。在探索清洁生产的实践过程中，国际上不同的国家和地区，对清洁生产使用着具有类似含义的多种术语，存在着许多不同但相近的提法，例如，欧洲国家称其为"少废无废工艺"、"无废生产"、"清洁技术"，日本多称"无公害工艺"，美国则称其为"废料最少化"、"污染预防"、"源削减"等，此外，还有"环境无害化技术"、"生态工艺"、"再循环工艺"、"生态效率"等。这些不同的术语或提法，体现了从不同侧面对清洁生产概念的刻画表述。

从环境保护的角度看，对于资源环境因素的关注考虑，应以预防性的措施渗透、贯穿到生产活动全过程中，而不再是那种分离、附加在生产活动之外，不断延长活动的过程和在污染产生后施以治理的末端控制方式。以预防为基础、适应清洁生产要求的环境保护体系框架原则是：

（1）合理有效地利用资源、能源，尽可能减少废物（或污染物）的产生。

（2）对无法避免产生的废物（或污染物），以对资源节约、环境友好的方式进行循环回用和综合利用。

（3）对未被利用的废物（或污染物），采取适当的环境治理技术进行排入环境前的控制削减。

（4）对残余的废物或污染物进行妥善的最终处置，以安全的方式排入环境。

这一新的环境保护体系模式，它所强调的优先序是：首先应避免废物或污染的产生，尽可能在生产发展全过程中减少废物或污染，要比废物或污染产生后运用多种治理技术更为可取。对于废物产生后在生产内部的循环回用，以及不同生产过程或生产系统过程间的综合利用，由于这类活动一般仍优于废物或污染末端处理处置的方式，应得到积极的鼓励。但是，污染预防并不排除污染末端治理措施的必要性，它所要打破的是单纯末端控制的模式体系。作为实现环境保护目标的最后有效手段，末端治理措施还会继续发挥重要的作用，也正是在这一意义上，清洁生产被视为是一个转变传统的污染末端控制体系模式的预防性环境战略。

从生产的角度看，清洁生产要求在考虑节约资源和保护环境的基础上发展生产，在生产全过程的各个组成环节中，充分考虑资源环境因素，不仅注重生产过程自身，而且应关注产品和服务生命周期过程中的资源环境影响，从而有效降低生产活动对资源环境的压力，改进生产的生态效率，推动产业系统的生态化转型。以生态产业系统为目标的产业生态化，是一个产业系统不断演进发展的过程，它不仅取决于每一单个生产系统本身的转变，即单个组织层面上的清洁生产实施及其持续改进，而且还需要在单个组织的清洁生产基础上，推动产业系统的再组织，特别是对其功能、结构进行转变。当前推行的生命周期管理、绿色供应链管理以及产业生态学等，对从产品和生产系统上促进产业系统的生态化具有重要的支持作用。

清洁生产这一术语，最早由联合国环境署提出。随着清洁生产实践的不断深入，其定义一再更新，不仅适用于生产过程，而且其原则和方法又逐步扩展到产品系统和服务活动，向着产品和服务生命周期的全过程发展，形成了当前国际广为流行采用的术语。

按照联合国环境规划署 1998 年最后修改的定义：清洁生产是一种新的创造性思想，该思想将整体预防的环境战略持续应用于生产过程、产品和服务中，以增加生态效率和减少人类及环境的风险。对于生产过程，它意味着要节约原材料和能源，减少使用有毒物料，并在各种废物排出生产过程前，降低其毒性和数量；对于产品，它意味着要从其原料开采到产品废弃后最终处理、处置的全部生命周期中，减小对人体健康和环境造成的影响；对于服务，它意味着要在其设计及所提供的服务活动中，融入对环境影响的考虑。

《中华人民共和国清洁生产促进法》（2002 年）关于清洁生产的定义为：清洁生产是指不断采取改进设计、使用清洁的能源和原料、采用先进的工艺技术与设备、改善管理、综合利用等措施，从源头削减污染，提高资源利用效率，减少或者避免生产、服务和产品使用过程中污染物的产生和排放，以减轻或者消除对人类健康和环境的危害。

这两个定义虽然表述不同，但内涵是一致的。《清洁生产促进法》关于清洁生产的定义，借鉴了联合国环境规划署的定义，结合我国实际情况，表述更加具体、更加明确，便于理解。

清洁生产一经提出后，在世界范围内得到许多国家和组织的积极推进和实践，其最大的生命力在于可取得环境效益和经济效益的"双赢"，它是实现经济与环境协调发展的重要途径。

综上所述，清洁生产包含了以下四层涵义：

（1）清洁生产的目标是节省能源、降低原材料消耗、减少污染物的产生量和排放量。其主要内容包括：清洁的、高效的能源和原材料利用；清洁利用矿物燃料，加速以节能为重点的技术进步和技术改造，提高能源和原材料的利用效率。

（2）清洁生产的基本手段是改进工艺技术、强化企业管理，最大限度地提高资源、能源的利用水平和改变产品体系，更新设计观念，争取废物最少排放及将环境因素纳入到服务中去。其主要内容包括：采用少废、无废的生产工艺技术和高效生产设备；尽量少用、不用有毒有害的原料；减少生产过程中的各种危险因素和有毒有害的中间产品；组织物料的再循环；优化生产组织和实施科学的生产管理；进行必要的污染治理，实现清洁、高效的利用和生产。另外还要保证产品应具有合理的使用功能和使用寿命；产品本身及在使用过程中，对人体健康和生态环境不产生或少产生不良影响和危害；产品失去使用功能后，应易于回收、再生和复用等。

（3）清洁生产的方法是排污审核，即通过审核发现排污部位、排污原因，并筛选消除或减少污染物的措施及产品生命周期分析。清洁生产要求两个"全过程"控制：一是产品的生命周期全过程控制，即从原材料加工、提炼到产品产出、产品使用直到报废处置的各个环节采取必要的措施，实现产品整个生命周期资源和能源消耗的最小化；另一是生产的全过程控制，即从产品开发、规划、设计、建设、生产到运营管理的全过程，采取措施，提高效率，防止生态破坏和污染的发生。

（4）清洁生产的最终目标是保护人类与环境，提高企业自身的经济效益。清洁生产的最大特点是持续不断地改进。清洁生产是一个相对的、动态的概念。所谓清洁的工艺技术、生产过程和清洁产品是和现有的工艺和产品相比较而言的。推行清洁生产，本身是一个不断完善的过程，随着社会经济发展和科学技术的进步，需要适时地提出新的目标，争取达到更高的水平。

清洁生产是关于产品和产品生产过程的一种新的、持续的、创造性的思维，它是指对产品和生产过程持续运用整体预防的环境保护战略。

清洁生产是要引起研发者、生产者、消费者，也就是全社会对于工业产品生产及使用全过程对环境影响的关注，使污染物产生量、流失量和治理量达到最小，使资源充分利用，是一种积极、主动的态度。而末端治理把环境责任只放在环保研究、管理等人员身上，只把注意力集中在对生产过程中已经产生的污染物的处理上。具体对企业来说只有环保部门来处理这一问题，所以总是处于一种被动的、消极的地位。因而从末端治理到清洁生产是人类环保思想从"治"到"防"的一次飞跃。清洁生产优于末端治理主要体现在以下四个方面：

（1）在资源、能源的充分利用和消减污染物产生量方面，清洁生产优于末端治理。清洁生产强调源头治理，选用清洁的原料、清洁的生产工艺进行生产活动有利于资源的有效利用并在生产、使用和处置的全过程中不产生有害影响的清洁产品。这样就有效地利用了资源和能源，极大地降低了污染物的产生量和排放量；而末端治理与生产过程控制没有密切结合起来，资源和能源不能在生产过程中得到充分利用，也无法削减在生产过程中产生的大量污染物。末端治理只注意末端净化，不考虑全过程控制；只重视污染物排放量，不考虑资源、能源的最大限度利用和减少污染物的产生量，因而必然造成资源、能源严重浪费。如我国矿产资源总回收率只有30%，而国外矿产资源回收率平均达50%；共伴生矿产资源综合利用率不到20%，伴生金矿选矿回收率只有50%～60%，伴生银矿选矿回收率只有60%～70%，比国外先进水平低10个百分点。工业用水重复利用率20%～30%，与发达国家的90%以上相差甚远。因此改进生产工艺及控制、提高产品的回收率，可以大大削减污染物的产生，不但增加了经济效益，也减轻了末端治理的负担。又如硫酸生产中，如果认真控制硫铁矿焙烧过程的工艺条件，使烧出率提高0.1%，对于100000t/a的硫酸厂就意味着每年由烧渣中少排放100t硫，多烧出100t硫，又可多生产约300t硫酸。因此，污染控制应该密切地与生产过程控制相结合，末端控制的环保管理总是处于被动的局面，资源不仅不能充分利用而且浪费的资源还要消耗其他的资源和能源去进行处理。

（2）在废弃物处理效果方面，清洁生产优于末端治理。末端治理从资源、能源的选择到生产工艺都未对污染物的产生进行有效的控制，因而所需处理的污染物量十分巨大，污染物的危害性也十分严重，这就必然导致处理的效果难以达到环境保护的要求。现有的污染物末端治理技术还有局限性，使得排放的"三废"在处理、处置过程中对环境存在一定的风险。末端治理在大多数情况下是污染物在介质之间的转移，不能从根本上消除污染，如废水处理产生含重金属污泥及活性污泥，净化废气会产生废水，焚烧固体废弃物会造成大气污染，填埋有害废物可能造成土壤和地下水污染等，都会对环境带来二次污染。而清洁生产强调全过程控制，废物排放量明显减小，废物危害性大大降低，治理效果很好。

（3）在实施方案所产生的经济效益方面，清洁生产优于末端治理。末端治理是在污染物产生后再进行处理，处理设施基建投资大，运行费用高。末端治理把污染物集中在尾部进行处理，这就造成需要处理的污染物数量多、负荷大、一次性投资和运行费用高，尤其是对于分散的污染源，末端治理很难发挥投资的规模效益和综合效益。因而"三废"处理与处置往往只有有限的环境效益而无经济效益，给企业带来沉重的经济负担。目前各企业投入的环保资金除部分用于预处理的物料回收、资源综合利用等项目外，大量的投资用来进行污水处理厂（站）等项目的建设。由于没有抓住生产全过程控制和污染源削减，生产过程中污染物产生量很大，所以需要污染治理的投资很大，而维持处理设施的运行费用也非常可观。许多企业由于种种原因，物料流失严重，提高了物耗和产品成本，造成巨大的经济损失，而流失到环境中的物料还需要很高的费用去处理、处置，使企业承受双重的经济负担。清洁生产把污染尽可能地消除在生产过程中，大大减轻了末端治理费用，降低了末端治理技术开发的难度。

（4）在保护企业员工的健康方面，清洁生产优于末端治理。末端治理只是在污染物产生后才集中处理，对原有的生产工艺和生产技术不进行改进。这就必然造成员工在生产活动中受到污染物的危害。而清洁生产最大限度地替代了有毒的产品、有毒的原材料，替代了排污量大的工艺和设备，改进了操作技术和管理方式，因而改善了职工的劳动条件和工作环境，保护了员工的身体健康。清洁生产的许多方案简便易行，可操作性强，便于立即实施，这样可以随时处理生产过程中产生的污染物，也有效地保护了员工的身体健康。

总之，由于清洁生产能够实现经济效益、环境效益与社会效益真正统一，推行清洁生产已经成为世界各国发展经济和保护环境所采用的一项基本策略。近年来发达国家的工业污染控制策略已发生重大变化，用预防污染政策取代以末端处理为主的污染控制政策已成为必然。1990年美国能源部发表了《废物消减政策说明》，1991年即有一半以上的州有了污染预防法，1992年颁布了《污染预防战略》；荷兰利用税法条款推进清洁生产技术开发和利用取得极大成功。现在，联合国和世界银行已经开始大力资助各国的清洁生产项目。不论是从国外的经验，还是从国内正在进行的清洁生产工作来看，清洁生产均给企业带来经济效益，受到企业的欢迎。因此，清洁生产应该是当今工业污染防治的首选方案。

1.3　清洁生产的意义及特点

清洁生产的基本目标就是提高资源利用效率，减少和避免污染物的产生，保护和改善环境，保障人体健康，促进经济与社会的可持续发展。

对于企业来说，应改善生产过程管理，提高生产效率，减少资源和能源的浪费，限制污染物排放，推行原材料和能源的循环利用，替换和更新导致严重污染的、落后的生产流程、技术和设备，开发清洁产品，鼓励绿色消费。

从更高的层次来看，应当根据可持续发展的原则来规划、设计和管理生产，包括工业结构、增长率和工业布局等内容；应采用清洁生产理念开展技术创新和攻关，为解决资源有限性和未来日益增长的原材料和能源需求提供解决途径；应建立推行清洁生产的合理管理体系，包括改善有关的实用技术，建立人力培训规划机制，开展国际科技交流合作，建立有关的信息数据库；最终要通过实施清洁生产，提高全民对清洁生产的认识，实现可持续发展的目标。

1.3.1　清洁生产是实现可持续发展战略的重要措施

可持续发展的两个基本要求——资源的永续利用和环境容量的持续承受能力都可通过实施清洁生产来实现。清洁生产可以促进社会经济的发展，通过节能、降耗、节省防治污染的投入来降低生产成本，改善产品质量，促进环境和经济效益的统一。清洁生产可以最大限度地使能源得到充分利用，以最少的环境代价和能源、资源的消耗获得最大的经济发展效益。

1.3.2　清洁生产可减少末端治理费用、降低生产成本

目前，我国经济发展是以大量消耗资源的粗放经营为特征的传统发展模式，工业污染控制以"末端治理"为手段。末端治理作为目前国内外控制污染最重要的手段，对保护环境起到了极为重要的作用。然而，随着工业化发展速度的加快，末端治理这一污染控制模式已不能满足新型工业化生产的需要。首先，末端治理设施投资大、运行费用高，造成工业生产成本上升，经济效益下降；其次，末端治理存在污染物转移等问题，不能彻底解决环境污染；再者，末端治理未涉及资源的有效利用，不能制止自然资源的浪费。

清洁生产彻底改变了过去被动、滞后的污染控制手段，强调在污染产生之前就予以削减，它通过生产全过程控制，减少甚至消除污染物的产生和排放，这样不仅能减少末端治理设施的建设投资，同时也减少了治污设施的运行费用，从而大大降低了工业生产成本。

1.3.3　清洁生产能给企业带来巨大的经济、社会和环境效益

清洁生产的本质在于实行污染预防和全过程控制，是污染预防和控制的最佳方式。清洁生产是从产品设计、替代有毒有害原材料、优化生产工艺和技术设备、物料循环和废物综合利用等多个环节入手，通过不断加强科学管理和科技进步，达到"节能、降耗、减污、增效"的目的，在提高资源利用率的同时，减少污染物的排放量，实现经济效益和环境效益的统一。

清洁生产与企业的经营方向是完全一致的，实行清洁生产可以促进企业的发展，提高企业的积极性，不仅可以使企业取得显著的环境效益，还会给企业带来诸多其他方面的效益。

（1）促进科学管理的提高。科学管理是新型工业化取得良好经济效益的有效保证，而清洁生产则是提高新型工业化科学管理水平的有效手段。因为清洁生产是一个系统工程，一方面它强调提高企业的管理水平，提高包括管理人员、工程技术人员、操作工人在内的所有员工在经济观念、环境意识、参与管理意识、技术水平、职业道德等方面的素质；另一方面它通过制订科学的奖励机制，把生产过程中的原辅材料、水、电、汽、能源消耗量和费用等定额，按照目前国内外同行业清洁生产所能达到的最高水平进行修订和完善，然后将其转化为目标成本，量化分解到各生产车间、工段、岗位和个人，以达到

"节能、降耗、减污、增效"的目的。

（2）提高企业竞争能力。质量好、成本低、服务优是产品竞争的基础。企业的环境好、无污染，就使企业具有一个良好的形象，这些都可增加消费者对企业产品的信任度，对产品占领市场无疑会起到重要的作用。近年来，环境与贸易问题逐渐成为我国在国际经济合作中的焦点问题之一。为了维护我国在国际贸易中的合法权利，有效保护我国工业企业的经济利益，尽可能地减少发达国家愈演愈烈的"绿色壁垒"对我国出口贸易的负面影响，避免与环境相关的非关税贸易壁垒，只有提供符合环境标准的"清洁产品"，才能在国际市场竞争中处于不败之地。因此，只有推行清洁生产，才能使我国的工业企业在激烈的国际市场竞争中处于有利地位。

（3）为企业生存、发展营造环境空间。企业的环保关系着企业的生存和发展，当企业的污染成为社会不稳定因素时，企业有可能被关闭。当企业实行清洁生产，做到增产、增效、不增污时，就为企业的生存和发展营造了环境空间；同时，废弃物处理、处置设施也会取得相应的余量，从而可减少新增设施的投资和运行费用。

（4）避免或减少污染环境的风险。全员的预防意识、完好的预防设施、严密的制度、严格的管理，可以避免突发性重大污染事故的发生，消除或减少对末端治理的负荷冲击和二次污染。

（5）改善职工的生产、生活环境。通过实施清洁生产可改善职工的操作和生活环境，减轻对职工身心健康的影响。

1.4　清洁生产实施的途径

清洁生产包含从原料选取、加工、提炼、产出、使用到报废处置以及产品开发、规划、设计、建设生产到运营管理的全过程所产生的污染的控制。实行清洁生产是现代科技和生产力发展的必然结果，是从资源和环境保护角度上要求工业企业具有一种新的现代化管理的手段。清洁生产作为一个全新的战略对策，表达其基本特征最关键的三个要素是预防性、综合性和持续性。

（1）预防性。预防性是清洁生产概念中的核心要素，也是贯穿于清洁生产战略中的基本原则。面对人类社会生产引发的各种环境问题，与长期以来先是毫无顾忌的污染产生排放，继而单纯依靠在生产末端实施延伸治理的应对方式不同，清洁生产战略则要求针对资源能源利用和废物或污染物产生，通过生产过程及其产品与服务活动的全方位变革，实现生产与环境的逐步相容。清洁生产的这一基本特征，需要更积极主动的态度和更富有创造性的行动。无疑，这对转变人类自身活动行为，从根本上协调人类社会与生态环境大系统的关系，具有本质意义。

（2）综合性。传统的生产末端治理方式，着眼于单一形态的污染控制。与之相反，清洁生产将预防性的措施渗透到生产过程、产品和服务活动中。这意味着，在减小人类生产活动对资源环境的冲击压力时，存在有许许多多的组织生产、改变资源能源使用方式、降低废物或污染产生的清洁生产机会。因此，面对清洁生产的多环节、多样性的预防性途径，必然使得清洁生产这一战略对策具明显的系统综合性特征。只有采用综合集成的方式方法，才能有效发挥清洁生产的积极作用，获取清洁生产的效果。推行清洁生产需要企业建立一个预防污染、保护资源所必需的组织机构，要明确职责并进行科学的规划，制定发展战略、政策及法规。清洁生产是包括产品设计、能源与原材料的更新与替代、开发少废无废清洁工艺、排放污染物处置及物料循环等的一项复杂系统工程。

（3）持续性。清洁生产结合企业产品特点和工艺生产要求，使其目标符合企业生产经营发展的需要。环境保护工作要考虑不同经济发展阶段的要求和企业经济的支撑能力，这样清洁生产不仅推进企业生产的发展而且保护了生态环境和自然资源。实施清洁生产是一个持续动态的深化过程。任何预防性措施都不可能是一次性或可以间断停顿的行动。同样，清洁生产也不可能期望通过一次或几次活动就能完成预防的目标，实现预防的效果。随着科学技术的进步，生产管理水平的提高，将会产生更清洁的改进生产系统的方法途径，从而促进生产过程、产品和服务向着更为环境友好的方向发展。所以，清洁生产将是一个持续改进、永不间断的过程。

大量的清洁生产实践表明，清洁生产不仅是资源持续利用、减少生产活动污染、保护环境的根本措施，而且能够极大地降低生产成本，提高企业产品和服务的市场竞争力，达到环境效益和经济效益的双赢目标。

依据清洁生产基本特征，其实现途径主要是通过国家相关管理政策和对整个生产过程的实际改造来实现。

1.4.1　国家清洁生产管理政策

1.4.1.1　清洁生产审核

清洁生产审核是企业实施清洁生产最直接、最有效的途径。清洁生产审核是对企业现在的和计划进行的工业生产实行预防污染的分析程序。它通过分析污染来源、废弃物产生原因及其解决方案的思维方式来寻找尽可能高效率地利用资源，同时减少或消除废物的产生和排放的方法。它是从污染预防的角度对现有的或计划进行的工业生产活动中物料的走向和转换所实行的一种分析程序（详见第 6 章）。

1.4.1.2　环境管理体系

国际标准组织认为 ISO14000 环境管理体系（EMS）是整个管理体系的一部分，管理体系的这一部分包括制定、实施、实现、评价和持续环境政策所需要的组织结构、规划活动、责任、实践、步骤、流程和资源。ISO14000 环境管理体系旨在指导并规范企业（及其他所有组织）建立先进的体系，引导企业建立自我约束机制和科学管理的管理行为标准。它适用于任何规模的组织，也可以与其他管理要求相结合，帮助企业实现环境目标与经济目标。

ISO14000 环境管理体系是集世界环境管理领域的经验与实践于一体的先进体系，它主要通过建立、实施一套环境管理体系，达到持续改进、预防污染的目的。其核心内容包括持续改进、污染预防、环境政策、环境项目或行动计划；环境管理与生产操作相结合，监督、度量和保持记录的步骤；纠正和预防行动 EMS 审计、管理层的评审；厂内信息传播、培训及厂外交流等。

所以，ISO14000 环境管理体系是企业为提高自身环境形象和减少环境污染所选择的一个管理性措施。企业一旦建立起符合 ISO14000 环境管理体系，并经过权威部门认证，不仅可以向外界表明自己的承诺和良好的环境形象，而且从企业内部开始实现一种全过程科学管理的系统行为。

1.4.1.3　产品生命周期评估

产品生命周期是指一个产品系统从原料采集和处理、加工制作、运销、使用、复用、再循环，直至最终处置和废弃等环节组成的生命链，即体现产品从自然中来又回到自然中去的物质转化全过程。生命周期有时也被形象地称作"从摇篮到坟墓"。产品生命周期评估（LCA）强调全面认识物质转化过程中的环境影响，这些环境影响不但包括各种废料的排放，还涉及物料和能源的消耗以及对环境造成的破坏作用。将污染控制与减少消耗联系在一起，这样既可以防止环境问题从生命周期的某个阶段转移到另一个阶段或污染物从一个介质转移到另一个介质，也有利于通过全过程控制实现污染预防。

LCA 的目标不仅仅是实现达标排放，而是改善产品的环境性能，使其与环境相容。因此，可以说 LCA 的思想原则导致了新的环保战略——推行清洁生产。首先，LCA 可促进企业认识与企业活动相联系的所有环境因素，正确全面理解自己的环境责任，积极建立环境管理体系，制定合理可行的环境方针和环境目标。其次，LCA 可协助企业发现与产品有关的各种环境问题的根源，发现管理中的薄弱环节，提高物料和能源的利用率，减少排污，降低产品潜在的环境风险，实现全过程控制。

1.4.1.4　环境标志

环境标志是一种标在产品或其包装上的标签，是产品的证明性商标。环境标志表明该产品不仅质量合格，而且在生产、使用和处理过程中符合特定的环境保护要求，与同类产品相比，具有低毒少害、节约资源等优势；这与清洁生产的思想是一致的。实践证明，环境标志作为一种指导性的、自愿的控制市场的手段，可以成为保护环境的有效工具。有关环境标志的内容已被列入 ISO14000 环境管理体系系列标准之中，作为环境管理体系的技术支撑之一。

近年来，许多国家实施的环境标志制度，其宗旨就是通过提供比较权威的认证将消费者的购买力引向购买环境性能较优的产品这一方向上来，使消费者日常的购物行为转化为环境保护的推动力，使市场转向"绿色"，从而引导企业自觉地实施清洁生产，申请环境标志认证。

1.4.1.5　产业、金融政策

产业政策、金融政策等是促进企业实施清洁生产的另外一些有效的途径。政府以及行业主管部门、金融部门可以制定一系列相应的优惠政策来促进企业实施清洁生产。比如对通过清洁生产审核的企业的建设项目可缩短其审批时间、减少审批程序，对于没有通过清洁生产审核的企业原则上不予贷款等。已经实施和即将实施的政策都有力地促进了企业实施清洁生产。

1.4.2　生产过程中的清洁生产实施途径

在清洁生产实施过程中，形成了一些具体的清洁生产的实现途径，下面以矿业开发为例说明清洁生产实施途径。

1.4.2.1　产品的改变

A　产品性能改善

生产厂家可通过改变产品的性能来减少产品最终使用时产生的废物。如某矿山选矿厂通过对生产工艺的改进有效降低了铁精粉中的含硫量，用其炼钢后钢的热脆性降低，减少了废钢的产生量。

　　B　改变产品配方

　　新产品的设计应充分考虑其环境兼容性，即产品是否使用稀有原材料，是否含有害物质，是否消耗太多能源，是否容易再生利用。如长期以来都是用碱性氰化物浸出矿石和精矿中的金、银，现在由于认识到氰化物对环境的污染问题，全世界都要求寻找一种可代替氰化物的物质，即使用非氰药剂浸出金、银的矿物浸出工艺，亦称无氰浸出，研究较多的非氰浸出工艺有硫脲法、液氯法、硫代硫酸盐法、多硫化铵法和细菌浸出法。

1.4.2.2　产品的生产规模

　　合理的经济规模在投资、能源利用、管理、污染物产生与治理等方面都有着明显的优越性。由于中小型金属矿山企业生产规模小，管理方式落后，自动化程度低，资源回收率及综合利用率低，产品的物耗和能耗高。因此，我国近年来开展了大规模的矿产资源开发整合力度，使我国矿产资源开发形势得到了明显改善，矿产资源利用率及综合利用率得到明显提高，矿山生态环境得到明显改善。

1.4.2.3　原料路线的选择

　　原料路线的选择对生产过程中污染物的产生至关重要，如采用高污染的原料，在产品生产的同时也产生大量污染物，不仅对环境造成威胁，也为末端治理留下很重的负担。如低品位硫铁矿的应用，在硫酸生产过程中硫的烧出率低，使矿耗增高。将硫铁矿品位由含硫25%提高到42%，生产硫酸排除的烧渣量可减少约50%。另外，低品位矿中往往砷、氟含量高，使净化系统废水中氟、砷含量也高，增加了废水治理难度，而且砷和氟还会影响催化剂的寿命。

1.4.2.4　原料的综合利用

　　下面以磷矿综合利用为例说明原料的综合利用。

　　长期以来对磷灰石矿的利用，仅限于经选矿得到的磷灰石精矿，用以生产磷肥；而对共生的霞石、榍石和钛磁铁矿等，则作为尾矿废弃。20世纪80年代后期，前苏联希平矿联合企业，在清洁生产工艺思想的指导下，开发了整套矿石的加工工艺。首先通过选矿，将原矿分成磷灰石精矿和霞石精矿两大组分，同时得到榍石精矿和钛磁铁矿。磷灰石精矿可用硫酸或硝酸进行分解制取磷肥，其副产磷石膏及氟亦可综合利用。霞石精矿和钛磁铁精矿则可生产大量的氧化铝、纯碱、碳酸钾、钛铁等化工产品。磷灰石矿产资源的综合利用及废水闭路循环配套措施，成为国际上合理使用资源的成功范例。由此可见，随着科学技术的进步和工业的发展，资源的综合利用将得到不断地深化。

1.4.2.5　清洁生产工艺的开发

　　原料确定后，采用的生产工艺技术路线就成为决定污染物产生量多少的重要因素。因此，改革传统工艺，开发或采用清洁生产工艺，是防止污染的重要途径。

　　(1) 生产工艺改革。改革生产工艺，减少废物生产是指开发和采用低废和无废生产工艺和设备来替代落后的老工艺，提高资源利用率，消除或减少废物。如金属矿山地下开采采矿方法由崩落法改为全尾矿充填法，既解决了尾矿的堆存占用土地、破坏环境等问题，同时还减少了采矿引起的地表塌陷问题，减少土地，特别是耕地的破坏。

图 1-1、图 1-2 分别为传统的地下开采生产工艺流程和地下开采清洁生产工艺流程。

图 1-1　传统的地下开采生产工艺流程

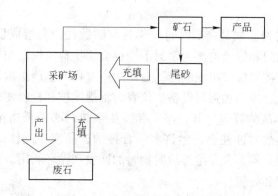

图 1-2　地下开采清洁生产工艺流程

（2）工艺设备改进。通过工艺设备改造或重新设计生产设备来提高生产效率，减少废物量。如在铁矿的选矿过程中高频振动细筛的应用，显著提高了选矿回收率，使矿产资源得到充分利用，同时减少尾矿的排放量。

（3）工艺控制过程的优化。在不改变生产工艺或设备的条件下，进行操作参数的调整，优化操作条件常常是最容易而且最便宜的减废方法。大多数工艺设备都是使用最佳工艺参数（如温度、压力和加料量）设计的，以取得最高的操作效率，因而，在最佳工艺参数下操作，避免生产控制条件波动和非正常停车可大大减少废物量。以采用充填采矿法的矿山为例，在正常情况下充填料浆应在允许的流速下均匀地充入采空区。但由于充填前管道未清洗干净、给料过程中混入杂物、料浆混合不达标发生离析沉淀等原因，造成料浆输送过程中管道堵塞。在采用充填采矿的矿山中，充填管道是整个矿山生产的咽喉，充填管道一旦堵塞，对矿山的正常生产造成重大影响，轻者延缓充填进度，重者致使管道报废。因此，加强管理，精心维护和操作，减少装置的停车、操作条件波动、物料排放和泄漏是控制污染的关键。

1.4.2.6　物料闭路循环设计

物料闭路循环设计是将污染物消除在工艺过程中，实现工艺过程的闭路循环系统，使所产生的污染物最大限度的加以回收利用，从而使整个系统不排放污染物。如在地下开采设计中采用尾矿充填工艺，即是“矿产资源开采—有用成分回收利用—废弃物（尾矿）充填地下采空区”实现矿产资源开发闭路循环设计的有效途径。

1.4.2.7　内部管理优化

（1）原材料制备。合格的原材料制备是生产过程极为重要的工序。如浮选药剂的质量问题是决定浮选效果的关键因素。因此，原材料到厂后必须加强抽样检测，严格把关，然后按一定工序进行加工、混配。

（2）原材料管理。原材料管理不严和储运过程的损失是造成原材料消耗高的原因之一。原料露天堆放，经常随风、雨流失，不仅损失原料，也污染环境。对有毒有害原材料的储运管理尤为重要，因其存在会直接污染土壤和地下水的潜在危险，后果难以设想。

（3）工艺参数控制。如在进行巷道支护时，铺设钢筋网、打锚杆、喷射混凝土都有严格的规定，若不按要求进行支护作业，将对巷道的质量产生重大影响，严重影响矿产资源回收率，所以严格控制工艺参数，对于确保巷道的稳固，井下生产的正常进行至关重要。

（4）设备、仪表维修。如某选矿厂的矿浆具有腐蚀性，会造成设备、阀门及管道的腐蚀及泄漏，设备、阀门和管道的法兰密封不严也会使物料流失，如检修或更换不及时就会造成污染。生产过程控制仪表出现故障，会使生产过程产生严重后果，如设备损坏、停产、反应异常等。因此，应当加强对设备、仪表的常规维护和检验使处于正常运行状态。

（5）开、停车和事故的管理。开、停车和发生事故时必须严格按照操作规程进行处理。开、停车和发生事故时往往会产生许多不合格的产品或中间体，有时不得不成为废物。为此，必须做好开、停车和发生事故时物料的回收和循环利用，无法回收和循环利用的污染物必须妥善处理和处置。

（6）样品采集和分析。生产需要对生产过程的各种原料、中间物和产品进行常规的和非常规的质量检测。在采样和分析后往往将剩余样品和分析残余物不经处理直接排掉，其中含有的污染物会造成环境污染或增加末端处理负荷。因此，必须设置专门器具回收，通过回用或无害化处理后排放，以免造成污染。

（7）设备定期检修。矿山进行定期检修时从设备和管道中排出大量的废液和残液，在设备清洗过程中又会使用很多溶剂，因此在大检修前后会产生废物的集中排放；做好这一非常时期的污染预防工作，加强对废物的管理和处置，也是非常重要的。

（8）工作环境。矿山生产过程中的粉尘对人体的危害严重。为此，必须为操作人员创造良好的劳动工作条件。恶劣的工作环境会增加操作人员违章操作的可能性，使工艺参数控制不严或机器设备、仪表损坏频繁，同样也影响原材料消耗和产品的回收率。

1.4.2.8　*废弃物资源化*

废弃物资源化是实现污染物最小化极为重要的一步。金属矿山开采废弃物主要包括采矿剥离的废石、选矿生产过程中产生的尾矿以及矿井涌水、选矿废水。

（1）废石及尾矿资源化。金属矿山所产生的废石及尾矿多为很好的建筑材料生产的原料，如利用采矿剥离的废石可以生产建筑用粗骨料，选矿产生的尾矿可以用于制砖、水泥，制作微晶玻璃等。

（2）废水。矿山所产生的废水主要包括地下开采的矿井涌水和选矿废水。由于我国水资源的短缺，节约水资源，水的回收利用已迫在眉睫。矿井涌水多为仅有悬浮物等少量污染的优质水源，经简单处理即可作为工业用水，目前大多已实现综合利用。选矿废水基本实现循环利用。

1.4.2.9 生态环境重建

矿产资源开发最显著的特点是其开采位置的不可选择性，因此，矿业开发大多会造成不同程度的生态环境破坏，所以，在矿产资源开发工艺设计时就应全面考虑矿区生态环境的建设问题，将矿区生态环境的重建作为开采设计的一部分，将矿业开发与生态环境重建作为一个统一体来进行考虑，最终实现矿业的可持续发展。

1.5 清洁生产推进的实践

1.5.1 国际清洁生产推进的实践

国际上全面推动清洁生产的实践始于美国。一般认为，1975 年由美国 3M 公司（曾用名明尼苏达矿务及制造业公司）发起的污染预防计划（pollution prevention pays，3P 计划）是通往清洁生产的实践原点，也是污染预防最初的概念表述。该公司的 Joseph 博士提出，通过技术及管理的改进去实现两个目标：一是减少排放到环境中的污染物；二是通过污染物的削减降低生产成本。由于这一计划激励员工把环境目标结合到工艺与产品的改革中，它成功地显示了以污染预防转变传统生产方式和末端治理的作用和机会。

20 世纪 90 年代前后，发达国家相继开始实施"废物最小化"、"污染预防"、"无废工艺"、"源削减"、"清洁技术"等措施，这些实践取得的振奋人心的环境效益和经济效益，使人们逐步意识到将环境保护融入到生产全过程、从源头进行预防的重要性，以及降低生产领域的资源环境压力、改善与生态环境关系的深远意义。它不仅意味着对传统环境末端控制模式的调整，更为深刻的是蕴涵着一场转变传统工业生产方式，乃至经济增长模式的革命。1989 年，联合国环境规划署（UNEP）在总结发达国家污染预防理论和实践的基础上，提出了名为"清洁生产"（cleaner production，意为"不断清洁的生产"）的战略和推广计划。在与联合国工业发展组织（UNIDO）和联合国计划署（UNDP）的共同努力下，清洁生产正式踏上了国际化的推行道路。

根据联合国环境规划署理事会会议的决议，联合国环境规划署工业与环境计划活动中心（UNEPIE/PAC）制定了在全球范围内推行清洁生产的《清洁生产计划》，这一计划主要包括五个方面的内容：

（1）建立国际清洁生产信息交换中心。收集世界范围内关于清洁生产的进展报道和重大事件、案例研究、有关文献资料。

（2）组建工作组。分专业组和业务组进行清洁生产的推动研究。专业工作组负责处理工业行业的清洁生产问题，包括制革、纺织、溶剂、金属表面加工、制浆和造纸、石油、生物技术等领域；业务工业组负责数据网络、教育、政策以及战略等问题。

（3）宣传出版。编写、出版《清洁生产通讯》、培训教材、手册等。

（4）开展培训活动。推动面向政界、工业界、学术界人士的培训，以提高清洁生产意识，教育公众，帮助制定清洁生产计划。

（5）组织技术支持。特别是在发展中国家，协助联系有关专家，建立示范工程等。

1990 年 9 月，在英国坎特伯雷举办了"首届促进清洁生产高层研讨会"，并推出"清洁生产是指对工艺和产品不断运用综合的预防性战略，以减少其对人体和环境的风险"的清洁生产早期定义。为全力推进清洁生产的发展，会议提出了一系列建议，如支持世界不同地区发起和制定国家层次的清洁生产计划，在发展中国家建立国家的清洁生产中心，与有关国际组织等结成推行网络等。确定每两年召开一次高层国际研讨会，定期评估清洁生产的进展、交流经验、发现问题、提出新的任务目标等。

1992 年 10 月，联合国环境规划署举办了巴黎清洁生产部长级会议和高层研讨会议。会议明确提出，工业生产不但面临着环境的挑战，同时也正获得新的市场机遇。清洁生产是实现持续发展的关键因素，它既能避免排放废物带来的风险和处理、处置费用的增长，还会因提高资源利用率、降低产品成本而获得巨大的经济效益。此次会议检查了清洁生产计划的实施情况，并根据联合国环境与发展大会的精神，制订了推行清洁生产的计划与行动措施，再次强调清洁生产对工业可持续发展的重要意义和作用。

1994 年 10 月，由联合国环境规划署巴黎工业与环境活动中心主办，波兰环境、自然资源和林业部承办的第三次清洁生产国际高层研讨会在华沙举行。来自世界各地 45 个国家和地区的 160 名专家、学者、政府官员和企业界代表出席。研讨会主要议题包括政府政策举措、工业中的发展、清洁生产的资金筹措与资助和联合国及其他政府间机构的作用。会议对清洁生产在过去 4 年中的活动进行了总结和评估，识别了发展过程中的障碍和潜力，明确了今后清洁生产活动和清洁生产技术应用的方向。

1996 年 9 月，联合国环境规划署在英国牛津举办了第四次清洁生产高层研讨会，来自 50 多个国家、大约 170 名代表出席会议。与会者覆盖清洁生产网络所涉及的各个方面，包括政府、工业界、非政府组织（NGOs）、金融部门和国际组织等。牛津会议的具体目标有两个：讨论评估过去两年中世界各地采用清洁生产的进展和结果，并进一步分析发展清洁生产的障碍和机会。在此基础上，提出清洁生产计划的今后设想、目标、战略和工作方案。全体会议主要议题包括：世界各地区清洁生产观点、清洁生产工作组进展、为可持续生产与消费而革新、促进清洁生产的手段、超越示范、可持续生产与消费和创造新伙伴关系 8 个平行的专题，会议还为与会者提供了交互式的研讨环境，充分促使大家在清洁产品设计、实施清洁生产的经验、工程师在促进清洁生产中的作用、金融银行的绿化、促进清洁生产活动的意义、清洁生产的教育与培训、清洁生产的生物技术、服务业的绿化，以及促进清洁生产的革新性理财等多个领域的经验和思路的沟通交流。

1998 年 9 月，联合国环境规划署在韩国汉城举行了第五次清洁生产国际高层研讨会，旨在提供关于如何改善其进展监测指标的建议，以及建立更好的清洁生产地区性举措。会议对 1996 年牛津第四次清洁生产高级研讨会上提出的建议及其行动进展进行了评估。该次会议最大的贡献是实施清洁生产承诺与行动的《国际清洁生产宣言》出台。包括中国在内的 13 个国家的部长与其他高级代表以及 9 位公司领导人共 64 位与会者首批签署了《国际清洁生产宣言》。为提高公共部门和私有部门中关键决策者对清洁生产战略的理解，树立该战略在全球中的形象，并激励对清洁生产更广泛的需求，《国际清洁生产宣言》确定了六大行动，包括：

（1）通过各种对利益相关者的影响，促进其对清洁生产的决心。

（2）大力开展清洁生产的宣传、教育和培训等能力建设。

（3）将预防性战略综合到一个组织的各个活动层面及其管理体系中。

（4）推动以预防为核心的研究与开发的创新。

（5）开展清洁生产实践的沟通交流与经验传播。

（6）建立清洁生产的技术、资金支持，促进清洁生产的实施及其持续改进。

《国际清洁生产宣言》的产生，标志着清洁生产正在不断获得各国政府和国际工商界的普遍响应。

2000年10月，联合国环境规划署在加拿大蒙特利尔市召开了第六届清洁生产国际高层研讨会，来自政府、企业、学术界、联合国环境署和各国清洁生产中心（national cleaner production centers，NCPCs）的250位代表出席会议。会议对清洁生产在第一个十年期间取得的重大成就进行了全面、系统地总结，并将清洁生产形象地概括为技术革新的推动者、改善企业管理的催化剂、工业运行模式的革新者、连接工业化和可持续发展的桥梁。会议特别指出：政府应将清洁生产纳入到所有公共政策的主体之中，企业应将清洁生产纳入到日常经营战略之中，并指明清洁生产是可持续发展战略引导下的一场新的工业革命，是21世纪工业生产发展的主要方向。

2002年4月，联合国环境规划署在捷克布拉格召开了第七届清洁生产国际高层研讨会，来自政府和工商业的350多位高级决策人士参加了会议。该次会议在对已经实现的清洁生产任务进行评估的基础上，核心内容是确立将清洁生产与可持续消费联系起来的重要性。会议主要议题包括：在清洁生产和多边环境协议（multilateral environmental agreements，MEAs）之间建立更密切的联系，扩展联合国环境署/联合国工业发展组织倡导的国家清洁生产中心（NCPCs）网络，进一步鼓励清洁生产投资并拓展到消费领域。会议提出了12条建议，其中最重要的是：进一步强化政府政策、坚持清洁生产制度建设、在环境管理和国家经济发展政策与计划中使清洁生产成为主流、促进把清洁生产的活动范围扩大到可持续消费领域、推行生命周期启动计划等。

2004年11月，联合国环境规划署在墨西哥蒙特雷市召开了第八届清洁生产国际高层研讨会，来自60多个国家的政府、企业、非政府组织、学术机构、金融机构等250多位人士出席了会议。会议的两个主题分别是"环境与基本需求"和"全球挑战与商业"。这次会议被认为是对正在开展的推动可持续消费和生产方式的诸多努力之一。这次会议评价了水、能源和农业领域正在取得的具体进展，并着力就消费者的努力、资源的可持续利用以及产品设计开发替代模式的潜力进行了讨论。

2009年10月，由联合国工发组织、联合国环境规划署共同举办的"联合国工发组织/环境规划署高效资源和清洁生产全球网络2009年会议"在瑞士卢塞恩市召开。共有来自印度、墨西哥、南非、捷克和中国等50多个国家和地区的国家清洁生产中心、大学、相关研究机构的近120名代表出席了这次网络会议。会议讨论、修改、完善了高效资源和清洁生产全球网络的章程和为网络成员国暨清洁生产中心开发的《组织、管理和监管手册》。环保部清洁生产中心副主任于秀玲和尹洁受会议邀请出席了大会并进行了关于中国应用《组织、管理和监管手册》分析评估15年来取得成功经验的案例介绍，获得了与会国代表的高度好评和极大的兴趣。

经过30多年的发展，清洁生产逐渐趋于成熟，并为各国企业和政府所普遍认可。加拿大、荷兰、法国、美国、丹麦、日本、德国、韩国、泰国等国家纷纷出台有关清洁生产的法规和行动计划，世界范围内出现了大批清洁生产国家技术支持中心、非官方倡议以及手册、书籍和期刊等，实施了一大批清洁生产示范项目。至今，清洁生产已经建立了全球、区域、国家、地区多层次的组织与交流网络。

在推行清洁生产的过程中，世界各国都面临着不同的困难和阻力，并普遍呼唤促进清洁生产的新模式，各国也从各自的实际出发，采取了相应的措施和行动，许多发展中国家正在开展推动清洁生产的基础工作。德国于 1996 年颁布了《循环经济和废物管理法》；日本为适应其经济软着陆时期的发展需求，在 2000 年前后相继颁布了《促进建立循环社会基本法》、《提高资源有效利用法（修订）》等一系列法律；美国和加拿大也建立了污染预防方面的法律制度，大力推进污染预防工作。清洁生产也在深化，朝着与转变消费行为相结合的方向拓展。人类大步踏上了全面变革传统社会经济发展模式的征程。但是，正如联合国环境规划署执行主席托普尔先生所指出的："对于清洁生产，我们已经在很大程度上达成全球范围内的共识，但距离最终目标仍有很长的路，因此必须做出更多的承诺和努力"。

1.5.2 国内清洁生产推进的实践

我国清洁生产的形成与发展过程可概括为三个阶段：第一阶段，从 1983 年到 1992 年，为清洁生产的形成阶段；第二阶段，从 1993 年到 2002 年，为清洁生产的推行阶段；第三阶段，从 2003 年开始进入依法全面推行清洁生产的阶段。

1.5.2.1 形成阶段

形成阶段的显著特点是清洁生产从萌芽状态逐渐发展到理念的形成，并作为环境与发展的对策。

1983 年国务院批转原国家经委《关于结合技术改造防治工业污染的几项规定》（国发〔1983〕20 号），这个规定中的一些内容已经体现了清洁生产的思想。如提出"对现有工业企业进行技术改造时，要把防治工业污染作为重要内容之一，通过采用先进的技术和设备，提高资源、能源的利用率，把污染物消除在生产过程之中"。提出技术改造方案要做到"采用能够使资源能源最大限度地转化为产品、污染物排放量少的新工艺，代替污染物排放量大的落后工艺；采用无污染、少污染、低噪声、节约资源能源的新型设备，代替那些严重污染环境、浪费资源能源的陈旧设备；采用无毒无害、低毒低害原料，代替剧毒有害原料；采用合理的产品结构，发展对环境无污染、少污染的新产品，并搞好工业产品的设计，使其达到环境保护的要求"。提出企业要紧密结合技术改造，开展工业废弃物的综合利用，要求做到"充分回收利用工厂的余热和可燃气体，作为工业或民用的燃料和热源；采用清污分流、闭路循环、一水多用等措施，提高水的重复利用率；把废弃物中的有用物质加以分离回收，或者进行深度加工，使废弃物转化为新的产品；凡本企业不能综合利用的废弃物，要打破企业界限和行业界限，免费供应利用单位"等，并制订了一系列鼓励的政策和措施，如减免税收、表彰奖励等。

1985 年国务院批转原国家经委《关于开展资源综合利用若干问题的暂行规定》（国发〔1985〕117 号）。这个规定是指导我国资源综合利用的纲领性文件。为了调动企业开展资源综合利用的积极性，国家制定了一系列鼓励政策，如由企业自筹资金建设的综合利用项目和产品，减免产品税，项目投产后，具备独立核算的，五年内免交所得税和调节税；利用余热、压差和低热值燃料所发电力，不纳入国家分配计划，抵扣分配指标，多余电量可以自销，也可以委托电力部门代销；对综合利用电厂在上网电价和手续费方面实行优惠；引进项目和进口设备、配件等享受减免税，优先安排外汇，出口商品实行外汇分成；国家设立综合利用奖等。

自 1989 年联合国环境规划署提出推行清洁生产的行动计划后，清洁生产的理念和方法开始引入我国，有关部门和单位开始研究如何在我国推行清洁生产。1992 年原国家环保局与联合国环境规划署召开了我国第一次清洁生产研讨会。

1992 年 10 月，联合国环境与发展大会后，我国制定了《环境与发展十大对策》，提出："新建、改建、扩建项目时，技术起点要高，尽量采用能耗物耗小、污染物排放量少的清洁生产工艺"。清洁生产成为我国环境与发展的对策之一。

1.5.2.2　推行阶段

推行阶段的特点是清洁生产从战略到实践，取得重大进展。

（1）确立清洁生产在工业污染防治中的地位。根据《环境与发展十大对策》，1993 年原国家环保局和国家经贸委在上海联合召开了第二次全国工业污染防治工作会议。会议提出，工业污染防治要从单纯的末端治理向生产全过程控制转变，积极推行清洁生产。这标志着我国推行清洁生产的开始。

（2）将清洁生产作为实现可持续发展战略的重要措施。1994 年中国政府制定了《中国 21 世纪议程》，将清洁生产作为实现可持续发展的优先领域。1996 年国务院发布了《关于环境保护若干问题的决定》，提出："所有大、中、小型新建、扩建、改建和技术改造项目，要提高技术起点，采用能耗物耗小、污染物产生量少的清洁生产工艺，严禁采用国家明令禁止的设备和工艺"。

（3）加快立法进程。自 1995 年以来，全国人大制定和修订的环境保护法律，包括《中华人民共和国大气污染防治法》、《中华人民共和国水污染防治法》、《中华人民共和国固体废物污染防治法》等都对推行清洁生产作出规定。1999 年九届全国人大常委会从加快推行清洁生产，实现可持续发展战略的高度，将《清洁生产促进法》列入九届全国人大立法计划，并委托国家经贸委组织起草。经过两年多的工作，2002 年 6 月 29 日九届全国人大常委会第 28 次会议审议通过了《清洁生产促进法》，这标志着我国推行清洁生产将纳入法制化管理的轨道，这也是清洁生产 10 年来最重要和最具有深远历史意义的成果。

（4）研究制定促进清洁生产的政策。1994 年，针对新税制后资源综合利用企业税负增加、亏损严重的情况，为调动企业开展资源综合利用的积极性，国家经贸委在深入调查研究的基础上，提出了对部分资源综合利用产品和废旧物资回收经营企业给予减免税优惠政策的建议，经国务院批准，财政部、国家税务局先后下发了有关资源综合利用减免税的文件。1996 年国务院批转了国家经贸委等部门《关于进一步开展资源综合利用的意见》（国发〔1996〕36 号）将资源综合利用作为我国经济和社会发展的一项长远战略方针，并制定了一系列鼓励企业开展资源综合利用的政策和措施。2000～2002 年，国家经贸委会同国家税务总局先后公布了两批《当前国家鼓励发展的环保产业设备（产品）目录》和《当前国家鼓励发展的节水设备（产品）目录》，对生产和使用列入目录中的设备和产品，给予减免所得税、技术改造项目贴息补助、政府优先采购等优惠政策。为推进清洁生产技术进步，国家经贸委制定和发布了《国家重点行业清洁生产技术导向目录》（第一批）。

（5）加大以清洁生产为主要内容的结构调整和技术进步的支持力度。"九五"以来共取缔、关闭质量低劣、浪费资源、污染严重及不符合安全生产条件的各类小煤矿 5.8 万处、小钢厂85户、土炼油场点6000余座、小炼油厂111户、小水泥厂3894户、小玻璃生产线238条，大大削减了这些重污染企业污染物排放量。国家经贸委在"双高一优"技术改造计划和国债支持的技术改造专项计划中安排涉及节能降耗、资源综合利用、工业节水以及综合性的清洁生产项目共329项，总投资794亿元，工业企业污染防治能力进一步提高。国家经贸委在国家技术创新及重大技术装备国产化研制计划中，重点支持了溅渣护炉、蓄热式加热炉、大型干法熄焦、大型循环流化床锅炉、洁净煤燃烧等重大节能技术，工业废水资源化技术以及化工碱渣回收利用、磷石膏制硫酸联产水泥、煤矸石硬塑和半硬塑挤出成型砖、煤矸石和煤泥混烧发电、纯烧高炉煤气发电等综合利用技术开发项目，总投资近10亿元，拨款1亿多元，为清洁生产技术开发及产业化提供了强有力的支持。

（6）开展示范试点。国家经贸委组织在10个城市5个行业开展清洁生产示范试点。国家环保总局通过国际合作项目开展企业清洁生产审核试点。冶金、化工、石化、轻工等重点行业和广东、江苏、辽宁、安徽等一些地区开展了企业清洁生产试点。在中国环境与发展国际合作委员会清洁生产工作组的指导和帮助下，太原市作为试点城市在全国率先出台了《太原市清洁生产条例》，并制定了清洁生产规划、清洁生产实施方案、清洁生产评价指标体系。到2001年底，全国试点企业已达700多家，为全面推行清洁生产积累了经验。

（7）开展清洁生产宣传培训和审核。国家和地方有关部门及单位通过多种形式广泛开展清洁生产宣传和培训，特别是《清洁生产促进法》公布后，全国掀起了学习宣传清洁生产的热潮。利用互联网传播清洁生产已成为重要的手段，建立了中国加拿大清洁生产国际合作项目网站（中英文）。全国共有2万多人次接受了清洁生产培训，一大批企业开展了清洁生产审核，制定了低、中、高费方案，并逐步加以实施。据实施清洁生产审核试点的200多家企业统计，获得经济效益5亿多元，主要污染物平均削减20%以上，取得了经济与环境"双赢"的效果。

（8）广泛开展国际交流与合作。世界银行、亚洲开发银行、联合国环境规划署等国际组织以及加拿大、美国、荷兰、挪威、澳大利亚等国家政府与我国开展了多方面的合作，对清洁生产理念的传播、政策研究、示范、宣传、培训等起到了重要的促进作用，有力地支持了我国清洁生产的推行。

1.5.2.3　全面推进阶段

2002年颁布实施的《清洁生产促进法》是我国第一部以污染预防为主要内容的专门法律。《清洁生产促进法》颁布以来，党中央国务院高度重视清洁生产工作。在十六届六中全会上，党中央明确指出"以解决危害群众健康和影响可持续发展的环境问题为重点，加快建设资源节约型、环境友好型社会。优化产业结构，发展循环经济，推广清洁生产，节约能源资源，依法淘汰落后工艺技术和生产能力，从源头上控制环境污染"。我国"十一五"规划《纲要》首次将万元GDP能耗下降20%，化学需氧量、二氧化硫削减10%作为约束性指标，体现了党中央、国务院对能源资源消耗过快、环境污染形势严峻的高度重视。"十二五"规划《纲要》提出到2015年末全国万元GDP能耗下降到0.869t标准煤，比2010年的1.034t标准煤下降16%，比2005年的1.276t标准煤下降32%；全国化学需氧量和二氧化硫排放总量分别控制在23476kt、20864kt，比2010年的25517kt、22678kt

分别下降 8%；全国氨氮和氮氧化物排放总量分别控制在 2380kt、20462kt，比 2010 年的 2644kt、22736 kt 分别下降 10%。目前，国务院已将指标分解落实到各地，要求通过加大结构调整力度、转变经济增长方式、加快技术进步、加强监督管理等措施确保规划目标的实现，推行清洁生产是实现该指标的重要手段之一。

2010 年 11 月国家发展改革委、环境保护部在北京联合召开全国清洁生产工作会议，总结交流《清洁生产促进法》颁布实施以来各地区、各领域推行清洁生产的主要做法和经验，全面部署深入推行清洁生产工作。

据初步统计，2003～2009 年，全国实施清洁生产改造工程累计削减化学需氧量 227kt、二氧化硫 712kt，节能 49320kt 标准煤，有效地推动了节能减排目标的实现。

解振华在讲话中全面总结我国推进清洁生产工作取得的成绩，强调要以科学发展观为指导，充分认识全面推进清洁生产工作的重要性和紧迫性，贯彻落实党的十七届五中全会精神，立足于促进经济发展方式转变的大局，以缓解经济社会发展资源环境瓶颈、提升发展的协调性和可持续力为出发点，围绕节能减排中心任务，充分发挥市场的基础性作用，发挥企业的主体作用，通过加强规划引领、完善配套法规标准、出台有利于推行清洁生产的综合性政策、实施清洁生产重大工程以及强化技术研发、应用推广等措施，建立健全推行清洁生产的内生机制，全面深入推动清洁生产工作，开创清洁生产工作新局面。

吴晓青指出，推行清洁生产是环境保护优化经济发展的重要途径，是实现节能减排目标的重要保障，是促进绿色发展的重要抓手。近年来，环保部门积极推进清洁生产工作，并取得了积极成效：一是建立了较为完善的环保系统促进清洁生产的政策法规体系。出台了《关于贯彻落实〈清洁生产促进法〉的若干意见》和针对重点企业（即"双超双有"企业）实施强制性清洁生产审核的若干政策措施，印发了《关于深入推进重点企业清洁生产的通知》，明确了重点企业清洁生产行业分类管理名录，并指明了今后一个时期重点企业清洁生产工作的目标、任务和要求。二是强化了环保准入中的清洁生产要求。将建设项目环境影响评价审批以及其后的环保监管纳入了清洁生产的管理内容，并进一步强化了国家环境保护模范城和国家生态工业园区创建的清洁生产要求，各地也在行业、园区等不同层面进一步强化环保准入中的清洁生产要求。三是构建了清洁生产推进技术支撑网络。完善了企业清洁生产审核方法学，指导化工、冶金等行业的万余家企业开展清洁生产审核实践；颁布实施了 54 项行业清洁生产标准、两批需重点审核的有毒有害物质名录和《重点企业清洁生产行业分类管理名录》，编写了多项行业清洁生产审核指南；建立了从国家到地方各个层面的清洁生产推进技术支撑网络和多层次清洁生产培训渠道；与国家发改委共同建立了国家清洁生产专家库，初步形成了技术咨询、专家指导、评估验收监管的"三位一体"的技术支持网络。四是形成了重点企业清洁生产审核推进机制。据不完全统计，2003～2009 年，全国环保系统对 7000 多家重点企业组织开展了强制性清洁生产审核，对 5248 家企业进行了评估验收。2010 年 9 月，环境保护部发布了第一批全国重点企业清洁生产公告，向社会公布完成清洁生产审核评估验收的第一批 2766 家重点企业名单，全面推进重点企业清洁生产审核和评估验收工作。五是拓宽了清洁生产筹资合作渠道。2005～2008 年，原国家环保总局和美国陶氏化学公司合作开展清洁生产审核示范项目，4 年间在全国 29 个省、自治区和直辖市举办了 25 期培训班，培训技术人员 700 余名，支持化工等 12 个行业的 68 家企业开展了清洁生产审核，对各地清洁生产起到了重要的推动和示范作用。同时，各级相关部门积极探索清洁生产筹资方式和合作模式，并积累了宝贵的经验。

吴晓青指出，"十二五"是我国全面建设小康社会的关键时期，也是加快转变经济发展方式的攻坚时期，清洁生产工作面临着新的挑战和新的机遇。各级环保部门要以科学发展观为指导，紧密结合重点污染物减排工作，将推行清洁生产作为强化区域环境准入、实现污染源头预防、实现环境保护优化经济发展和促进绿色发展的重要手段，从以下几个方面进一步加强清洁生产工作：一要认真编制和实施清洁生产相关规划。要将重点企业清洁生产审核工作纳入"十二五"环保规划中，对"双超双有"企业、重金属污染企业和产能过剩企业的清洁生产审核工作做出具体部署，并按照时间进度和阶段目标做好规划的实施。二要进一步促进清洁生产与环境管理制度的融合。要将清洁生产工作纳入各级政府及相关部门的环保目标责任制和污染减排责任书中，把清洁生产作为促进产业升级和技术进步、实现节能减排的主要手段，作为总量控制、限期治理以及有毒有害化学品进出口登记的必要条件，作为申请各级环保专项资金、节能减排专项资金等环保资金的重要依据。三要着力抓好重点企业清洁生产审核。进一步完善重点企业清洁生产审核的相关政策法规，狠抓清洁生产审核的绩效评估和中/高费方案的落实，继续深化工业领域重点企业的清洁生产审核，并将涉及铅、锌、铜、铬、镉、汞等重金属以及类金属砷的行业和危险化学品行业作为开展清洁生产审核的重点。四要切实加强清洁生产技术支撑体系的建设。尽快建立统一完善的覆盖工业、农业、服务业等行业的清洁生产评价指标体系，继续发布清洁生产技术导向目录，进一步完善清洁生产专家库，加强对清洁生产审核从业人员的培训和业务指导，为全面推进清洁生产储备专业技术人才。五要积极扩展清洁生产的资金渠道。积极开拓融资渠道，通过绿色信贷、设立清洁生产周转金、国际合作等方式，为企业开展清洁生产提供资金支持。六要深入开展清洁生产宣传教育工作。通过开展形式多样的清洁生产宣传教育，使各级政府部门、企业和社会公众充分认识到清洁生产对于转变经济发展方式、建设"两型社会"的重要意义。同时，采取激励措施，倡导公众使用清洁产品，营造绿色消费的良好氛围。

2012年1月工业和信息化部、科学技术部和财政部联合发布《工业清洁生产推行"十二五"规划》，全面分析了我国工业领域清洁生产推行现状与面临的形势，明确了工业清洁生产推行的主要目标，分析确定了开展生态产品设计、提高生产过程清洁生产水平和开展有毒有害原料（产品）替代为重点的工业清洁生产推行"十二五"主要任务，明确以化学需氧量、二氧化硫、氨氮、氮氧化物、汞污染、铬污染及铅污染消减工程为"十二五"工业清洁生产推行的重点工程，同时确定了切实可行的政策、财政及管理保障措施。

目前，各省市正抓紧时间制定地方性的清洁生产推进规划等工作，2011年10月19日，广西壮族自治区工业和信息化委员会在南宁市主持召开《广西"十二五"清洁生产推行规划》（初稿）专家咨询会。《广东省清洁生产推行规划（2010～2020）》已发布实施，在全面分析广东省自2001年以来清洁生产成绩及存在问题的前提下，对广东省清洁生产推进工作进行了全面规划，规划明确到2015年末，工业、农业、服务业和建筑业等领域培育一批清洁生产企业和示范园区。重点行业规模以上企业实施清洁生产审核数量比2009年增长100%，形成一个比较完善的推进清洁生产的法规和制度体系，清洁生产知识

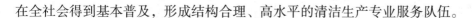

在全社会得到基本普及，形成结构合理、高水平的清洁生产专业服务队伍。

1.6 清洁生产与绿色矿山

1.6.1 绿色矿山的内涵

所谓绿色矿山就是将绿色矿业的理念与实践贯穿于矿产资源开发利用全过程的矿山。所谓"绿色矿业"，就是指在矿山环境扰动量小于区域环境容量前提下，实现矿产资源开发最优化和生态环境影响最小化。绿色矿业的实现，有三个环节：（1）通过开发前的区域环境容量或承载力评价及矿山环境扰动量评价，建立环境评价指标体系和技术标准，制订绿色矿业规划；（2）通过技术创新，优化工艺流程，实现采、选、冶过程的小扰动、无毒害和少污染；（3）通过矿山环境治理和生态修复，实现环境扰动最小化和生态再造最优化。

张德明高级工程师认为：绿色矿山是在新形势下对矿产资源管理工作和矿业发展道路的全新思维。绿色矿山是指以《中华人民共和国矿产资源法》、《中华人民共和国环境保护法》、《中华人民共和国循环经济促进法》等法律法规为准绳，在矿山设计、建设和生产的全过程中，采取先进的科技手段，实施严格的科学管理，实现矿产资源节约与合理开发利用、矿区及周边社会经济和谐发展、资源开发与生态环境相协调的绿色矿山。

绿色矿山以保护生态环境、降低资源消耗、追求可循环为目标，将绿色生态的理念与实践贯穿于矿产资源开发利用的全过程（矿山勘探、规划与设计、矿山开发、闭坑设计），体现了对自然原生态的尊重，对矿产资源的珍惜，对景观生态的保护与重建。绿色矿山建设是一项复杂的系统工程。它代表了一个地区矿产资源开发利用总体水平和可持续发展潜力，它着力于科学、低耗和高效合理开发利用矿产资源，并尽量减少资源储量的消耗，降低开采成本，实现资源效能的最佳化。绿色矿山是矿产资源开发利用与经济社会环境相和谐的矿山，实现矿产资源利用集约化、开采方式科学化、生产工艺环保化、企业管理规范化、闭坑矿区生态化。

1.6.2 绿色矿山建设的意义

绿色矿山建设是贯彻落实科学发展观，推动经济发展方式转变的必然选择。当前我国正处于工业化、城镇化加快发展的关键阶段，资源需求刚性上升，资源环境压力日益增大。促进资源开发与经济社会全面协调可持续发展，必须将资源开发与保护放到经济社会发展的战略高度，按照国家转变经济发展方式的战略要求，通过开源节流、高效利用、创新体制机制，改变矿业发展方式，推动矿业经济发展向主要依靠提高资源利用效率带动转变。发展绿色矿业、建设绿色矿山，既是立足国内提高能源资源保障能力的现实选择，也是转变发展方式、建设"两型"社会的必然要求，对我国经济社会发展全局具有十分重要的现实意义和深远的战略意义。

绿色矿山建设是加快转变矿业发展方式的现实途径。发展绿色矿业、建设绿色矿山，以资源合理利用、节能减排、保护生态环境和促进矿地和谐为主要目标，以开采方式科学化、资源利用高效化、企业管理规范化、生产工艺环保化、矿山环境生态化为基本要求，将绿色矿业理念贯穿于矿产资源开发利用全过程，推行循环经济发展模式，实现资源开发的经济效益、生态效益和社会效益协调统一，为转变单纯以消耗资源、破坏生态为代价的开发利用方式提供了途径。

　　绿色矿山建设是落实企业责任，加强行业自律，保证矿业健康发展的重要手段。发展绿色矿业、建设绿色矿山，关键在于充分调动矿山企业的积极性，加强行业自律，促进矿山企业依法办矿，规范管理，加强科技创新，建设企业文化，使矿山企业将高效利用资源、保护环境、促进矿地和谐的外在要求转化为企业发展的内在动力，自觉承担起节约集约利用资源、节能减排、环境重建、土地复垦、带动地方经济社会发展的企业责任。建设绿色矿山是矿山企业经营管理方式的一次变革，对于完善矿产资源管理共同责任机制，全面规范矿产资源开发秩序，加快构建保障和促进科学发展新机制具有重要意义。

1.6.3　绿色矿山建设的基本原则

　　绿色矿山建设的基本原则包括：

　　（1）坚持实施可持续发展战略。坚持科学发展观，走科技含量高、经济效益好、资源消耗低、环境污染少、人力资源得到充分发挥的绿色矿业发展道路。

　　（2）坚持矿产资源开发与环境保护协调发展。正确处理资源开发与环境保护的关系，按照"预防为主、防治结合"的方针，加强矿山土地复垦和生态环境重建，大力改善矿山生产生活环境，建设和谐社区。

　　（3）坚持科技进步与创新，加快矿产资源开发利用结构调整。实施科学办矿、科技兴矿，开展节能减排，实施清洁生产，发展低碳经济和循环经济。

　　（4）坚持依法管理和开发矿产资源。建立健全相关配套法律法规，坚持依法办矿，加强矿产资源管理，整顿和规范矿产资源开发秩序；加强矿山企业制度建设和行业自律，提高矿山企业的社会责任意识，实现企业管理的法制化、规范化和科学化。

1.6.4　绿色矿山建设的基本要求

　　为了贯彻实施科学发展观，规范矿山企业行为，加强行业自律，履行企业社会责任，推进绿色矿业发展，构建资源节约型、环境友好型和谐社会，实现《全国矿产资源规划》中确定的建立绿色矿山格局的目标，特制订绿色矿山建设的基本条件。

　　（1）依法办矿。严格遵守《矿产资源法》等法律法规，合法经营，证照齐全，遵纪守法。矿产资源开发利用活动符合矿产资源规划的要求和规定，符合国家产业政策。认真执行《矿产资源开发利用方案》、《矿山地质环境保护与治理恢复方案》、《矿山土地复垦方案》等。三年内未受到相关的行政处罚，未发生严重违法事件。

　　（2）规范管理。积极加入并自觉遵守《绿色矿业公约》，制订有切实可行的绿色矿山建设规划，目标明确，措施得当，责任到位，成效显著。具有健全完善的矿产资源开发利用、环境保护、土地复垦、生态重建、安全生产等规章制度和保障措施。推行企业健康、安全、环保认证和产品质量体系认证，实现矿山管理的科学化、制度化和规范化。

　　（3）综合利用。按照矿产资源开发规划与设计，较好地完成了资源开发与综合利用指标，技术经济水平居国内同类矿山先进行列。资源利用率达到矿产资源规划要求，矿山开发利用工艺、技术和设备符合矿产资源节约与综合利用鼓励、限制、淘汰技术目录的要求，"三率"指标达到或超过国家规定标准。节约资源，保护资源，大力开展矿产资源综合利用，资源利用达国内同行业先进水平。

（4）技术创新。积极开展科技创新和技术革新，矿山企业每年用于科技创新的资金投入不低于矿山企业总产值的1%。不断改进和优化工艺流程，淘汰落后工艺与产能，生产技术居国内同类矿山先进水平。重视科技进步，发展循环经济，矿山企业的社会、经济和环境效益显著。

（5）节能减排。积极开展节能降耗、节能减排工作，节能降耗达国家规定指标。采用无废或少废工艺，成果突出。"三废"排放达标。矿山选矿废水重复利用率达到90%以上或实现零排放，矿山固体废弃物综合利用率达到国内同类矿山先进水平。

（6）环境保护。认真落实矿山环境恢复治理保证金制度，严格执行环境保护"三同时"制度，矿区及周边自然环境得到有效保护。制订矿山环境保护与治理恢复方案，目的明确，措施得当，矿山地质环境恢复治理水平明显高于矿产资源规划确定的本区域平均水平。重视矿山地质灾害防治工作，近三年内未发生重大地质灾害。矿区环境优美，绿化覆盖率达到可绿化区域面积的80%以上。

（7）土地复垦。矿山企业在矿产资源开发设计、开采各阶段中，有切实可行的矿山土地保护和土地复垦方案与措施，并严格实施。坚持"边开采，边复垦"，土地复垦技术先进，资金到位，对矿山压占、损毁而可复垦的土地应得到全面复垦利用，因地制宜，尽可能优先复垦为耕地或农用地。

（8）社区和谐。履行矿山企业社会责任，具有良好的企业形象。矿山在生产过程中，及时调整影响社区生活的生产作业，共同应对损害公共利益的重大事件。与当地社区建立磋商和协作机制，及时妥善解决各类矛盾，社区关系和谐。

（9）企业文化。企业文化是企业的灵魂。企业应创建有一套符合企业特点和推进实现企业发展战略目标的企业文化。拥有一个团结战斗、锐意进取、求真务实的企业领导班子和一支高素质的职工队伍。企业职工文明建设和职工技术培训体系健全，职工物质、体育、文化生活丰富。

建设绿色矿山，发展绿色矿业，其实质内容是以节约资源、充分合理开发利用资源与最有效地保护生态环境为核心。依法办矿和安全生产是绿色矿山建设的前提条件。资源利用、保护环境与社区和谐是绿色矿山建设的工作核心。企业文化和规范管理是绿色矿山建设的重要手段。技术创新、节能减排和土地复垦是绿色矿山建设的保障措施。

1.6.5 绿色矿山与清洁生产的关系

绿色矿山是以保护生态环境、降低资源消耗、追求可循环经济为目标，将绿色生态的理念与实践贯穿于对矿产资源开发利用的全过程。它体现了对自然原生态的尊重，体现了对矿产资源的珍惜，也体现了对景观生态的保护与重建。因此，绿色矿山是注重生态效益、经济效益和社会效益的协调统一，是充分考虑矿产资源的消耗与环境整治的协调统一，是一种全新的矿业发展模式。清洁生产体现的是预防为主的环境战略、是集约型的增长方式、环境效益与经济效益的统一，清洁生产有利于矿山企业的技术和管理水平的提升。因此，绿色矿山建设与清洁生产的目标是一致的，绿色矿山建设是清洁生产环境预防战略思想在矿产资源开发领域的具体应用，清洁生产是绿色矿山建设的最佳模式，清洁生产审核是绿色矿山建设的重要手段之一。绿色矿山建设及清洁生产是保证矿山企业长远发展的基石。

2 采矿清洁生产技术

2.1 露天开采清洁生产技术

2.1.1 矿岩半连续运输技术

我国冶金矿山多数矿石量来自于露天开采。因而，露天矿山对我国冶金工业的可持续发展具有特殊重要的意义。目前，我国的大多数大型露天矿山已进入了中后期开采，绝大多数露天矿由山坡开采转入凹陷开采，最大凹陷开采深度将达到或超过400m。进入深凹开采后，运输距离加长，重载汽车下坡运行变成重载汽车上坡运行，运输效率较低，运输成本增加，导致生产成本急剧上升，经济效益迅速下滑。统计分析结果表明，在大型露天矿的生产总成本中，运输一项占到40%~60%。因石油及相关产品价格的上涨，燃料、润滑油及轮胎的价格也随之上涨。这几项费用之和占汽车运输总生产费用的50%以上。用胶带输送机替代汽车运输矿岩在水平区段可以降低运输费用66%，在上行区段可以降低运输费用86%。可见运输方式是影响矿山经济效益的关键因素。传统的汽车、铁路及其联合运输方式已不能适应深凹露天矿开采运输的要求，只有采用新的高效运输系统，才能控制生产成本的增加，保证矿山的正常和持续生产。

矿岩半连续运输系统具有运输能力大、爬坡能力强、成本低、布置灵活的特点，在国内外的露天矿得到广泛应用。汽车—胶带半连续运输工艺技术含量高，既可发挥汽车运输机动灵活、适应性强、短途运输经济、有利于强化开采的长处，又可发挥带式运输机运输能力大、爬坡能力强、运营费低的优势，两者联合可达到最佳的经济效益。目前，胶带的爬坡坡度可达到25%~28%，汽车可达6%~8%，普通铁路为2%~2.5%，陡坡铁路也只能达到4%~5%。所以汽车—胶带半连续运输系统对大中型深凹露天矿具有普遍适用性，是我国未来深凹露天矿运输的重点发展方向，是矿山联合运输中具有发展前途的一种方式。近年来，汽车—胶带半连续运输工艺系统中各种设备的研究与应用有了较大的发展。国产大型电铲、大型自卸汽车、可移式破碎机组、高强度钢芯绳胶带输送机、排土机等大型设备，为我国深凹露天矿山采用汽车—胶带半连续运输工艺提供了设备保证。

随着露天矿场开采深度增加和剥采比增大，必然要求在露天矿的采剥工程中扩大半连续工艺的使用范围。从世界范围来看，许多国家的露天矿都在不断地扩大半连续工艺的使用范围。世界各国露天矿积累了许多使用半连续工艺的成功经验，可以为国内矿山借鉴利用。半连续工艺的发展主要体现在破碎能力和胶带运输能力上，以及相应技术的改进。

世界上第一个采用半连续工艺的是1956年西德汉诺威市诺德水泥公司的石灰石矿，采场破碎系统为克虏伯公司研制的一台能力为250t/h的移动式破碎机。目前世界上采用该工艺的露天矿数量迅速增加，到目前为止，已有数百个。最大的半固定式破碎站生产能力已达到20kt/h，移动式破碎机能力已达到10kt/h。使用的胶带输送机的带宽为1.5~2m

（在某些情况下已达 3m），带速达 4~6m/s，胶带输送机的生产能力将达到 30000m³/h。从发展远景看，胶带输送机的生产能力将达到 40000m³/h，带宽将达到 3.6m，带速为 8~10m/s。破碎系统的形式也呈现出多样化，固定式、半固定式和移动式破碎系统都得到了广泛应用。

2.1.1.1　基本原理

在露天矿的开采工程中，采装、运输、排土是矿山的主要环节。各系统中的设备不但要选型合理，而且必须进行优化匹配。其一是采装运排设备的规格要适应矿山的生产能力；其二是采装运排各个环节之间要协调，参数匹配要合理，保证整个系统工作高效、可靠。同时为了提高设备的效率，降低生产成本，节省能耗，提高矿山生产能力，采用较大型的设备是完全必要的，也是今后矿山设备配套的趋势。

露天矿汽车—胶带半连续运输工艺环节包括两部分：一部分为间断开采工艺环节，由电铲采装和汽车运输环节组成；另一部分为连续工艺环节，由破碎机组、胶带运输机、排土机组成。能力匹配可分为两部分考虑：一是破碎前的间断环节与其后续连续环节之间的能力匹配，间断部分的能力应略大于连续部分的能力，这样可使投资较大的连续部分的设备不待料，充分发挥其生产能力；在整个系统中，破碎待料是最薄弱的环节，应保证破碎机的生产能力略大于连续工艺部分的生产能力，大于量应根据矿山的管理水平，系统的生产能力和汽车的载重量等因素综合考虑；二是破碎后的连续工艺系统各环节中，要保持前一环节能力略小于后一环节的能力，以防止前一环节的超量将后一环节挤死，不能连续运转。一个完整的胶带系统由破碎站、延伸胶带机、固定胶带机、移动胶带机、卸料车、排土机（排岩系统）组成。应以系统最高小时运量为原则，确定各环节的生产能力。

2.1.1.2　工艺流程

露天矿生产的半连续生产工艺中，破碎站有半固定式破碎站（图 2-1a），还有移动式破碎站（图 2-1b）。

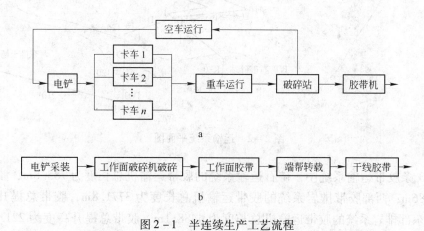

图 2-1　半连续生产工艺流程

a—露天矿半固定式破碎站半连续生产工艺流程；b—露天矿移动式破碎站半连续生产工艺流程

2.1.1.3　应用实例

目前，露天矿汽车—胶带半连续运输工艺系统在国内外得到广泛的应用。大孤山铁矿深部采用汽车—胶带联合运输，采场内的矿石用汽车运送到西端帮的半固定破碎站，破碎后用斜井中胶带运送机运往选矿厂；岩石用汽车运送到破碎站，破碎后由东段和上盘的带式输送机运往排土场排弃。在智利丘基卡马塔铜矿，一套破碎—胶带排岩系统生产能力达到10000t/h，号称世界之最。齐大山铁矿于20世纪90年代后期建成矿、岩两套破碎—胶带系统。

下面以首钢水厂铁矿的半连续运输系统为例，简介汽车—胶带半连续运输技术。通过"十五"攻关，水厂铁矿建立了排岩胶带运输能力为4000～4500t/h，矿石胶带运输能力为3600t/h汽车—胶带半连续运输工艺系统。水厂铁矿位于河北省迁安市境内，是首都钢铁公司主要原料生产基地之一。该矿西至北京200km，西南至唐山80km，东南至迁安市20km，矿区交通方便。该矿历史上达到的最大生产能力为16000kt/a，目前生产能力为12000kt/a。其产量占首钢矿石自给量的60%以上。因此，水厂铁矿对首钢的可持续发展具有不可替代的重要作用。该矿的最终凹陷开采深度将达到400m，形成的最终边坡垂直高度为660m。开采的最终境界范围南北走向长约3600m，东西最大宽度为1100m。最高工作水平280m，目前最低开采水平为-80m。采场内工作平台宽度大多在20～40m之间，采场内运输线路均布设在工作帮上，为临时移动线路。矿山生产采用45-R和YZ-55牙轮钻机穿孔，铵油和乳化油炸药爆破，采场内现有10m³电铲10台，77t汽车40台，85t汽车5台。下一步将采用135t的自卸汽车和16.8m³的电铲。

根据水厂铁矿开采的实际需要，在该矿建立3套汽车—胶带半连续运输系统，其中1套用于矿石运输，2套用于岩石运输（图2-2）。

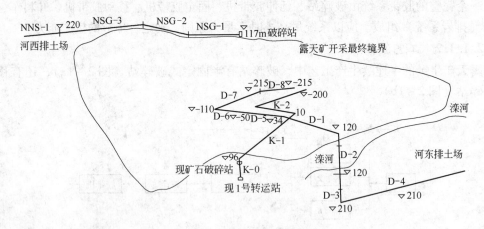

图2-2 运输系统平面图

在这3条胶带运输系统中，矿石运输系统的胶带运输机总长度为785.8m，胶带总提升高度为86m；西部胶带排岩系统的胶带运输机总长度为3771.8m，胶带总提升高度为136.2m；东部排岩系统的胶带运输机总长度为4488.1m，胶带总提升高度为221.8m。因此，东部排岩系统的运输线路最长，胶带提升高度最大，条件最复杂。

为解决利用铁路桥出现的折返运输问题，将破碎站布设在采场上盘，1号转运站设在10号勘探线附近的34m水平；1号胶带机由此经200m隧道向东北至104m水平的2号转运站，2号胶带机由2号转运站经铁路桥至位于桥东头的120m水平的3号转运站。3号胶带机由3号转运站向东北至170m水平的4号转运站，将岩石转交给移置胶带机上，然后由排土机进行排土作业。该方案由 4 条固定胶带机和 1 条移置胶带机组成。最大带强为 3500N/mm，胶带机总长度为 4488m，还可利用 6 套西排北线的驱动单元。该方案可减少折返运输，破碎站距上盘岩石重心较近，采场内运距较短，利用现有驱动单元多，隧道最短。缺点为破碎站和转运站开挖量大，此外，实施该方案后，由于东部排土系统向深部延深后，与矿石胶带系统的运输线路发生交叉，需对露天矿开拓运输系统的公路和胶带的运输线路重新布置。该方案的破碎站初始位置设在临近采场中间位置，靠近采场运岩中心，为缩短汽车运距创造了条件。方案的投资和运营成本的综合比，费用最低，效益最高。

2.1.2 大孔距预裂爆破技术

预裂爆破是炸药在空气介质的不耦合装药状态下，利用炸药爆炸瞬间产生的大量气体对炮孔周边形成的压力，使相邻两预裂孔周围的岩石破坏，形成预裂缝。在采场临近边帮爆破中，地震波传播时遇到预裂缝造成衰减，从而达到保护边坡、稳定围岩的作用。

长期以来，由于预裂孔孔距小，生产成本较高，给采场大规模应用带来了一定的困难；实际生产中常常在局部部位不采用预裂爆破，这又对采场边坡的稳定带来不利影响。在原预裂爆破技术的基础上，通过药量的计算，优化工艺参数，使预裂孔距和装药线密度得以调整，既减少了爆破对边帮围岩的稳定性影响，又显著降低了预裂费用。

2.1.2.1 基本原理

在空气不耦合预裂爆破情况下，炮孔压力是决定预裂爆破效果的最主要因素，炮孔压力太小，应力传播在岩石中的力波峰值压力必然也小，不容易形成预裂缝；炮孔压力过大，往往会破坏周围岩石，并在非预裂线方向上产生长久裂缝。

要使相邻两预裂孔周围的岩石被完全拉开，炮孔内爆轰气体在预裂面法向方向上产生的应力必须不小于被预裂面上岩石的抗拉力，即：

$$P_{Be}D \geqslant (S - D)R_t \qquad (2-1)$$

$$S \leqslant \frac{D(P_{Be} + R_t)}{R_t} \qquad (2-2)$$

式中　P_{Be}——空气不耦合装药炮孔压力，MPa；

　　　D——炮孔直径，mm；

　　　S——孔距，m；

　　　R_t——岩石抗拉强度，MPa。

如果现场岩体受到强烈围岩压力作用，则式（2-2）可修改如下：

$$S \leqslant \frac{D(P_{Be} + R_t + \sigma_N)}{R_t + \sigma_N} \qquad (2-3)$$

式中　σ_N——与预裂面垂直方向法向压力，MPa。

根据式（2-3）就可以计算出预裂爆破合理孔距。

预裂爆破的另一个重要指标是线装药密度。线装药密度计算应考虑以下两个因素：

（1）炮孔压力必须小于岩石动抗压强度，否则粉碎圈就会形成。

（2）爆破产生的振动必须控制，因为其产生的应变易使岩石产生破碎。

炮孔线装药密度 q_l（kg）确定：

$$q_l = 5 \times 10^{-5}D^2$$

2.1.2.2 爆破工艺与参数

预裂爆破的布孔方法、孔网参数、装药结构都和缓冲爆破类似。不同的是在主装药爆破起爆前先同时起爆（或分组起爆）预裂孔，结果沿预裂孔的连线上爆破形成宽 1~2cm 的预裂缝。这样在深爆孔爆破时，爆破范围外的岩石受到预裂缝的良好保护。预裂缝是一个连续的面，降震作用也比较好。由于预裂缝是在没有自由面的条件下起爆，不易破坏围岩、光面效果较好，爆破后孔痕保存率可达 70%~80%以上。

预裂孔的作用只是形成预裂缝，而不是大量崩落岩石，因此不宜采用太大的孔径和药卷直径。另外，按孔深度不同，孔底采取适当的加强药。

2.1.2.3 应用实例

马钢集团姑山矿业公司、南山矿业公司凹山采场推广应用大孔距预裂爆破技术。

A 马钢集团姑山矿业公司姑山采场预裂爆破

为了维持姑山采场的正常生产，姑山矿制定了姑山采场东帮强采计划。为确保东帮稳定，采用预裂爆破。有效的预裂爆破有利于保持边坡围岩的完整与稳定，有利于边坡稳定。预裂孔的作用只是形成预裂缝，而不是大量崩落岩石，因此不宜采用太大的孔径和药卷直径。考虑姑山矿的炸药不易灌装小药卷且其猛度过高，另外 2 号硝铵炸药不防水，它们均不适宜东帮预裂爆破，特选乳化炸药卷。

爆区岩石力学性质见表 2-1，预裂孔的爆破参数见表 2-2。

表 2-1 爆区岩石力学性质

密度/g·cm⁻³	抗拉强度/MPa	抗压强度/MPa	普氏硬度系数
3.44~4.07	12.2	157	12~16

表 2-2 预裂孔（用于乳化炸药）的爆破参数

台阶高度/m	孔深/m	不耦合系数	线装药密度/kg·m⁻¹	单孔装药/kg	孔口不装药段长度/m	炮孔间距/m
8	8.3	2.8	4.5	28.4	3	3
9	9.3	2.8	4.5	32.9	3	3
10	10.4	2.8	4.5	37.8	3	3
11	11.4	2.8	4.5	42.3	3	3

姑山矿在进行的大量试验研究及理论分析的基础上，修正了预裂爆破参数的计算方法，利用获得的合理试验参数进行现场试验验证，得出采场大孔距爆破参数，将预裂爆破孔距提高到 3m，孔距增大 45%以上，获得了良好的预裂爆破效果。

B 马钢集团南山矿业公司凹山采场预裂爆破

南山矿业公司凹山采场生产爆破受到周边环境的制约，采场与周围农村接近，在采场西南部距最终境界 250m 处是大、小石马村，采场西部距最终境界线 420m 处是黄村，采场西北部距最终境界线 530m 处是石山村，后面紧接着双松村。因爆破震动常与农民发生纠纷，直接影响矿山生产。另外随着采场的延深，边坡越来越高。为了减少爆破震动对边坡及采场内外建筑物的影响，开展了大孔距预裂爆破技术研究。

爆区岩石为石英闪长玢岩，普氏硬度系数为 6~8。所使用炸药为粉状铵油炸药，爆速 3300m/s，密度 0.9g/cm³。线装药密度为 1.45kg/m，孔距 2.9m。预裂爆破试验结果见表 2-3。

表 2-3　预裂爆破试验结果

台阶 /m	预裂爆破 次数/次	孔数 /个	孔距 /m	预裂线长 /m	预裂效率		效果分级
					缝宽/cm	半孔率/%	
+45 ~ +60	2	121	2.2	266	2	50	一般
+30 ~ +45	2	79	2.5	197	2	60	好
-60 ~ -45	3	65	2.5	197	2	70	好
-75 ~ -60	3	72	2.2	158	1	80	很好
-90 ~ -75		45	2.2	99	1	80	很好

南山矿业公司利用获得的合理试验参数进行了现场试验验证，得出采场大孔距预裂爆破参数，将预裂爆破孔距扩大 46%~67%，获得了良好的预裂爆破效果。并提出了一些新的思想与工艺参数，通过对国外预裂爆破资料的查新结果，在中软破碎岩性下及如此大孔距下获得成果已属罕见。大孔距预裂爆破技术的现场应用，对于解决露天矿的爆破震动效应，具有非常重要的意义。这一技术成果对其他矿山具有普遍的推广价值。

2.1.3　逐孔爆破技术

逐孔爆破技术的主要特点是利用高精度雷管通过地表不同延期雷管和孔内不同延期雷管的搭配使用，一方面使最大一段药量尽可能地限定于一个炮孔的药量，最大限度降低了爆破震动；另一方面，每个炮孔能按照爆破设计的延期时间顺序起爆，为单个炮孔创造多个动态自由面，增强了爆炸应力波的反射，岩石间碰撞机会增加，爆炸能量得以充分利用，从而改善了爆破效果，减少了单位炸药消耗量。

逐孔爆破技术是一种国内外逐步推广使用的扩大爆破规模、降低爆破危害、改善爆破效果、提高采矿效率及降低穿爆成本的一种新型爆破工艺。该技术作为目前最先进的爆破技术已被国内大型露天矿山台阶爆破广泛使用，与排间微差及 V 形、斜线起爆技术相比其优点包括破碎岩石块度均匀；相同单耗的条件下岩石粒度比其他起爆技术降低 20% 左右；爆区隆起明显，爆堆集中；侧冲、后冲少；降低采装电耗，提高电铲台效，降低综合成本等。

2.1.3.1　基本原理

逐孔爆破改善爆破效果的作用原理如下：

（1）应力波叠加作用。在逐孔爆破时，后爆药包比先爆药包延迟数十毫秒，这样后爆药包在相邻先爆药包的应力震动作用下处于预应力的状态中（即应力波尚未消失）起爆，两组深孔爆破产生的应力波相互叠加，可以加强破碎效果。

（2）增强自由面作用。在先爆深孔破裂漏斗形成后，它对后爆深孔来说相当于新增加了自由面，逐孔微差爆破后炮孔的自由面由排间微差爆破的两个自由面增至三个自由面，后爆的炮孔最小抵抗线和爆破作用方向都有所改变，增大了入射压力波和反射拉伸波的反射，增强了岩石的破碎作用，并减小夹制角。

（3）降低爆破震动。采用逐孔爆破时，在其他参数不变的情况下，由于相邻炮孔先后以微差间隔起爆，爆炸所产生的地震波能量在时间上和空间上都得到分散，这样每段起爆的装药量实际上等于单孔装药量，所以比传统意义上的微差爆破减震效果更明显。

2.1.3.2　工艺和参数

确定合理的微差间隔时间对改善爆破质量和降低地震效应具有十分重要的作用，确定微差时间间隔主要应考虑岩石性质、孔网参数、岩体破碎和移动等因素。微差时间过长相当于单孔爆破漏斗发挥作用，甚至破坏爆破网路；微差时间过短，前一个炮孔尚未为下一个炮孔形成自由面，起不到微差爆破的作用。合理的微差间隔时间，即前一个炮孔为下一个炮孔形成自由面的时间，亦即炮孔前方岩石前移和回弹的时间加上岩块脱离岩体的时间。理论上讲，软岩应采用低猛度、低爆速的炸药并采用长微差时间以增加应力波及爆炸气体在岩体中的作用时间；硬岩及软弱夹层、裂隙较发育的岩石应采用高猛度、高爆速的炸药，并采用短微差时间使爆破能量依次迅速释放，避免爆破气体泄漏及应力波迅速衰减。

爆区内处于同一排的炮孔按照设计好的延期时间从起爆点依次起爆，同时，爆区排间炮孔按另一延期时间依次向后排传爆，从而使爆区内相邻炮孔的起爆时间错开，起爆顺序呈分散的螺旋状。逐孔起爆方案如图2-3所示。

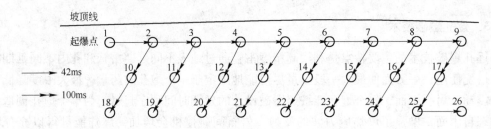

图2-3　逐孔起爆方案

逐孔起爆技术的微差间隔时间由孔间和排间微差时间两部分构成。

不同矿山有关孔内、孔间微差时间的取值范围，有一定的共同性，也有很大的差异，主要是各个矿山矿岩的物理力学参数、地质地形特征和选用炸药和孔网参数等不同造成的。因此在运用逐孔起爆技术时，一定要根据矿山的实际情况实验选取微差时间。

2.1.3.3　应用实例

目前，逐孔起爆技术在国外已经得到了普遍应用，而国内少数规模较大的露天矿山利用高精度、高强度导爆管雷管实现了逐孔起爆。

首钢矿业公司孟家沟采场逐孔起爆爆破方案采用ORICA公司生产的高精度雷管产品。使用温度范围为-40~180℃，抗拉强度为4.5MPa，耐摩擦、抗冲击、抗静电危害。采用三段延期体技术确保了延期准确度。在中爆中，选择爆区前排炮孔中自由面多适合爆堆整体移动的炮孔为起爆点，前排为控制排爆破建立孔间延时顺序，地表采用单管连接，孔内采用双管延时。逐孔起爆炮孔布置及连线方式如图2-4所示。

孟家沟采场采用逐孔起爆技术以来，采场大块率、根底率、拒爆率、爆破成本、铲装

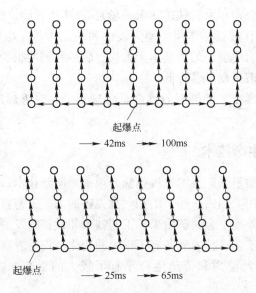

图 2-4　逐孔起爆炮孔布置及连线方式

成本、电耗都有了明显下降，采场的技术状况有了明显提高。采场部分指标对比见表 2-4。

表 2-4　采场部分指标对比

矿岩种类	排间微差起爆			逐孔起爆技术		
	大块率/%	根底量/t·a⁻¹	拒爆孔率/%	大块率/%	根底量/t·a⁻¹	拒爆孔率/%
斜长角闪岩	3	300	0.1	1	0	0
片麻岩	2	400	0.1	0	0	0
混合岩	2	0	0.1	0	0	0
极贫矿	3	750	0.15	1	450	0
氧化矿	2.5	0	0.1	0.8	0	0
一般矿	3	0	0.15	1	0	0

通过对比可以发现采场采用逐孔起爆技术以来采场技术状况得到极大改善，不仅大块率、根底量大幅降低，另外延米爆破量增加了 24t/m，采场电耗降低了 0.012kW·h/t。降低了综合采矿成本，另外利用该技术还可以有效降低采场爆破震动的不利影响，通过比较发现：与排间微差爆破相比，爆破震动降低 26.66%；与孔间微差深孔爆破相比，爆破震动降低 43.85%。精确微差逐孔起爆技术和原来的排间起爆技术比较，为后爆孔创造更多自由面，各炮孔之间爆炸能量分布均匀。由于高精度管延时精度高，可以根据岩性及地质条件设计孔间及排间微差时间，有效地控制破碎块度和爆状，并且该雷管性能好、强度高，可避免由于材因而产生的拒爆孔。实践表明，在获得矿岩物理力学性质之后，通过试验确定出合理的微差时间，采用逐孔起爆技术，可获得理想的爆破效果。穿孔爆破作为矿山生产的首要环节，其工艺优化将带动其后续工艺优化，最终使矿山开采的整个工艺得到优化，从而取得良好的经济效益和社会效益。

河北钢铁集团矿业公司司家营铁矿露天采场自 2009 年开始,陆续应用逐孔爆破技术,选用先进的高精度导爆管雷管,炸药类型为铵油和乳化炸药,均使用装药车进行现场装药。从爆破效果看,矿岩块度均匀,基本无大块;后冲和侧冲很少,前冲距离控制在 20m 以内,未出现根底;爆破震动显著降低。

实践证明,逐孔起爆技术能够有效地降低爆破震动,改善爆破效果和提高爆破的安全性。

2.2　地下开采清洁生产技术

近些年来,国内外地下采矿技术发展很快,很多采矿新技术、新工艺、新材料和新设备在地下矿山得到了应用。国内一些矿山和一批先进的采矿工艺技术和装备,已步入世界先进水平的行列。国内外地下金属矿山采矿工艺技术和设备的发展,主要表现在采用各种采矿方法的比重和回采工艺、技术装备有了很大的变化,均沿着高效率、高回采率和机械化的方向发展,采场生产能力和劳动生产率有了较大的提高,损失、贫化指标大幅度降低。

现阶段地下采矿方法仍以充填采矿法、空场采矿法、崩落采矿法为主。根据对 18 个重点铁矿山统计,崩落采矿法占 94.1%,空场采矿法占 5.9%;黄金矿山充填采矿法占 31%,空场采矿法占 65%,其他占 4%;有色金属矿山空场采矿法占 46.1%,充填采矿法占 19.6%,崩落采矿法占 34.3%。从以上统计数据看,铁矿地下开采仍以崩落采矿法为主,有色及黄金矿山地下开采仍以空场采矿法和充填采矿法为主。近十多年来,地下金属矿山充填采矿法和充填工艺技术发展迅速,崩落采矿法和空场采矿法在工艺技术上也在不断地改进、创新。因而促进了我国金属矿地下采矿技术的迅速发展,使部分矿山的工艺技术达到了国际先进水平。

2.2.1　大间距无底柱采矿新技术

无底柱分段崩落法是我国冶金地下矿山的主要采矿方法,它具有结构简单、安全高效、管理方便等显著优点。长期以来,受传统采矿理论、技术法规的束缚,我国无底柱矿山均采用进路间距不大于分段高度的采场结构参数,从而导致矿山掘采比大、生产成本高、经济效益差。

我国于 20 世纪 60 年代首次从瑞典引进无底柱分段崩落采矿法时的参数为分段高度 10m,进路间距 10m(10m×10m 结构),先后在大庙、酒钢镜铁山、符山、梅山等矿山进行无底柱分段崩落采矿法的试验攻关,获得成功,并取得了一系列的科研成果,对指导矿山的生产实践起到了十分重要的作用。

从理论分析来看,传统的放矿理论主要研究孤立的单个放出体的性质特征,根据矿石爆破堆积体与放出体相吻合的原则,将四个巷道布置在放出体的四周成菱形布局,没有充分注意到各放出体之间的相互影响。在选择采场结构参数时,简单地将放出体在长轴方向上分成两个分段,此时,分段高度与进路间距之比(H/L)1.3～1.5,这就是传统采矿理论要求的分段高度大于进路间距的理论依据。

按照这种菱形布局和单个放出体的几何尺寸,将分段高度、进路间距两个方向上的四个放出体组合起来形成采场结构的平面模型,很显然,此时的四个放出体存在相互重叠的现象，不利于改善损失贫化指标，同时分段进路所控制的面积没有达到最大化，不利于降低采矿成本。

2.2.1.1 基本原理及参数

在"十五"国家科技攻关期间，梅山铁矿在对无底柱分段崩落法研究中提出了大间距采矿理论，并在矿山生产中全面应用，取得了很好的效果。

大间距无底柱分段崩落采矿法突破了原有的理论束缚，将放矿理论研究由过去国内外研究一个孤立的放出体转而研究多个放出体的空间排列，建立了相应的数学模型，揭示了采场结构参数中进路间距可以大于分段高度的基本规律，研究成功大间距采矿新技术、新工艺，这更加符合无底柱矿山采矿工程的实际情况，填补了国内外无底柱分段崩落法研究的空白，使无底柱分段崩落法的研究与应用进入了一个新的阶段。

新理论跳出单个放出体的框架，研究各放出体之间空间排列问题，指出结构参数优化的实质就是放出体空间排列的优化问题，密实度最大者为优。由此得出两种最优排列形式，一种为高分段结构（图2-5），一种为大间距结构（图2-6）。

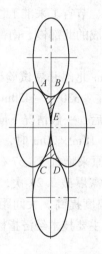
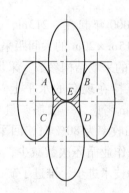

图2-5 高分段结构形式   图2-6 大间距结构形式

所谓高分段结构是指多个椭球体的平面空间排列中，椭球体五点相切，此时其分段高度 H 与进路间距 L 之比为：

$$H/L = \frac{\sqrt{3}}{2} \times \frac{a}{b} \tag{2-4}$$

式中　a——放出体长半轴长；

b——放出体短半轴长。

大间距结构的分段高度 H 与进路间距 L 之比为：

$$H/L = \frac{\sqrt{3}}{6} \times \frac{a}{b} \tag{2-5}$$

高分段结构、大间距结构在理论上均符合爆破堆积体与放出体相吻合的原则，高分段结构在凿岩、爆破等工艺的操作过程中存在较大的困难，而大间距结构具有实施方便、采准工程量少、采矿强度高、损失贫化指标好等一系列优越性，因此大间距结构推广应用的前景非常广阔。

2.2.1.2　应用实例及采场结构

A　大间距采矿技术在梅山铁矿的应用

上海梅山矿业有限公司是我国著名的黑色金属矿山企业，具有一流的资源优势和人才优势，企业非常重视科技进步，注重科研成果的转化，在建矿四十多年的发展历程中，矿山先后应用了 10m×10m、12m×10m、15m×15m、15m×20m 的采场结构参数，在“十五”国家科技攻关计划期间，矿山已成为我国全面应用大间距无底柱采矿技术的示范矿山。

为了开展大间距采矿新技术的课题研究工作，梅山铁矿投入了大量的科研经费、工程设备费，引进配套了 $6m^3$ 铲运机等大型高效采掘设备，在北采区建立了 15～20m 大间距试验矿块，开展了采场结构参数、凿岩爆破、切割拉槽、放矿控制、结构参数过渡等工艺技术以及设备配套、集中化开采、大间距地压规律等方面的现场试验，掌握了现场放矿时损失贫化指标变化规律，根据矿山的矿体埋藏特点，在全矿进行了推广应用和扩展。梅山铁矿应用大间距采矿技术后，不但大幅度降低了掘采比、节省了采准工程量、大幅度提高了采矿强度和全员劳动生产率，还解决了矿山多年来形成的北部慢、南部快的问题，经济效益巨大。

梅山铁矿自 2000 年起在 -213m、-228m、-243m 北部开展试验研究，在 -258～ -330m 全面应用 15m×20m 的大间距采场结构参数，在 -330～-420m 二期延深工程中采用了 18m×20m 的采场结构参数。采场结构参数加大后，一般情况下崩矿步距也会相应地加大，至少应保持在现有的水平上。当结构参数为 18m×20m 时，崩矿步距分别按 3.2m、3.6m、4.0m 考虑，一次崩矿量可达 5460t，比原来增加 51.67%；当崩矿步距为 4.0m、回采矿石回收率为 80% 时，回采万吨铁矿石仅需爆破 2.29 次，与原来相比减少 34%，采场内回采作业循环次数减少，出矿效率可大幅度提高。大间距采矿新技术应用后，促进了矿山的技术进步，推进了矿山的生产管理，主要技术经济指标全面刷新，取得了显著的经济效益。

B　大间距采矿技术在北洺河铁矿的应用

北洺河铁矿是我国“九五”期间新建的地下铁矿山，隶属于中国五矿集团公司。矿山原设计采用 12～15m 采场结构参数，为加快矿山建设速度、降低采矿生产成本，经过广泛调研对结构参数进行了优化，在矿山建设过程中采用 15～18m 大间距采场结构参数。矿山建成后，在采矿生产中应用 3.7m 的崩矿步距（分两排布置，一排 1.7m，一排 2.0m），一次崩矿量为 $944.6m^3$（3570.5t），经过一年零七个月的时间，达到了设计生产能力。

C　大间距采矿技术在桃冲铁矿的应用

马钢桃冲铁矿是一个采用无底柱分段崩落法的地下矿山，在 43m 以上采用 10m×10m 结构参数，随着开采水平的不断下降，采准工程量大、支护费用高、地压管理复杂等问题日益突出，造成采矿成本居高不下。如果不尽快采取有效的措施降低掘采比，将导致采掘失调、严重影响矿山持续生产，使矿山生产陷入被动局面。

为了解决上述问题，矿山在生产中采用了 12.5m×15m 大间距采场结构参数，取得了以下主要成果：

（1）巷道采准工程量大幅度减少。实施大间距采矿技术后，矿山每个分段掘进巷道量减少了 600m，在此基础上还减少了一个采矿分段，累计减少掘进巷道量 5400m。

（2）巷道支护量明显减少。由于采准工程量大幅度减少，加上矿柱的承载力增强，减少了支护巷道量 850m。

（3）由于采用大间距采矿技术，采场内矿柱的几何尺寸增加，矿柱的抗压强度大大增强，地压状况明显改善，采场安全性提高。

（4）采矿成本降低，经济效益显著。矿山采用大间距采矿技术后，不但大幅度节省了采准工程量和巷道支护费用，还解决了矿山采准矿量不足的问题，经济效益显著。

2.2.2 充填采矿技术

采用充填采矿法，有提高采矿回采率，减少贫化率，充分利用资源，有效控制地压，防止内因火灾和可在"三下"开采等优点，加上空区可以用废石或尾矿来充填，地面不需构筑大面积的尾矿库，改善矿区周围环境，充填采矿法越来越受到人们的重视，充填工艺技术也在充填采矿法不断改造与发展的过程中得到创新与发展。

充填采矿在国外较早引起了人们的重视，为了控制采区的地表移动，美国一个煤矿首次应用了水砂充填法采矿。在 20 世纪 50 年代，澳洲一些地下金属矿山，以水力充填取代了早期使用的干式充填。1969 年澳大利亚科学与工业研究院开展了机械落矿充填采矿法的相关问题研究，10 余年后在水力充填等领域取得了显著成绩。1977 年芒特艾萨矿与新南威尔士大学矿业学院合作研究出了低成本胶结充填技术。由于矿体开采深度日益加大，充填是南非许多深采矿山的既定工艺，也是支护的主要方法。加拿大矿山充填已经历将近 100 年。1993 年加拿大发展了膏体充填技术，目前仍继续使用这种工艺，地下硬岩采矿企业几乎都采用充填工艺。由于经济的需要，许多矿山应用了空场法采矿，并进行嗣后充填，特别是在 20 世纪 50～60 年代后，各国都加大了充填采矿法所占的比重，有关国家还围绕灾害控制制定了相应规范。

充填采矿法在我国有色矿山的应用历史悠久。20 世纪 50 年代中期，充填法在有色金属地下矿山中占有较大比重。然而由于充填采矿法具有矿石回收率高，特别适合于不稳固矿岩条件下的高品位矿石回采的特点，因此一些矿山、科研和设计单位一直对其进行研究探索。随着采场装运设备的发展，80 年代以来充填法取得了重大进展。由于实现了采场机械化回采和充填，充填采矿法已从一种低产、低效采矿法发展成为一种高产、高效采矿法，因而许多矿山开始采用充填采矿法，充填采矿法在我国将进入一个新的发展时期。

我国铁矿贫矿多，富矿少，铁矿石平均品位为 33%，低于世界平均水平 11 个百分点。且铁矿石类型多样，成矿条件复杂，中小型矿床多、超大型矿床少，伴生组分多，选冶条件复杂。鉴于此，多年来充填采矿法在铁矿山所占比例较小，但近年来，充填采矿法的应用比例逐步提高。众所周知，充填采矿法是成本高的采矿方法，一般用于贵重金属或高品位的有色金属的开采，虽然充填采矿法具有矿石回收率高、贫化率低、能适应矿体产状的复杂变化、作业安全，且能保护地表等优点，但其原来存在的缺点，诸如现场作业条件恶劣、充填与回采相互制约严重、工人劳动强度大、采矿强度低、成本高、矿山效益差等，给设计部门和现场采矿工程师留下了根深蒂固的印象。随着人们环保意识的提高，人们逐渐认识到矿山固体废料给环境带来的巨大破坏，并且逐渐认识到采矿活动的末端处理花费了大量的人力、物力和财力。因此，随着充填采矿技术的发展，充填采矿法在铁矿中的应用也得到人们越来越多的认可。

2.2.2.1 基本原理

充填采矿法依据充填材料的不同可分为干式充填法、水砂充填法、胶结充填法。其发展经历了由干式充填到最初为不含胶结剂的水砂充填，以后发展了胶结充填，并使充填体的浓度逐步提高，逐步发展到高浓度的似膏体充填、膏体充填。充填材料的应用主要包括水泥、粉煤灰、高炉炉渣、尾砂等。

充填体的力学性质以及充填体与围岩的相互作用机理对采矿设计和稳定性分析极为重要。矿体从地下采出来之后，地下形成了空间，把充填材料（砂土、石块或混凝土等）填入采空区后形成充填体。充填体充满或接近充满地下空间，它不是简单的支撑结构区被动地承受荷载，而是地层的一种介质（人造介质）与地层形成共同体，并参与了地层的自组织活动。其作用活动主要有：

（1）应力吸收与转移。充填体进入空区，最初是不受力的，以后随着充满度的增加和混凝土的逐渐凝固而具备了吸收地应力和转移地应力的能力，从而形成了地层"大家族"的一员，参与地层的自组织系统和活动。

（2）应力隔离。一种是隔离水平应力，另一种是隔离垂直应力。水平应力隔离主要是考虑构造应力对回采时采场的稳定性影响，可以设计比较合理的采矿顺序来减小这种影响；隔离垂直应力是下向充填采矿法至关重要的采矿技术。充填体内吸收与传递的应力大小，既与原岩体应力大小有关，也直接与充填体的弹性模量有关。根据应力转移原理，充填体弹性模量越大，应力转移的效果越好；从隔离应力角度来考虑，充填体弹性模量越小，隔离的作用越好。

（3）系统的共同作用。充填体进入地下空间后，由于充填体、围岩（地层）、地应力、开挖等共同作用，特别开挖系统的自组织机能，使围岩变形得到了抑制，围岩能量耗散速度得到了减缓，矿山结构和围岩破坏的发展得到了控制，特别是无阻挡的自由破坏塌落也得到了控制。

（4）开挖与充填过程中的弹塑性区变化。开挖与充填过程中的弹、塑区动态变化，塑性区分布是有规律的，呈"冠状"集中在上部工作面附近，并随着回采的进行而上移；同时已充填的采场及矿柱下部，随着回采工作面的推进而逐渐由弹性变为塑性，随后又从塑性恢复到弹性。有的地方甚至发生多次弹性和塑性的交替变化。并且，弹性和塑性的交替变化，并不说明塑性区的永久变形得以恢复。这种永久变形并没有恢复，只是应力降低了以后，它又恢复到弹性态。

2.2.2.2 工艺流程

充填基本工艺的流程如图 2-7 所示，开采工艺过程在此不再详细叙述。

2.2.2.3 应用实例

A 三山岛金矿充填采矿技术

三山岛金矿新立矿区属于海底开采，矿体位于海床下数十米至数百米范围内。矿体与海水间仅靠数米厚的隔水带隔离，大量、快速、高强度海底采矿与井下大量爆破势必引起

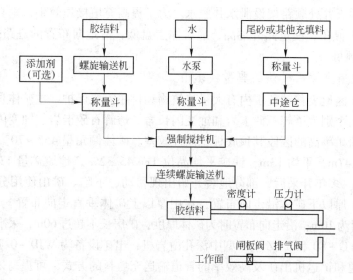

图 2-7 充填基本工艺的流程

海床变形与沉降，这种沉降与变形因矿体倾角（40°左右）、矿体开采厚度、开采时间、矿岩特性与回采顺序等发生改变，导致上覆岩层与顶板的变形相对集中，在开采区域内出现不均匀沉降与变形，由此导致隔水层出现裂隙与错层，引起海水大量涌入井下，极易造成重大安全事故。因此，大规模海底开采存在的安全问题是矿山需要解决的首要问题，开采过程中，选择海底不产生非均匀沉降、裂缝和塌陷的高效回采方案是该矿区开采的关键。

根据新立矿区生产实际，结合国内外海底开采经验，选择了两种充填采矿方案：岩层微扰低沉降房柱式分层充填采矿法和高进路充填采矿法。

a 方案 1：岩层微扰低沉降房柱式分层充填采矿法

（1）采场结构及回采顺序。盘区长为 100m，采场与采场之间留 4m 连续矿柱，采场垂直矿体走向布置，采场宽（矿房和矿柱）均为 12m，长为矿体厚度，矿块划分为 8 个采场（4 个矿房采场，4 个矿柱采场），考虑矿房开采时，两侧为原岩，矿房内不留点柱，矿柱内靠一侧一排留规则点柱，根据采场结构参数优化研究结果，点柱间距为 12m，点柱尺寸为 4m×4m。采准工程完成后，即可进入采场回采，其顺序是先采矿房，后采矿柱。

（2）采场充填。胶结材料为高分子固结材料，采场充填材料配比：矿房灰砂比为 1:10，矿柱用分级尾砂充填；所有采场均用灰砂比为 1:8 的水泥尾砂充填浇面，浇面层高度为 0.4~0.5m。条件具备时掘进废石可运入采场充填，分层充填中坚持先充掘进废石，后充尾砂，采用泄水笼脱水。

b 方案 2：高进路充填采矿法

（1）采场结构及回采顺序。采场长均为 100m，采场与采场之间留 4m 连续矿柱。进路宽 4m，高 4m。采用隔一采一方案，先采一步骤进路，一步骤进路采完后胶结充填，再回采二步骤进路，自下而上分层回采。

（2）采场充填。采场充填配比：一步骤进路充填灰砂比为 1:10，二步骤进路用尾砂非胶结充填，一步骤和二步骤进路最上 0.4~0.5m 用灰砂比为 1:8 胶结充填。充填泄水在目前已形成的天井处顺路架设泄水井脱水。为了提高充填接顶效果，垂直矿体走向布置的进路采场呈 5°倾角，使进路外端高，靠矿体上盘低。沿走向布置的进路采场，中部高、两端低，呈 5°倾角。

　　B　其他应用充填采矿法的典型铁矿山

　　莱芜铁矿矿区地表移动范围内有大量建筑物和村庄需要保护。主矿体顶板多为大理岩及结晶灰岩，极个别为透辉石矽卡岩和蚀变闪长岩。透辉石矽卡岩、蚀变闪长岩较疏松易破碎，因此在粉矿率高的区段其顶底板稳固性较差。矿体倾角呈 45°~70°，多数在 60°左右，矿层厚 3~47m，平均 13m，铁矿平均品位 TFe 45.32%，地质矿量 13200kt，矿山设计规模 450kt/a。多年开采后，部分地表开始出现移动、下陷。矿山使用分段尾砂固结充填法。矿房在中厚以下矿体沿走向布置，在中厚以上矿体垂直走向布置。分段高度 10m，宽度垂直布置时为 10m；沿走向布置时为矿体厚度，矿房长不超过 60m，采准比为 6.6m/kt。凿岩设备采用 YG-80 和 YGZ-90 型中深孔凿岩机，出矿设备为 WJD-0.75 电动铲运机。由于采用斜坡道和铲运机出矿及高效率的管道输送充填料的方式，可提高采矿强度和采矿能力。通过技术经济分析可知，采用尾砂固结充填法，可减少尾砂排放、尾矿库占地和建设费，同时回采率可由 75% 提高到 90%，贫化率由 15% 以上降至 10% 以下，降低了综合成本，提高了效益。

　　对于有些可采用空场采矿法开采的矿山，目前许多采用了空场采矿、嗣后充填。白象山铁矿使用的是分段凿岩阶段矿房嗣后充填法，新桥硫铁矿 1 号主矿体 29 勘探线以西，Ⅱ号辅助剖面以北 -230m 中段以上矿体，平均倾角 12°，平均真厚度 23m，属缓倾斜中厚矿体，采用分段空场嗣后一次充填采矿法。

　　20 世纪 80 年代初，张马屯铁矿采用的是分段空场采矿法。前期空区充填采用的是水砂充填和人工翻斗车矸石充填，因充填水污染巷道、充填管道磨损严重，充填成本过高而被弃用。80 年代中期，开始采用人工翻斗车矸石充填工艺，因经常在空区内掉车，充填巷道塌方，效率低，充填作业安全性差，也被弃用，以上两种充填工艺因充填体没有凝聚力，无法形成稳固自立的帮壁，矿柱无法回采，矿石回采率仅在 50% 左右，资源浪费严重。后采用废石干式充填，但由于是矸石松散充填，矿柱仍无法回采。此后，张马屯铁矿实施全尾砂块石胶结充填、水渣代替部分水泥全尾砂胶结充填，至 2009 年实施已经 10 年。全尾砂充填技术工艺日趋成熟，矿石回采率达到了 85% 以上。

　　宝山铁矿采用的是阶段充填采矿法。阶段充填采矿法是一种全新的采矿方法，其基本特征是以矿岩自身稳固性和嗣后一次性充填矿房的充填体的有机组合来控制采场地压。该采矿方法是在阶段内将矿体划分为一步矿房和二步矿房，先回采一步矿房，嗣后胶结充填，待其凝结沉实后，再回采二步矿房，嗣后松散充填料充填。通过阶段充填采矿法在宝山铁矿的实践与研究，解决了宝山铁矿两大难题。一是回采率不高的问题，应用该方法后，实现了矿块无矿柱或少留矿柱连续开采，使回采率由原来的不到 80%，提高到 95% 左右；二是解决了环境保护问题，地下开采和露天开采采出的废石以及选矿产出的尾矿充填于采空区，同时，井下废水除用于其他生产以外，都作为胶结充填用水，因而实现了无（低）废开采。

　　草楼铁矿和中关铁矿，采用的是全尾砂胶结充填方案；白银公司小铁山矿采用的是分段分条胶结充填采矿法；大冶有色金属公司铜绿山铜铁矿在矿山难采矿段采用上向分层分条充填采矿法。还有其他一些铁矿山也在使用充填采矿法，在此不再赘述。

以上实例充分表明，充填采矿法在铁矿山的应用具有可行性，相对于其他采矿方法，能够更好的保护环境，提高了资源的利用率，对于国民经济发展意义重大。

2.2.3　地温预热系统

我国北方地区冬季气温较低，当进风井巷中井壁渗水或有滴水时，会产生冰冻现象，给运输、提升机械设备的正常运行带来困难，威胁安全生产。此外，大量冷空气下井，恶化气候条件，影响工人身体健康。为此，《金属非金属矿山安全规程》（GB 16423—2006）规定：进风巷冬季的空气温度，应高于2℃；低于2℃时，应有暖风设施。不应采用明火直接加热进入矿井的空气。

空气预热通常可采取锅炉预热和地温预热两种方法。地温预热是利用地层的调温作用，加热矿井进风流的技术措施。地温预热可省大量能源，因此是矿山清洁生产技术之一。

2.2.3.1　基本原理

岩体内开凿巷道后，岩体与空气发生热交换。冬季，进入井巷的冷空气使岩石温度降低，在巷道四周形成冷却圈，冷却圈的厚度随巷道内气温的高低和通风时间的长短而变化，即岩石的传热过程属非稳定过程。但是，从利用地温预热的角度来看，研究由初冬到深冬岩体被冷却的过程并无实际意义。值得着重研究的是，在深冬最冷时刻，使冷空气由地表最低温度经预热后上升到2℃，所需的岩体暴露面积是多少？因此，把问题归结为深冬最冷时刻岩石的热传导问题，把非稳态传热过程简化成最冷时刻的岩石稳定传热问题。

计算所需的预热巷道长度或巷道暴露面积的计算公式为：

$$L = 2.3 \frac{Gc_p}{KP} \lg \frac{t_n - t_0}{t_n - t_L} \tag{2-6}$$

式中　G——预热的冷空气量，kg/s；

　　　c_p——空气的定压热容，$c_p = 1005 \text{J}/(\text{kg} \cdot ℃)$；

　　　t_n——岩石原始温度，℃；

　　　t_0——地表最冷气温，℃；

　　　t_L——加热后的空气温度，℃；

　　　P——巷道周界长度，m；

　　　K——岩体与空气的热交换系数，$\text{W}/(\text{m}^2 \cdot ℃)$，最冷时刻岩石与空气交换系数计算的经验公式为：

$$K = \frac{10.1\lambda}{1.55 + \dfrac{\lambda}{u^{0.8}}} \tag{2-7}$$

　　　λ——岩石的传热系数，$\text{W}/(\text{m}^2 \cdot ℃)$；

　　　u——巷道平均风速，m/s。

岩体与空气热交换系数 K 反映了岩体内部热传导和岩壁散热两个综合过程。由于岩体与空气间的热交换过程随时间变化，同一巷道在不同时间所测得的热交换系数值是不一样的。但是，从预热入风流的应用角度来看，可把冬季最冷时刻的热交换系数作为预热巷道设计计算的基础。

2.2.3.2　工艺流程

地温预热系统流程如图 2-8 所示。

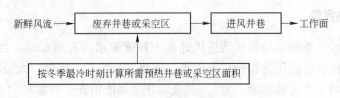

图 2-8　地温预热系统流程

2.2.3.3　应用实例

杨家杖子岭前矿地处辽西地区，气候较寒冷。冬季结冰期 4 个月，冻土层厚度 1m。该矿采用压入式通风系统，主提升井在夏季处于向外漏风状态，但是在冬季主提升井与中央排风井之间能够形成强大的自然风压，自然通风量可达 90~100m³/s。按原设计，曾采用锅炉暖风预热，每昼夜耗煤 17~20t，成本高，技术上也不可靠。在东北大学协助下实施了利用采空区和旧巷道预热风流的方案，总预热风量 101~108m³/s，预热后气温达 6~8℃，解决了入风预热问题。

该矿浅部采空区较多，根据围岩的稳定性和可靠性，选用 8 号脉空区和 9 号脉、6 号脉空区，形成多路并联入风预热系统，调查了总面积为 84850m² 的预热区，考虑到风流在空区内流动的不均匀性，取用 66000m² 有效暴露面积。预热系统由两条主要风路构成，一为主井预热风路，另一为入风井预热风路（图 2-9）。主井预热风路，由采空区上部通达地表的各天井入风，经 8 号脉采空区预热后，沿中段巷道，在井下预热扇风机作用下，送入主井。扇风机型号为 50A-No.16，风量 31~36m³/s，气温 8~10℃。入风井预热系统除 8 号脉采空区外，还有一独立入风天井预热系统，预热后的风流经各中段巷道，由小斜井和小竖井送到地表，经地表专用风巷进入主扇吸风口，再由主扇送入专用风井。入风井预热系统的风量为 70~72m³/s，气温 6~10℃。

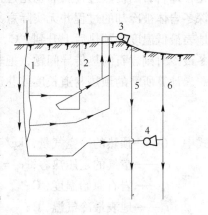

图 2-9　空气预热系统
1—8 号脉采空区；2—预热区独立入风天井；3—压入式主扇；4—主井预热扇风机；5—专用入风井；6—主提升井

根据冬季测定结果的分析，该矿山预热 1m³/s 冷空气所需要岩体的暴露面积为 437m²。预热区的空气质量测定结果表明，气流通过采空区后未受有毒、有害气体和粉尘的污染，粉尘浓度反而有所降低。这是因为预热前地面风源靠近废石堆，易受污染，经采空区后，部分粉尘沉降，风质得到改善。

2.2.4　矿山设备变频调速技术

随着矿业的发展，矿井机械化装备技术水平的不断创新发展，矿山采掘、辅助生产系统设备功率增加,生产效率和自动化操作水平得到大幅度提升。为响应国家关于企业节能减排目标要求,实现既定节能目标,在矿山科技迅速发展的今天,变频调速节能技术为矿井大功率设备节能运行提供了可靠的技术支撑,为矿山节能和清洁生产提供了一个有效途径。

变频节能技术的特点:

(1) 安全、可靠性高。变频器采用的电子器件寿命长,且具有完善的保护功能,能够实现设备的安全、可靠运行。

(2) 控制精度高、调速性能好。矢量变换控制、宽范围无级调速,成就了变频控制高的精确度和完美的调速性。

(3) 免维护、寿命长。变频器是电子器件的集成,它将机械的寿命转化为电子的寿命,寿命很长,大大降低设备维护量。同时,利用变频器可实现设备的软启动,启动过程中对机械传动机构基本无冲击,大大减少了机械构件的维修量,并提高了设备机械寿命。

(4) 环保、节能。通过变频技术的应用实践,节能效果非常明显,且设备运行噪声低、污染少。

(5) 设备初期投资较大,变频设备维护技术性强,对技术人员要求较高。

《中华人民共和国节约能源法》第 39 条已将变频调速技术列为通用节能技术加以推广。在矿井推广应用变频器节能是变频调速技术发展应用的重要目的之一,如风机、水泵;同时也有提高生产效率、降低维修工作量、提高产品质量等目的。

2.2.4.1　基本原理

变频调速技术是一种以改变交流电动机的供电频率来达到交流的电动机调速目的的技术。从大范围来分,电动机有直流电动机和交流电动机。由于直流电动机调速容易实现、性能好,因此,过去生产机械的调速多用直流电动机。但直流电动机固有的缺点是,由于采用直流电源,它的滑环和炭刷要经常拆换,故费时费工、成本高,给人们带来不少的麻烦。

异步电动机的结构在简单、坚固方面是首屈一指的,具有使用寿命长、易于维修以及价格低廉等极为突出的优点,使它在整个电力拖动领域独占鳌头。在 20 世纪 80 年代以前,约占工农业生产机械中电动机总量的 85% 以上。

因此人们希望,让简单可靠廉价的笼式交流电动机也能像直流电动机那样调速。这样就出现了定子调速、变极调速、滑差调速、转子串电阻调速和串级调速方式,由此出现了滑差电动机、绕线式电动机、同步式交流电动机。但其调速性能都无法和直流电动机相比,仅为几级有限调速,在使用过程中,大量的机械能都白白消耗在转子电阻上。

直到 20 世纪 80 年代,由于电力电子技术、微电子技术和信息技术的发展,才出现了变频调速技术。它一出现就以其优异的性能逐步取代其他交流电动机调速方式,乃至直流电动机调速系统,而成为电气传动的中枢。

在生产中,随着电力拖动的需要,电动机的转速需要经常改变,许多生产机械对无级调速的要求也越来越迫切。

三相异步电动机的转速可用式 (2-8) 表示:

$$n = n_1(1-s) = \frac{60f}{P}(1-s) \qquad (2-8)$$

式中　n——电动机转速，r/min；

　　　n_1——电动机的同步转速，r/min；

　　　P——磁极对数；

　　　f——电源频率，Hz；

　　　s——转差率。

由式（2-8）可以得出，三相异步电动机的调速方法有 3 种，分别为变极调速、变转差率调速和变频调速。但是前两种方法有许多缺点，若变极调速，则调速范围较小，不能实现无级调速；若变转差率调速，低速时转差率大，转差损耗也大，则效率低；若用变频调速，从高速到低速均可保持有限的转差率，因而具有高效率、宽范围和高精度的调速性能。所以，交流变频调速是三相异步电动机调速的一种理想方式。

变频调速通常有两种方式，一是采用交 - 交变频方式，一是采用交 - 直 - 交变频方式。交 - 交变频器尽管效率较高，但调频范围受到限制，应用受到限制，目前通用的变频器主要是交 - 直 - 交型，其工作原理是先把工频交流电通过整流器变换成直流，然后用逆变器再变换成所需频率的交流电。

交 - 直 - 交变频器的主回路由整流器 ZS、中间滤波环节以及逆变器 ZN 三部分组成（图 2-10）。

整流器为晶闸管三相桥式整流电路，它的作用是将交流电变成可调的直流电源作为

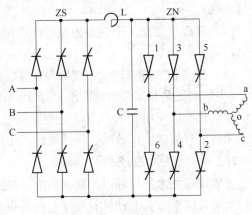

图 2-10　变频原理

逆变器的供电电源。中间滤波环节为 LC 滤波，它的作用是把整流出来的直流电滤除交流成分，变成平滑的直流电源。逆变器也是晶闸管三相桥式电路，但它的作用与整流器相反，是将直流电变换为可调的交流电，并用来供给三相异步电动机进行调速。

2.2.4.2　变频调速流程

电动机的变频调速电控系统一般由电源柜、变频器、PLC 控制台、操作控制台和各种传感器等几部分组成。变频调速控制流程如图 2-11 所示。

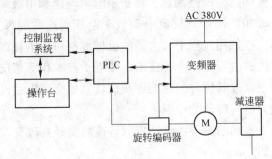

图 2-11　变频调速控制流程

矿井交 – 直 – 交变频调速系统按定子电压分为两大类：电动机定子侧低压电压型（电压小于 1kV）和电动机定子侧中压型（电压为 1 ~ 10kV）。无论是低压型还是中压型变频调速系统，在其变流装置中都采用了电力电子器件绝缘栅双极型晶体管（IGBT），通过 IGBT 模块线路，实现整流、逆变和能量回馈，调速性能可媲美直流调速系统，并且功率因数高，谐波污染小。

A 定子侧低压电压型交 – 直 – 交变频调速系统

定子侧低压电压型交 – 直 – 交变频调速系统的电控系统原理如图 2 – 12 所示。

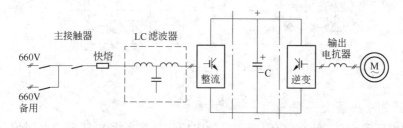

图 2 – 12 定子侧低压电压型交 – 直 – 交变频调速系统的电控系统原理

首先用交 – 直变流装置整流器，将交流电转变为直流电，再用直 – 交变流装置逆变器，将直流电变为另一种频率和电压的交流电，驱动电动机。电控系统对于矿山一级供电设备可采用双电源进线，当一路出现故障时，可切换到另一路，确保电源安全。

a 整流电源

该变频调速系统的整流部分使用的是有源前端（AFE）整流器，将 50Hz 交流进线电压变换成恒定的直流电压，使用的开关器件为 IGBT。这些开关器件在开关过程中，器件既有电压又有电流，开关损耗大。随着开关频率升高，开关损耗进一步增大，谐波增高，因此输入端加装可滤去开关频率谐波的 LC 滤波器。AFE 整流器能在不稳定的电网中可靠工作，电网电压大幅度波动时，仍维持直流母线电压不变。另外，AFE 整流器具有双方向功率流，既可整流，又可回馈。

b 保护电动机和 IGBT 采取的措施

由于交 – 直 – 交变频系统的逆变器输出电压的波形是一系列前后沿非常陡峭的方波，方波电压在电缆和电动机中传输时，会产生寄生电容和电感，这些寄生电容充放电时，会给 IGBT 带来电流冲击，同时在电动机端部产生电压振荡（过电压），损害电动机绝缘。为了保护电动机和 IGBT，设计时在变频器输出侧加装了输出电抗器，限制寄生电容的充放电电流。输出电抗器的电流按额定电流 I_{ln} ＝短时工作制电流 I_{mn} 选配。线路接入输出电抗器后，也减小了 dV/dt 值，有助于减小电动机轴电压与轴电流。

c 再生制动的实现

由于 AFE 整流器能量回馈，使得变频器实现了真正意义上的四象限运行。当提升重物，电动机处于加速或者匀速运行时，变频器拖动电动机运转，为正力输出，此时电流和电压为同频同相，变频器工作在整流—逆变状态，电动机工作在电动状态，通过变频器—电动机实现电能到机械能的转换；当下放重物时，变频器制动电动机运行，为负力输出，此时电流和电压为同频反相，变频器工作在有源逆变—整流状态，电动机工作在制动状态,通过电动机—变频器实现机械能到电能的转换,能量从电动机经逆变器流回直流母线,并通过 AFE 回馈到电网,以实现节能的目的。变频器的工作原理如图 2 – 13 所示。

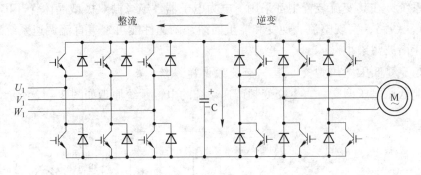

图 2 – 13　变频器的工作原理

B　定子侧中压型交 – 直 – 交变频调速系统

定子侧中压型交 – 直 – 交变频调速系统中应用较多的是电压型中点钳位三电平变频器。定子侧中压交 – 直 – 交变频调速系统电压等级可以达到 10kV,电动机功率可达到 4500kW,完全能满足矿山大功率设备配套的需要。选用高效节能 AFE 的三电平中压交 – 直 – 交变频器,四象限运行,回路既可整流,又可回馈,能产生双方向功率流,实现再生能量回馈电网。采用 AFE 的三电平中压交 – 直 – 交变频调速系统原理如图 2 – 14 所示。

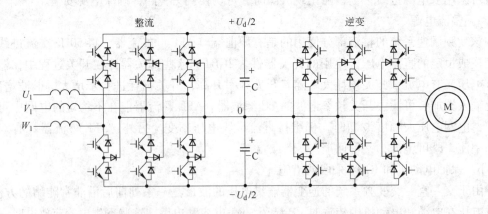

图 2 – 14　采用 AFE 的三电平中压交 – 直 – 交变频调速系统原理

(1) 逆变部分。中压交 – 直 – 交变频调速系统逆变部分为电压型中点钳位三电平逆变器,由于有中点钳位二极管,所以每个处于关断状态的器件承受的正向电压为 $U_d/2$,与低压二电平逆变器相比,三电平逆变器的输出电压可提高 1 倍。三电平 AFE 使用的是高压电力电子开关器件 IGBT、IGCT 和 IEGT。这些开关器件均为串联使用,目的是降低电力电子元件的耐压要求,实现低压元件控制高压的目的。2 个 3.3kV 级的 IGBT 串联后输出电压达到 4.2kV,2 个 4.5kV 级的 IGBT 或 IEGT 串联后输出电压达到 6kV。这些电力电子器件组成模块线路,适用于中压交 – 直 – 交变频。

(2) 整流部分。交流进线端为三电平 PWM(脉宽调制)整流电源——AFE 整流器,三电平 PWM 整流电源是三电平 PWM 逆变器的逆应用,其主回路及实现方法与三电平逆变器完全一样。

2.2.4.3 应用实例

A 通风机变频调速技术

矿井通风机是地下矿山生产的主要用电设备之一，其节能运行在矿山节电中占有重要的地位。矿井通风机一般采用异步电动机或同步电动机拖动，恒速运转，一般容量大，电动机供电电压高（6kV 或 10kV）。矿山建设的特点是巷道逐年加深，产量逐年增加，所需的通风量逐年上升。矿井通风机在设计选型时，往往是以最大开采量时所需的风量为依据的，都留有余量，因此矿井在投产后几年甚至十几年内，矿井通风机都是处在低负载下运行。此外，通常矿山井下作业不均衡，夜班工作人员少，所需风量也小；节假日可能只有泵房等固定井下场所的值班人员，尽管井下人员少，也得照常向井下送风。矿井通风机一般不调节风量，若要调节风量时，传统的方法是调节挡板，这种办法虽然简单，但从节能的观点看，是很不经济的。变频调速法在各种风量调节方法中是最理想、最有效、最节能的方法。

有关变频调速技术在矿井通风机中的应用，以青海庆华集团有限公司肯德柯克铁矿为例说明。该矿的矿井通风机都采用高压电动机传动，有高压同步电动机和高压异步电动机两大类。由于矿井通风机是矿山的耗电大户，节电潜力很大，但它又是高压电动机传动，实现变频调速有一定困难。肯德柯克铁矿以东西风井的 6kV、800kW 同步电动机传动的矿井通风机为对象，设计配套了同步电动机直接高压变频器，2009 年 8 月投入运行，这是该矿第一台同步电动机直接高压变频器，节电效果十分显著，高压变频器采用 SIEMENS 公司的 SIMOVERTMV 型三电平高压变频器。设计配套的这种同步电动机直接高压变频调速装置是采用交-直-交电流型变频调速系统，属自控式变频调速系统，它由变频器、同步电动机、转子位置检测器以及控制系统组成。变频器主电路采用晶闸管串联组成的高压阀串作为功率元件，它是利用同步电动机的反电势来关断逆变器的晶闸管，它没有强迫换流电路，因而主电路结构简单。

该高压变频器按周期性的固定频率运行：早班（7：00 ~ 16：00）变频装置运行在 40Hz；中班（16：00 ~ 19：00）运行在 35Hz；19：00 ~ 20：00 为爆破时间，变频器运行于 40Hz；20：00 ~ 23：00 变频器运行在 35Hz；23：00 ~ 24：00 为爆破时间，变频器运行于 40Hz；0：00 ~ 3：00 井下作业人员很少，变频器运行于 28Hz；3：00 ~ 4：00 为爆破时间，变频器运行于 40Hz；4：00 ~ 7：00 变频器运行于 28Hz。经节能测试及能量平衡测试，以及东西风井的实际记录，在正常生产期间，节电率达 42%，节假日变频器运行于 28Hz，节电率达 73%。年节电为 1923000kW·h，不到一年的时间，就由节电费用收回了高压变频器的全部投资，经济效益十分显著。

冀东地区某矾土矿 2006 年年初完成了主通风机变频技术控制系统改造。装备变频器，拖动 BD-Ⅱ-8-No.23 型风机（风机功率 2×250kW，交流 380V，转速 740r/min，1 台工作，1 台备用）。采用 PLC 综合自动化控制，10.4 寸彩色触摸屏调控显示，实现了风机软启动，3min 内完成风机切换、反风操作及风量调节。从而简化了设备操作程序，提高了控制精确度和可靠性，有利于风机安全运行。自动化程度达到国内先进水平，并且节能效果明显。目前，风机电动机运行频率为 33Hz，转速 495r/min，实际消耗功率约 80kW。通过计算，风机采用变频技术控制：节电效果达到 43%，风机效率 80.3%，每年可节约电能 526000kW·h, 节约资金 35 万余元, 运行 3.5 年即可收回设备改造全部投资。

B　矿井提升机变频调速技术

煤矿提升机变频调速已经取得了很大的发展, 金属矿山也应用得越来越多, 例如位于张家口的矾山磷矿采用欧洲 ABB 公司的变频器进行提升系统的改造, 取得了很好的效果; 昆钢大红山铁矿箕斗井提升机采用西门子公司交 - 交变频器 PLC + FM458 构架、双 CPU 结构, 该控制系统运行效果良好, 能安全、可靠、稳定、经济有效地完成生产要求。将变频调速技术应用于矿井提升机是矿井提升机电气传动系统的发展方向。

矿井提升机是矿山生产的关键设备, 提升机的电控装置技术性能如何, 将直接影响矿山生产的效率及安全。铜绿山矿副井 JKM - 1×4 多绳摩擦式提升机, 安装于 1990 年, 主要是用来提升人员, 安全要求高。该提升机原使用的是采用动力制动的交流转子串电阻调速系统, 经过近十多年的使用, 存在以下问题: 由于采用继电器控制, 信号节点多, 故障率高; 信号系统输出的正反向信号连锁受人为因素影响, 经常出现错向开车; 加、减速度完全受司机控制, 极易造成未减速和减速过快的情况, 重则造成墩罐事故; 庞大的串级电阻在使用的过程中发热量高, 而且容易产生接触不良现象; 速度保护单一, 下放重物时要靠施闸来限速等原因使整个系统效率低下、能耗高、安全存在较大隐患, 同时采用这种调速方式的调速性能差、运行状态的切换死区大、调速不平滑等。

a　改造方案

整个系统分为信号、提升控制、上位机监控、提升驱动等四个部分。考虑到 SIMAC S7 - 300PLC 在提升控制中采用较为普及, 可靠性高, 主要用于信号和提升控制。在提升驱动上考虑交 - 直 - 交变频调速系统经济实用、调速性能优越、对 IGBT 的保护完善, 加之 VACON 变频器启动转矩较高, 较为适用于提升设备的采用。因而采取了基于 SIMAC S7 - 300PLC 提升控制基础上的变频调速系统对现有系统进行改造更新。

b　系统结构和配置

系统由两部分组成, 分别是采用 SIMAC S7 - 300 系列 PLC 的提升机控制系统和采用 VACON 变频器的变频驱动系统。提升机控制系统由操作台、辅助数控柜组成, CPU 均采用 315 - 2DP 配用 DS307 电源模块和 FM350 高速计数模块, 数字输入采用 32 点 24V 直流输入 SM321 模块, 数字输出采用 32 点 24V 直流输出 SM322, 模拟量采用 8 路 0 ~ 24V 直流输入 SM331 模块和 8 路 0 ~ 24V 直流输出 SM332 模块, 辅助数控柜通过远传 I/O 总线与各中段信号箱连接, 分别对井下 8 个中段的打点开车信号进行处理, 整个提升控制系统组成 MPI 网络, 实现对提升整个过程的控制。同时通过操作台 CPU315 - 2DP 与上位机的 STEP7 功能图编辑软件和 WINCC 组态软件进行通讯, 在上位机上进行功能图的编辑和提升过程中的实时监控。提升机调速系统结构配置如图 2 - 15 所示。

变频驱动系统完全采用 VACON 公司交 - 直 - 交变频装置, 提升电动机 75kW。线路滤波器采用 VACON 180 REGS AOAA, 线路逆变器 DB90CXI5AONO, 电动机逆变器 CN90CXI5GONO。

c　系统的控制原理

提升机的控制关键体现在对提升机的速度、位置的控制上。该系统操作台的速度给定信号经 PLC 调节输出 U_o 送到变频器 CF2 的 U_{in} 给定信号端, 同时将正反起停逻辑信号送到变频器 CF2 的 DIA1 和 DIA2 端, 适时调整变频器的正反输出频率值, 为保证提升有较

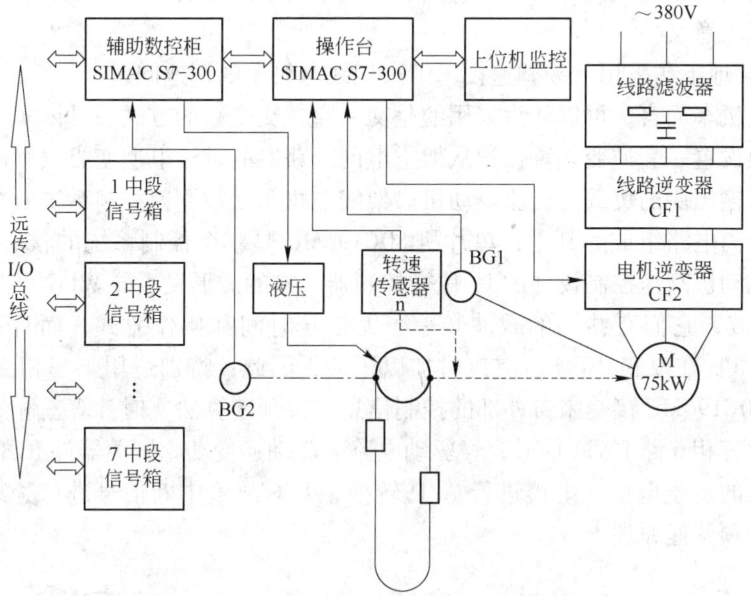

图 2-15 提升机调速系统结构配置

大的起动转矩将变频器参数项 1.9（U/F 优化）参数设为"自动转矩提升"。同时因变频器采用无反馈矢量控制方式，确保了在提升重物时有较好的机械特性和动态特性。从而满足提升机以所要求的速度正反平稳运行。对于运行过程中测速机、编码器 1、编码器 2 所反馈的速度信号并不参与提升机的速度控制，只作为 PLC 速度监视、速度比较和位置监视和位置比较，并输出到系统的报警和安全跳闸回路作为系统的速度和位置的安全保护。变频驱动系统采用的是回馈制动的形式，在提升机减速时或下放重物时，变频器进入再生制动过程，此时电动机再生的电流经过电动机逆变器整流后返回到直流电路，使直流电压上升，经线路逆变器检测后将电动机再生的电能反馈到电网。不仅节约了电能，还增大了制动转矩，对下放重物尤为重要。

d 运行效果

系统于 2005 年 4 月改造后，整个系统运行安全、稳定、可靠，系统性能完善，提升效率高，节能效果明显，按计量结果看节能近 15%。由于整体技术水平先进，对维护及操作人员的技术水平要求较高。该矿提升机改造对其他矿山交流提升系统的技术更新改造有很好的借鉴作用。

C 井下电机车变频调速技术

矿山井下运输多使用架线电机车牵引矿车运输。架线电机车一般都用直流电动机拖动，这是因为直流电动机具有良好的牵引特性。但它仍存在以下问题：（1）能耗大，由于生产过程中，要经常变速运行，因而直流电动机的启动和变速回路中都需串接电阻，这样约有 20% ~ 30% 的电能消耗在电阻上；（2）故障率高，直流电动机的电刷和滑环极易出现故障，且直流电动机的造价要高于同容量的交流电动机；（3）安全性差，直流电动机在运转中会出现换向火花，隔爆要求较高。

变频调速机车在将来的矿山运输发展中将逐步取代架线直流电枢机车。变频调速技术将在矿山运输发展中得到大力推广和使用，其调频技术的发展与改进对于矿山事业的发展具有极其深远的意义。

a　安徽某地下矿采用变频调速技术解决架线电机车的调速问题

对架线电机车而言，可以认为采用的是交－直－交变频的方式。具体实施时，可以在每台电机车上设置一套逆变装置，把从架空电网上获取的直流电逆变成频率可调的三相交流电，逆变器输出侧的负载为交流电动机。架线电机车变频调速控制系统由主电路、控制电路和驱动隔离电路组成。其中，单片机 80C196MC 是整个控制系统的核心。80C196MC 是一种专为电动机高速控制设计的 16 位微控制器，它的波形发生器 WFG 可产生独立的三相 6 路 PWM 波，它们有共同的载波频率、无信号时间和操作方式，而且一旦启动后，WFG 只要求 CPU 在改变 PWM 占空比时加以干涉，因此，特别适用于三相交流感应电动机。系统中 80C196MC 接受来自外部的控制信息，按预定算法实时计算三相 SVPWM 波形数据，并产生三相 6 路 PWM 信号，经驱动电路去驱动逆变功率开关器件 IGBT。此外，单片机要对输入的定子电压、电流进行 A/D 转换，并对故障中断信号进行处理。图 2－16 所示为机车变频调速原理。

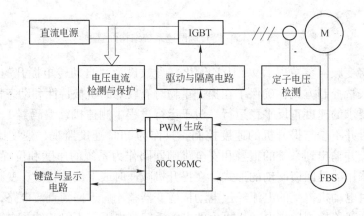

图 2－16　机车变频调速原理

矿用架线电机车改用异步电动机拖动并采用单片机控制的变频调速系统之后，电机车比较容易实现平稳启动、无级调速以及再生制动，可降低能耗，且变频调速的性能好，调速范围大，静态稳定性好。通过对电动机实现变频调速控制，控制操作简易、可靠性高。

b　黑龙江省双鸭山市某矿山变频调速技术在直流电机车上的应用

对于该矿山的井下运输电机车，一方面，该矿电机车采用国际最先进的 DTC（零转速满转矩的直接转矩控制）变频调速技术从而实现了交流异步鼠笼电动机在直流电机车上的应用，能够使机车在低速启动时获得很高的转矩并且调速性能和制动性能极佳。它与直流电机车比较，有交流电动机不易损坏、调速器无触头、无磨损、不用高耗能调速电阻，彻底解决了直流电机车的直流电动机易损坏、触头式调速器维修量大，降压调速电阻耗能高的老大难问题。实属高可靠、高性能、高节电的产品。该车的调速控制器和三相逆变主体箱为分体结构，调速控制器安装于驾驶室内，由于其体积小（400mm×220mm×105mm），占地面积小，因而扩大驾驶室的使用空间，可乘坐两人；另一方面，在操作原理及注意事项中，该车的调速为全速度控制型。即调速手柄调到哪个位置的频率，电动机即按照其所调制的频率运转。电动机运转几乎不存在惯性，例如：调速频率从50Hz运行下调至10Hz时，交流电动机能在几秒之内即按10Hz运行。如果调速手柄调至零时，电动机马上进入制动状态。这种全速度控制型最大的优点是可设定最高车速限制，避免司机开飞车而发生事故，例如：当车速设定最高车速为4m/s时，尽管该车在下坡道运行其车速也不会超过4m/s；其次，由于车速全由调速手柄控制，手制动抱闸在运行时几乎可以不用，所以闸瓦磨损很小。对五个月运行情况平均，总结出：5台直流架线电机车每月耗材料费为20800元，即每台直流架线电机车平均每月耗材料费为4160元。那么每台架线直流电机车年耗材料费为49920元。5台变频调速机车平均每年耗材料费为10000元，每台变频调速平均每月年耗材料费为2000元。那么，每台变频调速机车平均每年耗材料费为24000元，即每台变频机车比每台直流架线电机车每年可节省材料费为25920元。

D 空压机变频调速技术

空气压缩机是地下矿山生产的重要设备之一，其耗电量在矿山总耗电量中占有相当大的比重。深入分析空气压缩机的电能消耗情况，找出节能潜力，实现空气压缩机的节能运行，将会降低矿山生产成本，提高其经济效益。现以青海庆华集团有限公司肯德柯克铁矿为例说明。

肯德柯克铁矿坑口空压机站共计有6台美国寿力空气压缩机，其额定功率为450kW，额定电压10kV，采用高压软启动方式，6台空气压缩机采用并联运行方式。一般情况下，只运行3~4台，其余作为备用。空气压缩机站的容量是按最大排气量并考虑备用来确定的，然而在实际使用过程中，用气设备的耗气量是经常变化的，当耗气量小于压缩空气站的排气量时，便需对空气压缩机进行控制，以减少排气量使之适应耗气量的变化，否则空气压缩机排气系统的压力会升至不允许的数值，使空气压缩机和用气设备的零部件负载过大，并有发生爆炸的危险。肯德柯克铁矿美国寿力空压机采用的是多级压力节流进气控制方式：当压力低于6.2MPa时，打开全部进气阀，压缩机组以100%负荷率状态运行；当压力达到6.2~6.5MPa时，关闭气阀，压缩机组以75%负荷率运行；当压力达到6.8~7MPa时，关闭一个进气阀，压缩机组以50%负荷率运行；当压力超过7MPa时，关闭所有进气阀，压缩机组进入空载运行状态。由于活塞式空气压缩机的启停有着严格而复杂的规程，不允许频繁启停，为了满足井下用气量的变化，一般由调度人员根据井下用气量的时间变化特点，把一天分为几个时段，每一个时段需要开的空压机台数由该时段内最大用气量决定，在该时段内，空压机不允许增开或停开（特殊情况除外）。地下矿金属矿山的空压机站多采用这种方式，但这种控制方式显然存在一些比较大的缺点：电能浪费、风压不稳、效率降低等。

肯德柯克铁矿空压机恒压自动控制变频调速系统可实现对5号空压机和6号空压机的轮换控制。5号空压机和6号空压机均可由新老两套系统拖动，这样做有两个目的：一是当5号空压机出现故障需要检修时，新系统可迅速切换到6号机，以提高恒压控制变频调速系统的利用率；二是当新系统出现故障需要停车检修时，能够很快地投入老系统运行，不至于影响正常生产；当管网压力超出恒压调节范围时，系统发出指令增开或者减开一台空压机。

系统于2009年4月2日在肯德柯克铁矿通过了验收，正式移交生产使用，系统运行十分正常，满足了生产的需要，达到了预期的目的。该系统的目的是为了节能，根据对该系统进行的节能测试，采用该空气压缩机恒压控制变频调速系统平均每天节电 2226kW·h，按照年工作日 330 天计，每年可节电 734629kW·h，按照肯德柯克铁矿现行电价 0.7 元/(kW·h) 计，每年可节约电费 51.42 万元。系统总共投资 98 万元，两年内即可收回全部投资。该系统应用的成功为活塞式空气压缩机的节能运行提供了新手段，对于企业节能降耗、提高经济效益具有重要意义及推广应用前景。

E 渣浆泵变频调速技术

金属矿山尾砂输送系统的砂泵，也是采掘、选矿一条龙生产的主要动力设备之一。而在选矿厂的整个生产工艺过程中，尾砂的排砂系统——砂泵尤其重要。凤凰山铜矿的选矿厂在尾砂输送上采用 4 台砂泵，其中 1 号、2 号串联成一个系统，3 号、4 号串联成另一个系统，组成了在正常情况下一开一备的一级泵站，然后将尾砂输送到 2.5km 以外的二级泵站，其二级泵站与一级泵站的砂泵配备、容量、串联方式等相同，二级泵站负责将一级泵站输送的尾砂压送到尾砂坝库。

由于矿山生产量不等，尾砂浓度不均匀，路途管道高低不平，为防止管道堵塞，往往采取加水和改变阀门的开度来完成。这种调节方法不但给操作工带来很大的工作量，而且还经常出现溢流、漫砂等现象，造成矿山的环境污染。为了从根本上解决这些问题，矿山从日本引进两台 132kV·A 富士变频调速器，安装在选矿厂的一级泵站，该装置投入运行以来，效果十分明显，年节电达 390000kW·h，节电率达 45%，节水 700kt，实现了当年投资当年产出效益。

在砂泵上应用变频调速成功经验的基础上，又于 1999 年 5 月投资 16 万元，引进两台日本富士 90kW 变频调速器，安装在二级泵站，与一级泵站形成系统配套。该系统用自行设计制作的全自动液位控制闭环回路装置，与变频器配套使用，效果更佳。并且还设计制作了 1 号、2 号系统的切换装置，通过应用和逐步完善后，效果明显。经测试，年节电达 201800kW·h，节水 700kt，年节约环保费用支出 5.5 万元，尾砂浓度由原来 13% 上升到 19%~20%。

矿山的砂泵使用变频调速器和闭环控制回路后，不但节能降耗，还具有以下的优点：电动机启动时没有冲击电流，电动机的使用寿命得到了延长（由原启动电流 6~7 倍，降到 1.5 倍）；调速范围广，精度高，电动机可以在设定的频率范围内任意转速运行；功率因数提高，减少了无功消耗；转速降低，机械磨损减小，延长了设备的使用寿命，也减少了维修工作量及费用；机械噪声明显减小，改善了工作环境。

变频调速是 20 世纪 80 年代初世界发达国家推行的最新节能技术。近几年来，在产品和功能上又有了新的改进和发展。这项技术在日本、美国、英、法等国均已广泛使用，而在我国正处于推广使用阶段。在有色矿山的尾矿输送系统上率先应用变频调速器后，收到了明显的经济效益和环保效益，为矿山开创了先例。所以，这种先进的调速技术，值得大力宣传和全面推广。

2.2.5 可控循环风技术

随着矿井开采规模的加大，通风的困难程度也在不断地增加。增加风量有两个途径：一是重新建立通风系统；二是采用可控循环通风技术。前者解决问题较为彻底，但投资大；后者比较经济，但对其可靠性和应用技术尚需进行试验研究。可控循环通风在国外早有介绍，这种通风方法需与高效空气净化装置相配合，才能达到一定的通风目的。

国内于1979年开始有文章介绍循环通风，并且得到了许多学者的关注。但由于传统保守思想的束缚，该方法并未引起足够的重视。直到20世纪90年代初，我国湖南锡矿山矿务局在掘进工作面试用了可控循环通风，使工作面通风状况得到了改善，才引起了研究者浓厚的兴趣，促进了循环通风技术的应用。国内许多高校和科研单位也纷纷对循环通风方法进行了理论研究。东北大学的研究认为，在采用短压长抽混合式通风的巷道掘进中，利用掺有新鲜风的可控循环通风系统，能较好地解决排除炮烟、排尘和改善工作面气候条件的问题。

根据循环区范围的大小，可控循环通风系统可分为局部性、区域性和全矿性的可控循环通风系统。目前局部性可控循环通风系统的研究与推广应用工作大多集中于掘进工作面或独头巷道中，并取得了明显的效果。

2.2.5.1 基本原理

外界供给部分新鲜风流，同时在独头巷道或硐室中用空气净化装置（或制冷装置）对含尘气流进行循环净化的通风除尘系统（图2-17）。

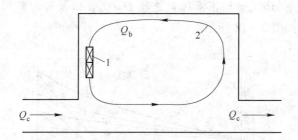

图2-17 掺入外界新鲜风的开路循环式通风系统
1—空气净化器；2—风流路线

循环风量 Q_b 与外界新风量 Q_c 之和等于送入硐室的总风量 Q。当外界新风的粉尘浓度等于零时，总风量计算公式如下：

$$Q = Q_b + Q_c \qquad (2-9)$$

以 ε 表示循环风系数，即循环风量与总风量之比，有：

$$\varepsilon = \frac{Q_b}{Q} \qquad (2-10)$$

由以上两式可得：

$$Q_c = Q(1-\varepsilon) \qquad (2-11)$$

在 dt 时间内，硐室中产尘量加上新风带入的粉尘量，再加上循环风流送入的粉尘量，与由硐室中带走的粉尘量之差，应等于硐室内粉尘量的变化。根据此平衡条件推导，所需风量 Q 的计算公式为：

$$Q = \frac{G}{[1-\varepsilon(1-\eta)]Kc - (1-\varepsilon)c_0} \qquad (2-12)$$

式中　G——单位时间内作业面产尘量，mg/s；

c_0——外界供给新风的粉尘浓度，mg/m³；

c——作业面的粉尘浓度，mg/m³；

ε——风流循环系数；

K——风流掺混系数，又称为紊流扩散系数；

η——净化器的除尘效率，%。

净化器出口的粉尘浓度为：

$$c_b = (1-\eta)Kc$$

当外界新风的粉尘浓度 $c_0 = 0$ 时，则：

$$Q = \frac{G}{[1-\varepsilon(1-\eta)]Kc} \tag{2-13}$$

式中，G/Kc 是贯通风流正常通风时所需的风量，若以 Q_0 表示，则有：

$$Q = \frac{Q_0}{1-\varepsilon(1-\eta)} \tag{2-14}$$

按照式（2-14）可绘出不同风流循环系数 ε 和不同空气净化器效率 η，总风量与正常通风量之比 Q/Q_0，循环风量与正常风量之比 Q_b/Q_0，以及外界新风量与正常风量之比 Q_c/Q_0 的变化曲线，如图 2-18 所示。

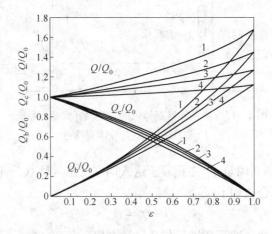

图 2-18　风量比 Q/Q_0、Q_c/Q_0、Q_b/Q_0 与 ε、η 的关系曲线

1—$\eta = 0.6$；2—$\eta = 0.7$；3—$\eta = 0.8$；4—$\eta = 0.9$

由图 2-18 可见，当空气净化器效率较高时，适当提高循环风量，可相应地节省外界新风量，而达到一定的通风效果。例如，当外界新风量 Q_c 只有 $0.5Q_0$ 时，净化器效率 $\eta = 0.9$ 情况下，循环风量 Q_b 只需 $0.54Q_0$，即可达到预期的通风效果。

2.2.5.2　工艺流程

（1）确定循环通风系统的合理布局。借鉴国内外的成功经验，结合矿山现有的通风系统，对矿山进行现场循环通风试验和调查。以改善作业环境为目标，确定循环通风系统的合理布局，包括通风线路、循环风机的选型及设置、监控系统及控制装置、安全措施等。

（2）确定合理的循环通风量。循环风量或循环系数是关键参数。它的选取要从作业面烟尘污染和气温状况出发，并考虑新鲜风源的质量和净化装置的能力。应用循环通风的基本理论对现场的通风状况进行理论分析，计算合理的风量范围，通过现场的工程试验验证后确定一个经济、安全的循环风量。

（3）探讨净化措施及装置。在全矿性循环系统中应考虑采空区和旧巷的自净作用或者采用净化装置进行可控循环净化的方法。

（4）设置监测系统与控制装置。比较简单的监测方法是由专业人员定期、定点采样分析，测定的项目有粉尘浓度、CO、O_2、SO_2、H_2S 和氮氧化物含量。控制装置主要控制循环风机和控制风门的启动与停止。简单的控制方法是按生产程序，定期开关风机和控制风门，可通过有线远程开关来实现。

2.2.5.3 应用实例

A 红透山铜矿可控循环通风方案

在抚顺红透山铜矿采用两种不同的实施方案实施循环通风方法：利用采空区和旧巷的自净作用的循环通风方案、采用净化装置进行可控循环和净化的通风方案。

（1）利用采空区和旧巷的自净作用的通风方案（图 2-19）。-287 中段接力主扇单独运转，当 +73 中段风门打开时，主扇风量为 $42.84 m^3/s$，风压为 1kPa。此时，+73 中段风门的排风量为 $10.93 m^3/s$，其中 $4.74 m^3/s$ 的风量扩散至 2 号采空区，$6.78 m^3/s$ 的风量沿运输道扩散，当扩散至大竖井与小竖井石门交汇处时，风量仅为 $1 m^3/s$ 左右，这表明大部分风量已于途中扩散至上部空区，对循环风流的净化提供了有利条件。+73 中段循环风门的排风量约占 -287 中段接力主扇风量的 25%，该风量经采空区的自净作用，其风质会得到明显改善。因此，利用 +73 中段旧巷和空区能够实现可控循环通风。

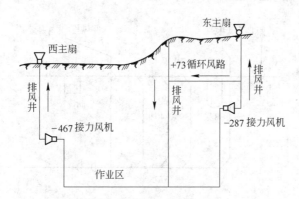

图 2-19 利用采空区和旧巷自净作用的循环通风系统

（2）采用净化装置进行可控循环和净化的方案（图 2-20）。红透山铜矿开采深度超过 1000m，溜井卸矿时，由于矿石下落的冲击作用，在下部溜井口产生强大的冲击气流，大量粉尘溢出，浓度高达 $48 mg/m^3$，并向巷道中扩散，对溜井作业区及全矿造成危害。1998 年，根据当时国内外除尘技术的发展状况，开发了平行卸压溜井与湿式振动纤维栅除尘器的循环通风相结合的除尘净化系统，该系统的除尘效率高达 99.5%。净化后的气流含尘浓度在 $0.5 mg/m^3$，可作为新鲜风流循环使用。作业区的粉尘浓度在 $1.0 mg/m^3$ 以下，并可再生 $10m^3/s$ 的洁净新风供循环利用。湿式纤维栅对粉尘的净化，改善了通风状况，降低了通风成本。

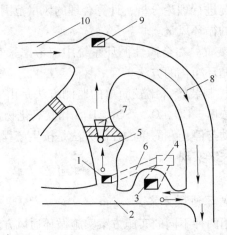

图 2-20　采用净化装置进行可控循环和净化的方案

1—防尘卸压井；2—卸矿井硐室后巷；3—分枝溜井；4—主溜井；5—净化硐室；6—联络道；
7—净化装置；8—运输平巷；9—废石溜井；10—入风石门

红透山铜矿可控循环通风方案效果的分析表明，无论是利用浅部空区的自净作用，还是采用净化装置进行可控循环净化的方案，均能实现系统可控循环通风。

B　南非金矿深井通风与降温中循环通风技术

1982 年南非在劳瑞因金矿进行了可控循环通风方法的大规模现场试验，试验前后的通风方案如图 2-21 和图 2-22 所示。

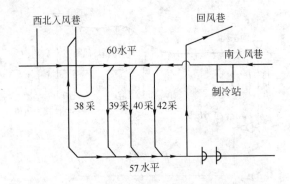

图 2-21　劳瑞因金矿循环通风试验前通风系统

试验主要利用可控循环技术对金矿作业面进行通风和降温，并对可控循环通风的系统安全性以及可控循环通风理论模型的正确性加以验证，取得了成功。试验表明：循环风系统使原有的制冷能力得到了充分的发挥，采区的作业温度显著降低；循环风本身不会导致污染物的逐渐聚集，因此也不会引起污染物浓度的提高；循环风不会延长爆破后工人进入采区的时间，爆破污染物的消散速度主要取决于入风量的大小。在 1 年的时间里，循环风系统显现了安全可靠。采区生产能力由原来的 6000t/月提高到 15000t/月。工人普遍认为，循环风和制冷所产生的降温和风速的提高效果好，没出现不良影响。

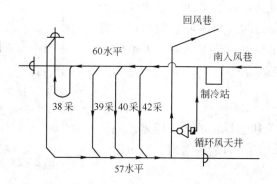

图 2-22 劳瑞因金矿循环通风试验方案

国内外可控循环技术的分析表明：实施循环通风技术不仅可以改善通风状况，而且大大节约了通风费用，取得了明显的经济效益，实现了矿井的安全生产；采用可控循环通风技术应严格执行集中、定时爆破制度，即爆破时停止循环通风，待炮烟排出后，再进行循环通风；现场试验表明，采用循环通风技术，作业面风量增大，加之采取了风流净化措施，明显改善了作业地点的气候条件，有利于防止粉尘聚集，有利于炮烟或污染物的稀释。

2.2.6 诱导冒落技术

针对大型矿体整体贫化损失大、后期地压难控制问题，中南大学以古德生院士为核心的科研团队提出了连续采矿—顶板诱导崩落综合技术，其主要技术思路是：将矿体划分为阶段（盘区），再将阶段（盘区）划分为一个个矿段；以矿段为回采单元，矿段间不留间柱；采切、回采分别在相邻矿段平行进行，矿段回采采用采场连续工艺，矿段的作业相互衔接，采矿工作连续推进。在矿体连续回采采空后，对大多数矿山而言采用充填的方法处理空区在经济上不允许，在这种情况下的空区的处理存在较大的技术难度，若完全采用崩落矿体顶板的方法，空区处理的成本比较高，同时也有可能造成采矿过程中矿石的贫化，因此同时辅以顶板诱导崩落技术经济而有效地处理空区，最终达到安全高效低成本地回收资源。

基于连续采矿的顶板诱导崩落的采空区处理技术，主要是通过矿床连续开采过程中，采场顶板中能量的积聚和应力集中现象，通过人为干预、干扰、控制等活动，来诱导顶板产生一个不可逆的力学失稳发生、发展的过程，从而达到处理采空区的目的，确保地下矿山生产的安全。而对于采场顶板诱导崩落系统，从采矿到顶板的诱导崩落结束周期内，破坏原有矿岩平衡，达到一种新的平衡和稳定状态，矿岩体的物理力学诸因素是一个调整转换的过程。

2.2.6.1 基本原理

诱导冒落原理是通过研究采空区顶部岩体的冒落规律，发现当采空区规模较大、埋深较大、顶板无大的结构面破坏、内部无矿柱支撑时，采空区顶板的变形冒落过程主要受重力场控制，冒落线形态能够较好地近于拱形，此时顶板围岩受到水平压力 T 的作用（图2-23），当 T 增大到一定程度时，临空面岩体横向变形派生出拉应力，使空区顶板受拉变形，并使表层岩体裂缝扩张、贯通。当岩块间的联系不足以克服自身重力时，块体便会脱离母岩自然掉落，从而呈现出单块断续零星冒落。T 值的表达式为：

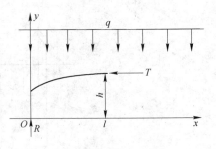

图 2-23 采场受力示意图

$$T = \frac{ql^2}{2h} \qquad (2-15)$$

式中　T——作用在平衡拱边缘上的水平压力，N；

　　　q——单位长度上的上覆岩层重力，N/m；

　　　h——空区高度，m；

　　　l——空区的半跨度，m。

可见空区跨度越大，T 增大的速率就越大。由上式可以导出，引起顶板围岩破坏的空区半跨度为：

$$L_c = \sqrt{K \frac{2hT_c}{\gamma H}} \qquad (2-16)$$

式中　K——量纲因子，$K \approx 100S^2$（S 为临界冒落面积）；

　　　T_c——顶板岩体的极限抗压强度，MPa；

　　　γ——上覆岩层表观密度，t/m³；

　　　H——空区顶板埋深，m。

当采空区的宽度超过 $2L_c$ 时，无论增大采空区的宽度还是增大采空区的长度，都可增大有效暴露面积。当有效暴露面积超过临界冒落面积时，采空区顶板围岩便会发生冒落；当有效暴露面积超过临界持续冒落面积时，采空区顶板围岩便会发生持续冒落。因此，通过扩大采空区的有效暴露面积，即可控制采空区的冒落进程。

2.2.6.2　工艺流程

对于顶板诱导崩落，其主要利用诱导工程对顶板围岩实施人工干扰，导致采空区顶板围岩力学性质弱化，塑性区扩展，裂隙发育。诱导工程主要有切缝、钻孔、强制爆破、注液软化、扩大暴露面积等一些诱导崩落技术（图 2-24）。由于预裂缝的形成，控制了顶板塑性区域发展，集中于预裂孔范围内的顶板围岩形成密集的塑性区，更有利于顶板的诱导崩落。

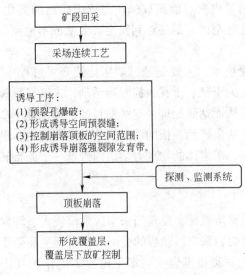

图 2-24　采场诱导冒落流程

2.2.6.3　应用实例

A　马钢桃冲铁矿诱导冒落技术处理空区

桃冲铁矿为矽卡岩型铁矿床，矿石主要为镜铁矿和穆磁铁矿，为硬质岩，稳定性较好。90m 水平以下顶板为栖霞灰岩，属 B 类中等坚硬偏软，即弱风化的硬质岩。矿山采用无底柱分段崩落法开采，在采深 260 余米

（标高 0 ~ 30.5m）的矿段，存在一总面积 1500m² 的民采空区。原来采用封闭空区的方法布置采准巷道，在空区周围约 300kt 矿石未设计开采，而且空区的冒落有可能影响到附近采准工程的施工安全。为消除空区危害和尽可能多地回收空区矿量，采用诱导冒落技术处理空区。

0m 采空区的形状如图 2-25 所示，由 3 个相互连通的民采空区构成，形态不规则，埋深约 268m，3 个采区的总投影面积约 1500m²。

该空区位于矿体里，顶板矿石表观上比较稳定，空区内可以进入观察。原来采用隔离法处理空区，按 60°移动角 + 10m 安全距离预留矿柱，矿柱矿量约达 300kt。分析得出，这种处理方法不仅使矿量损失过大，而且随回采深度下降，留下的残柱将使地压管理复杂化。为此，采用了诱导冒落法处理采空区的技术方案，其要点是：一要改善空区顶板的应力条件，促使其尽早地按零星或批量形式冒落，将空区冒落的危害程度降到最低；二要跟踪观察与分析研究空区边缘矿体的稳定状态，全面回收空区矿量。

根据空区的形状、位置与矿体条件，采用以采空区为中心向矿体扩展空区面积的处理方案，以此诱导空区顶板自然冒落。要求崩落采空区内的所有支撑，改善顶板矿石初始崩落条件，并以空区本身作为切割槽，将周围进路从空区向矿体内部退采，以此增大空区顶板的有效暴露面积，同时节省采准工程量。选取 5.5m 分段作为诱导空区冒落的主要分段，采准工程布置形式如图 2-26 所示。

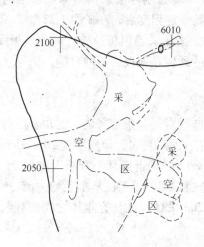
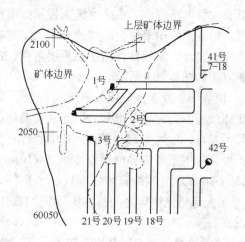

图 2-25　0m 采空区的形状　　　　图 2-26　采准工程的布置形式

研究得出，桃冲铁矿顶板围岩的持续冒落面积约 3000m²，利用图 2-26 所示工程从采空区向东部和南部退采到矿体边界后，形成的有效暴露面积可达 9350m²，这一面积完全能够诱导顶板围岩自然冒落，而且诱导冒落的矿岩散体，加上上部原有覆盖层下移的废石，到下个分段回采时，预计可形成足够厚度的覆盖层，完全可以保证下部采矿生产的安全。

该诱导冒落方案从 2003 年 6 月开始实施，截至 2004 年 11 月，19 号进路、20 号进路、1 号进路、2 号进路已经与空区安全贯通，从揭露的情况来看，空区边缘进路稳定性良好，完全可以利用空区作切割槽，布置中深孔向后退采。从 2004 年 12 月，20 号进路开始进行深孔施工。

在空区周围采准和切割工程的施工中，由于采取钻孔探测技术与分两步骤贯通工艺，营造了良好的生产安全条件。此外，新方案与原隔离方案相比，多设计回采空区及周围矿石300kt以上，缓解了矿山开拓矿量不足的矛盾，经济效益十分显著。

B　顶板诱导崩落技术在大厂铜坑矿的应用

广西大厂铜坑矿是柳州华锡集团的最主要的矿物原料生产基地。铜坑矿有上、中、下三个大型矿体，依次分别为细脉带矿体、91号富矿体和92号巨型贫矿体。目前，细脉带矿体和91号矿体已回采完毕，92号矿体为当前主要开采对象。92号矿体开采条件复杂，最上面细脉带回采留下一定量的空区，91号矿体回采后大部分已用棒磨砂胶结充填或者块石胶结充填，92号矿体的开采实质上大部分是在复杂充填体条件下的开采。针对充填体下覆盖的这大部分92号矿体的开采，用传统的采矿方法存在着矿柱不能安全高效回收、资源损失大、采场顶板控制困难、采空区处理技术难度大、成本高、易诱发大规模地压、矿山安全没有保障等一系列问题，对此，中南大学采用了高分段中深孔崩矿顶板诱导崩落连续采矿法对其进行开采。

a　采矿方法要素

高分段中深孔崩矿顶板诱导崩落连续采矿法适应于重叠区下矿体厚度较大（一般应大于40m）矿段的回采，其采矿要素为：将盘区矿体划分为16m或18m宽的矿段，然后将矿体划分为20m的分段，先空场法间隔回采矿段，最底端分段采用堑沟底部结构，用铲运机或大型电耙出矿。在采空区顶板暴露面积达到一定程度后，在矿段上部布置一条凿岩巷道，钻凿诱导崩落顶板的炮孔，用人工爆破的方法在采场顶板拉槽，弱化顶板围岩，改变顶板的物理力学参数，增加顶板崩落性，最终达到诱导顶板崩落的目的。诱导冒落典型采矿方法如图2-27所示。

b　顶板诱导处理区域顶板概况

矿体顶板围岩为宽条带灰岩、泥灰岩及细条带硅质岩，宽条带灰岩、泥灰岩层理及节理裂隙不发育，厚度为15～20m，其中底部有3m左右的泥灰岩，单层厚度20～30cm，裂隙极不发育，宽条带灰岩单层厚度为3～10cm，无较大的构造破坏。顶板上部原91号Ⅱ2、Ⅱ3、Ⅱ4三采场胶结充填性能较好，Ⅱ2-Ⅱ3柱和Ⅱ3-Ⅱ4柱基本上均为废石充填。T202采场上部与充填体之间留有3～4m的顶柱，T203采场空区与充填体之间留有约10m左右的夹石。

c　顶板诱导处理方案及炮孔布置

在回采T202-T203柱时，需考虑诱导崩落顶板，从作业安全的角度考虑，矿柱的回采和顶板的处理应一次性操作。在矿柱回采和顶板处理具体操作时，在347.8、374、387三个水平同时进行了爆破作业。另外，考虑到应尽量减少崩落的顶板废石和充填体混入矿柱矿石，以尽量提高矿柱回收率，在爆破中，采取了微差爆破技术，让崩顶炮孔的雷管后响，使崩落的废石和充填体尽可能地覆盖在崩落矿石的上面，以利于覆盖岩层下的放矿。在崩顶硐室内布置崩顶炮孔时，考虑到采场、矿柱的结构参数及顶板与充填体之间的厚度等因素，确定采用中深孔钻机钻凿炮孔；为减少顶板处理成本以体现诱导机理，炮孔到达T202、T203采场顶板的位置，控制在覆盖采场宽度的2/3左右；炮孔布置为扇形排炮，因崩落的废石块度较大，有利于下部放矿，同时又为减少炮孔，排炮的间距比平时正常生产的中深孔排炮要大，取1.8～2.2m；为保证爆破效果，钻凿炮孔时，应确保炮孔方位和

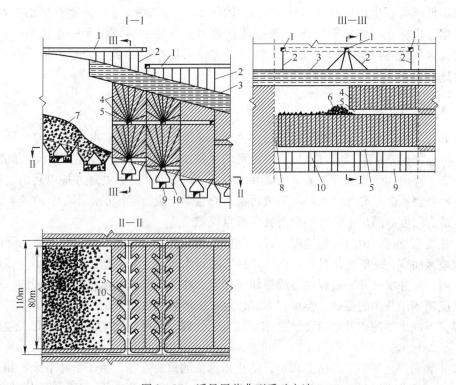

图 2 - 27 诱导冒落典型采矿方法

1—顶板诱导工程；2—顶板诱导处理炮孔；3—诱导处理顶板；4—回采扇形炮孔；5—凿岩道；
6—爆破矿石堆；7—缓冲垫层；8—切割天井；9—电耙道；10—出矿漏斗

深度的精度。

d 覆盖岩层下出矿

T202－T203 柱和 T202 采场顶板部分矿量，主要通过覆盖岩层（和充填体）下放矿来回收，只有柱东端少部分矿石，通过用铲运机后退式出矿来回收。在废石和充填体覆盖下放矿，当纯矿石放完后，随着矿石继续放出，废石和充填体逐渐混入，贫化逐渐增大，确定较合理的放矿截止品位为体积贫化 17%，并计算了各电耙道合理的放矿量，累计从各电耙道放矿 53023.6t，矿柱矿石回收率达到 52.7%。

e 评价

针对铜坑矿充填体覆盖下 92 号矿体的开采，中南大学采用了高分段中深孔崩矿顶板诱导崩落连续采矿法，该方法与传统采用的留连续矿柱空场法、无底柱分段崩落法相比，取得了较优的技术经济指标。该采矿法先用空场法回采两侧矿房，以尽量减少矿石的损失与贫化，再回采矿柱并诱导崩落顶柱，以回收矿柱部分矿石并处理空区，其优点包括：（1）采切工程较简单，矿房回采具有空场采矿法的所有优点；（2）在区域范围内实行连续回采，矿柱回采的同时即处理了空区，能有效控制地压活动；（3）效率高，矿块生产能力大；（4）大矿房、窄矿柱，可使贫化指标达到最优化；（5）采矿成本低，空区处理成本省等特点。该方法集中了留连续矿柱空场法、无底柱分段崩落法两大采矿方法的优点和长处，也克服了各自的缺点和弊病，使其成为一个生产能力大、作业较安全、采矿成本低、劳动生产率高和贫化损失适中的回采方案。92号矿体重叠区的采矿方法回采方案，也存在一些如有崩落区未能通达地表、自然崩落范围是一个大盲空区方面的问题，这些最终可以通过加强地压管理、优化采场结构参数、合理的回采顺序等措施来改进和完善。

2.2.7　矿井水利用技术

地下开采的矿井，为了确保井下安全生产，必须排出大量的矿井水。矿井水是一种具有行业特点的污染水源，同时也是一种宝贵的水资源。大量未经处理的矿井水直接排放，不仅污染了环境，而且浪费了宝贵的矿井水资源。对矿井水进行处理并加以利用，不但可以防止水资源流失，避免对水环境造成污染，而且对于缓解矿区供水不足、改善矿区生态环境、最大限度地满足生产和生活需要具有重要意义。

矿井涌水量与矿山所处的地理位置、气候、地质构造、开采深度和开采方法等因素有关。就地区而言，一般规律是东、南部地区涌水量大，西、北部地区涌水量小。多年实测数据表明，矿井水在开采过程中排放量相对稳定，作为水资源其水量是有保证的。矿井水水质状况随矿山开采的品种、类型、方式以及矿山所处的区域和地质构造等的不同有较大的差异，不同水质的矿井水只要经过相应的工艺处理，都可达到生活饮用水和工业用水的标准。

矿井水利用是保护矿区生态环境、防止水污染的重要途径。由于受井下采矿和人为活动的影响，矿井水极易受到污染，含有大量矿粉、岩石粉尘等杂质，悬浮物浓度较高，并含有少量有机物和微生物。

矿井水利用已具备一定发展基础。由于矿山企业产业链的延伸，矿井水利用的市场需求不断扩大，利用规模逐渐增加，矿井水利用成本逐步降低，经济效益进一步提高。以"节水"为核心的水价机制逐步形成，矿井水的价值不断提高，这为企业大规模利用矿井水提供了有利的市场环境。

但矿井水的开发利用中仍然存在一定的问题，主要表现在以下几点：

（1）对矿井水资源化利用的重要性认识不足缺乏统筹规划。虽然矿井水长年的大量排放，但是人们对其的资源化认识很不够，没有对矿井水水质、水量进行全面的系统的研究分析，致使矿井水的回收利用工艺针对性不强，前期的设计过程不够完善，运行中发现了很多问题，使得处理效果不够理想。另外，在矿井水开发利用的科研投入上也十分不够，单靠一些单位分散进行实践探索，成效缓慢。

（2）宏观上缺乏统筹规划和激励性政策措施。国家对矿井水没有将其列为水资源开发利用，单纯地进行排污收费，甚至罚款，打击了矿山企业回收利用矿井水的积极性。2006年国家发布了矿井水利用专项规划，该规划涉及全国主要的产矿区，这将给矿井水资源化利用以政策性的支持。

（3）缺少先进适用的处理技术。设计单位没有因水制宜、因地制宜，对矿井水水质缺乏了解，照搬城市自来水厂的设计参数，导致矿井水处理水量和水质达不到设计要求。矿井水处理中的自动检测和自动控制技术方面应用开发较少，处理设备目前多采用地表水厂成熟的设备，很少有适合于矿井水质特点的专用水处理设备。

（4）缺少先进适用的技术规范。没有国家规范矿井水利用的技术和管理标准，也缺少对生产过程和产品质量的监督和管理，矿井水处理利用不规范。

（5）管理措施不到位。缺乏对矿区水资源进行统一管理，整体规划，分质供水。对井下废水和生活污水的处理程度、规模、复用、管网布置等进行规划尽可能做到水资源的综合利用，一水多用。我国各矿区技术人员大多为采矿、机电、土建、机制等专业人员，目前尚有一些环保专业人员负责环境管理，但具体到水处理站的给水排水专业技术人员十分缺乏，负责操作的工人大部分未经培训。从领导到技术人员到工人都不了解工艺，不利于管理，更不能发挥主观能动性，积极地处理运行中发生的问题。

矿井水利用应遵循以下原则：

（1）坚持统筹规划的原则。矿井水利用要纳入矿区发展的总体规划中，把提高矿井水的综合利用率作为解决矿区水资源短缺问题的重要措施。

（2）坚持突出重点的原则。切实抓好重要采矿区、重大涌水矿区、重点缺水矿区和国家重点建设的矿业基地的矿井水利用工作，确保矿井水利用规划目标的实现。在饮用水紧缺的矿区优先考虑对矿井水进行深度加工处理，解决矿区居民生活用水问题，保证用水安全。

（3）坚持结合矿区实际的原则。矿井水利用规模必须与矿区及周围生产、生活用水结合起来，因需而用，因地制宜。除保证矿区生产、生活和生态用水外，还要尽力满足矿区电厂、化工、冶金等高耗水行业的需要，尽可能多的替代地下水或地表水，保护有限的水资源。

（4）坚持技术创新的原则。加大技术创新力度，加快技术进步，提高利用技术水平，为矿井水利用产业化发展奠定基础。

2.2.7.1 基本原理

对于目前大量的矿山排水要走"排供结合"、综合利用、废水资源化的途径。

所谓"排供结合"是指将矿山排水净化处理后，用于城市供水或其他行业的供水，实现矿井排水资源化。一方面，随着矿山开采深度和面积的扩大，排水量也会逐渐增大；另一方面，随着社会经济的发展，对水的需求量也会越来越大，水资源短缺、排水与供水的矛盾将日益突出。如果从系统论的观点出发，全面考虑排水和供水的矛盾，把排水与供水作为水资源的一个整体统一考虑，综合利用矿坑水，不但可以降低矿山排水费用和采矿成本，缓和供水矛盾，实现矿坑水资源的可持续利用，而且对生态环境的保护也具有积极的作用。"排供结合"，一方面要考虑矿山排水的水量和水质，另一方面还要考虑用水部门对水量和水质的要求。以便有针对性地选择矿坑水净化工艺，满足用水部门的要求。排供结合的主要途径有：

（1）排水和农田灌溉相结合，如矿坑水中不含特殊有毒物质，常常不经处理或简单处理后即可作为农业供水水源。许多矿区排水在农灌季节大多用于农田灌溉，例如邯邢地区的矿山。

（2）排水和工业用水相结合，如作为工业用水，则必须按照工业企业的用水标准，对矿坑水进行必要的处理。有的矿山将矿坑水用于钢铁企业工业用水。

（3）利用矿井水资源优势，处理后作为电厂的冷却用水，如峰峰五矿。

（4）排水和景观、绿化用水相结合，矿山排水经处理后用于人工河流、湖泊、喷泉等景观，以及园林绿化用水。

（5）排水和生活用水相结合，矿坑水作为生活用水，必须严格按照生活用水卫生标准进行净化和消毒处理，并按照要求定期对水质进行检测。

矿井水处理方法的选择：从原水水质出发，根据目标水质的要求选择资源化技术；因矿制宜、因水制宜，选取适用技术；确保生活饮用水的质量，是矿井水资源化的最高目标。根据矿井水的特性，为达到饮用水标准，除采用常规工艺外，还需考虑增加预处理和深度处理单元。由于矿井水中经常出现 Fe、Mn 等元素少量超标，去除 Fe、Mn 可利用自然充氧曝气氧化法，通过阶梯式跌水来节省能耗。生成的沉淀物在沉淀池预沉，同时造成浊度的一部分比重较大的悬浮物也在调节池中沉淀，以减轻后续处理构筑物的负荷。调节池采用普通平流沉淀池即可。然后加石灰—苏打软化水质，同时去除氟化物。镁盐的沉淀与上述钙盐反应一样，并与混凝同时进行，产生共沉淀效果。利用混凝剂去除浊度、色度、硫酸盐等。SO_4^{2-} 具有很强的混凝作用，与聚合氯化铝作用效果更佳，可大大降低混凝剂用量。矿井水经过混凝沉淀后，浊度、色度、氟化物、硬度大大降低，另外 Fe、Mn、SO_4^{2-} 等离子和矿化度也得到部分去除，可以满足洗煤用水、冷却水、农业灌溉和城市绿化等杂用，并且为后续处理构筑物滤池减轻负荷。对沉淀后的疏干水进行过滤，以进一步去除水中的细小煤粒、岩粒及呈胶体状的物质，降低色度、硬度、矿化度，去除部分细菌、病毒等。过滤后水质大大提高，但往往还含有细菌病毒等，需进行消毒，一般消毒加氯点设在清水池入口。过滤后水经消毒后，除了矿化度，其他各项指标基本可达到饮用水标准。为满足饮用水水质要求，需对消毒后的水进行除盐，一般采用电渗析除盐工艺，保证出水水质和提高工效。在实际生产中的矿井水大多数为复合型水。因此在设计水处理工艺时必须搞清楚水质和水量的实际水文地质情况，然后考虑水处理单元的取舍和优化组合，结合实际地质情况进行处理，如利用沙层对矿井污水的净化作用及矿井水的利用。但矿井水都或多或少的含有悬浮物，因此含悬浮物矿井水的处理工艺对于任何类型矿井水来说都是必要的前处理步骤。

2.2.7.2　工艺流程

矿井水的处理技术决定于矿井水的性质和处理后的用途。矿井水按水质类型特征分为洁净矿井水、含悬浮物矿井水、高矿化度矿井水、酸性矿井水和含有毒有害元素或放射性元素矿井水五类，不同的矿井水采取不同的处理方法。

A　洁净矿井水

洁净矿井水多指矿区煤系地层中的奥灰水、砂岩裂隙水、第四纪冲积层水及老空积水。这种水质呈中性，低浊度，低矿化度，有毒有害元素含量很低，基本符合生活饮用水标准，可设专用输水管道给予利用，作生活饮用水时需进行消毒处理。由于含有多种微量元素，可开发为矿泉水。

B　含悬浮物矿井水

含悬浮物矿井水的排放量所占比例较大。水中含有较多开采过程中带入的煤粒、岩粉等悬浮物其次还含有部分离子、少量有机物和大量细菌；这种矿井水多呈灰黑色，混浊度高，水质呈中性，但其总硬度和矿化度并不高。长期外排，会破坏景观、淤塞河道，影响水生生物及农作物的生长。处理此类矿井水的关键是去除悬浮物和细菌，其中煤粉较难去除。根据悬浮物的特性，对工业用水净化处理常用的主要方法有混凝、沉淀，混凝是水处理工艺中十分重要的环节。

a 化学混凝法

选用混凝剂的原则是产生大、重、强的矾花，对水质没有不良影响，价格便宜，货源充足。但由于煤粉的粒径大小悬殊，密度只有 $1.5g/cm^3$，是地表水中悬浮物（主要是泥沙）平均密度的一半左右；因此含悬浮物矿井水具有粒径差异大、密度小、沉降速度慢等特点；煤粉微粒与一般无机混凝剂的亲和能力比泥沙小，在相同药量情况下，矿井水的混凝效果不及地表水。因此，混凝剂的选择对处理此类水具有重要作用。选取合适混凝剂时，应通过搅拌试验对比分析可利用混凝剂的成本和净化效果，最终确定有效的混凝剂。目前较为常用的是无机高分子絮凝剂聚合氯化铝与有机高分子絮凝剂聚丙烯酰胺同时使用。

b 气浮法

除传统的混凝、沉淀、过滤工艺外，20 世纪 70 年代发展起来的气浮固液分离技术也被用于矿井水的处理，它相当于传统的沉淀工艺。气浮法是在待处理矿井水中通入大量微气泡，使之与杂质固体或液体污染物微粒黏附，形成密度小于水的气浮体，在浮力的作用下，上升至水面形成浮渣，具有很高的固液分离能力，气浮法大多用于从矿井水中去除密度小于水（$1g/cm^3$）的微细悬浮物。气浮法对去除矿井水中微量矿物油效果明显，有研究表明去除率可达 99.8%。气浮法处理工艺的特点是处理速度快，出水水质好，污泥含水率低，体积小，化学药剂投加量少；缺点是工艺稍复杂，操作技术要求高，运行电费高。

对悬浮物、色度、COD_{cr} 较高的矿井水处理方法也可因地制宜、就地取材。风积砂具有很强的吸附和过滤功能，毛乌素沙漠广泛分布的中、细风积砂层及萨拉乌苏组细砂层被用于神北矿区矿井水的悬浮物、COD_{cr} 的去除。这种利用风积砂资源对矿井水进行处理的工艺简单、投资较小、去除效果稳定，取得了良好的社会经济效益。

对于浊度高的矿坑排水，水净化工艺以物理处理方法为主，主要工艺流程为混凝→沉淀→过滤→消毒。矿井水净化工艺流程如图 2-28 所示。

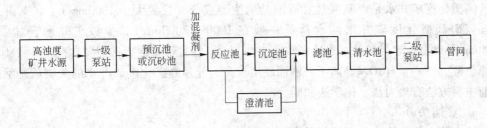

图 2-28 矿井水净化工艺流程

高浊度矿井水通过一级泵站由井下水仓排入预沉池，然后在水中投加混凝剂，通过水泵叶轮的搅拌，达到迅速而充分地混合，再到反应池中逐步长成絮状沉淀物（絮凝体或矾花）。矾花在沉淀池和滤池中除去后，清水再加氯消毒，然后供应用户。

如果矿坑水的浑浊度较低（经常在 100 度以下），投入药剂后的水可不经过混凝沉淀而直接过滤，省去反应池和沉淀池，过滤水加氯消毒后经泵站送入管网，其流程如图 2-29 所示。

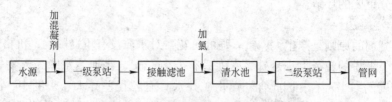

图 2-29　低浑浊度矿井水净化工艺

对于小型供水（供水量不大于 $60m^3/h$），可直接使用一体化净水器。目前全国各地不少矿山使用一体化净水器处理含悬浮物的矿井水。它是 20 世纪 80 年代在国内发展起来的集反应、沉淀和过滤于一体的小型净水设备，具有体积小、占地少、运输方便的优点。一体化净水器分为水力循环型和混凝沉淀一体化净水器，目前煤矿企业采用净水器处理矿井水以水力循环型净水器为主。利用净水器净化处理矿井水的运行过程如图 2-30 所示。

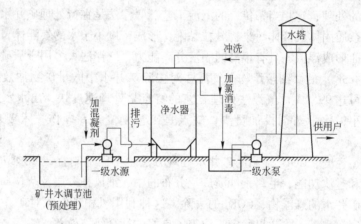

图 2-30　净水器净化处理

C　高矿化度矿井水

高矿化度矿井水是以硫酸盐和碳酸盐为主要成分（含量大于 1000mg/L）的矿井水。我国煤矿高矿化度矿井水的含盐量一般在 1000～3000mg/L，少数矿井水含盐量达 4000mg/L 以上。这类矿井水水质多数呈中性或偏碱性且带苦涩味，主要含有 SO_4^{2-}、Cl^-、Ca^{2+}、K^+、Na^+、HCO_3^- 等离子，因而硬度较高。处理高矿化度矿井水的关键就是除盐，当前主要方法有热力法、化学法和膜分离法。

a　蒸馏法

热力法中的蒸馏法是以消耗热能进行脱盐淡化的有效方法，一般适合于含盐量大于 3000mg/L 的高含盐量矿井水。此法需要消耗大量热能，在煤矿区可利用煤矸石和低热值煤做燃料，以降低成本。蒸馏法的主要问题是需防止热表面结垢，采用多效多级闪蒸法，即能使热量经济利用，又避免了严重的结垢现象。

b　离子交换法

离子交换法是化学脱盐的主要方法，是利用离子交换剂与溶液中的离子之间所发生的交换反应来进行分离的方法。此法宜于含盐浓度在 100～300mg/L 的矿井水，高盐浓度的污水也可考虑用离子交换法进行处理，但由于树脂的交换容量所限，只能用于小水量，而

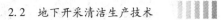

且需要进行频繁的再生处理，从经济角度来看，矿化度以不超过 50mg/L 为宜。

c 膜分离法

膜分离是以选择透过性膜为介质，待分离的物质在某种推动力的作用下（电位差、压力差、浓度差），有选择的透过膜，从而达到分离、提纯的目的。电渗析和反渗透均属于膜分离技术，是目前脱盐淡化的主要方法。电渗析技术设备简单，操作方便，不需要化学药剂，在我国煤矿高矿化度矿井水脱盐处理中采用较多，但电能消耗大，原水回收率低（50%左右）。反渗透法与电渗析相比具有原水回收率高（80%左右），可有效去除无机盐类、低分子有机物、病毒和细菌，脱盐率和水的纯度较高等优点；但反渗透技术对预处理要求高，操作压力高，设备复杂，一次性投资大。反渗透技术在我国起步较晚，20 世纪 80 年代才得到实际应用，2002 年以来山西省有十多个煤矿利用反渗透法，将矿井水处理用作生活饮用水。2003 年 7 月，山西大同市青磁窑煤矿首先建成了一个矿井废水净化回用工程，采用了"超滤 + 反渗透"的工艺进行处理，处理后的矿井水不仅除去了各种污染物，而且各种指标均符合国家生活饮用水的标准。该工程解决了矿区两万多居民 20 多年吃水难的历史。郭中权等采用"预处理 + 阻垢剂 + 反渗透装置"的处理工艺将某煤矿高硫酸根硬度矿井水处理作为锅炉用水，投入运行 18 个月来，结垢控制良好，运行稳定可靠，脱盐率一直保持在 97% 以上。随着反渗透技术的逐渐成熟，在经济、技术上的竞争力将不断增强，应用前景乐观。

D 酸性矿井水

酸性矿井水是指水质特征为 pH 值小于 5.5 的矿井水，一般为 3 ~ 3.5，个别 pH 值小于 3。当开采含硫矿层时，硫被氧化或通过生化作用产生硫酸，而使水呈酸性；酸性水易溶解煤及其围岩中的金属元素，故铁、锰重金属以及无机盐类增加，使矿化度、硬度升高。酸性水在我国南方高硫矿区比较常见。酸性水容易腐蚀矿井设备与排水管路，并且危害工人健康。如果抽排至地面，会影响土壤酸碱度，导致土壤板结和作物枯萎，而且使地表水酸度上升，间接影响了水生生物的生存。因此，对酸性矿井水必须进行治理达标后，才能外排或用于一些对水质要求较低的工业用水。

a 酸碱中和法

对于酸性矿井水，酸碱中和法是处理酸性矿井水常用的方法。中和剂一般采用石灰和石灰石，价格便宜，处理效果佳。《煤炭工业污染物排放标准》编制说明中指出我国的酸性矿井水处理和利用始于 20 世纪 80 年代，根据原水水质的不同主要采用石灰中和法和石灰乳—石灰石联合处理工艺技术，都可使出水的 pH 值达到 6 ~ 9，且除铁效率较高。对于含铁酸性矿井水二级综合处理，在沉淀池内完成石灰乳的中和、絮凝、反应、沉淀等过程后，对于出水进行曝气氧化。将残余的亚铁离子全部转化为三价铁离子，然后加入适量的 PAC 和 PAM，经混合、絮凝、反应后经斜管沉淀后排放。该工艺能有效去除重金属离子、提高废水的 pH 值，确保出水不返色。国外对石灰石中和法进行了一些改进，研究出一种新的石灰石脉冲床处理酸性矿井水的方法。该方法通过在流化床反应器中间歇的通入溶解性 CO_2，加速石灰石的溶解和颗粒之间相互的摩擦，从而可冲刷掉石灰石表面覆盖沉淀物，且流化床中的高速水流也可使沉淀物驱逐出反应器，防止了堵塞问题。我国有研究者以煤矿酸性水的水质特征为依据，研究了石灰石曝气流化床处理酸性水的工艺，实验结果表明该工艺具有较高的中和效率，处理后出水 pH 值达到排放标准，当原水 Fe^{2+} 含量不高于 70mg/L 时，出水 Fe^{2+} 含量小于 0.5mg/L，对 Fe^{2+} 有较高的去除率；对 SO_4^{2-} 的去除率较低，不高于 40%。金竹山煤矿采用电石渣中和曝气的方法对酸性矿井水处理研究，运行结果表明处理后出水能够达到国家污水综合排放标准。

b　生物化学法

生物化学处理法处理含铁酸性水是目前国内外研究比较活跃的处理方法。该法是利用氧化亚铁硫杆菌，在酸性条件下将水中 Fe^{2+} 氧化成 Fe^{3+}，然后再用石灰石进行中和处理，以实现酸性矿井水的中和、除铁。此法的优点是二价铁氧化率高，且氧化细菌属于无机营养型自养菌，无需外界添加营养液；其缺点是反应器体积大，投资高，煤炭矿井水水质复杂，常含有一些重金属，对微生物具有抑制作用。

c　人工湿地处理法

人工湿地酸性矿井水处理方法是 20 世纪 70 年代末在国外发展起来的一种污水处理方法。该工艺是采用湿地作为基质的天然生物处理方法，湿地系统的黏土、矿渣、砾石、土壤对酸性水中溶解性 Fe、悬浮物和 pH 值都有明显的处理效果；在建造湿地时，最好选择耐受性能好的植被品种，如香蒲、灯心草、宽叶香蒲等。此技术特点是工艺简单、处理费用低，维护管理方便，但占地面积大，处理酸性水速度慢，停留时间长，一般要求 5～10天。80 年代初期至中期在美国的宾夕法尼亚、西弗吉尼亚、俄亥俄、马里兰和阿拉巴马州等地的 25 个煤矿矿区采用人工湿地对矿井生产废水的处理进行试验研究并对其中 20 个人工湿地连续运行 17 个月后进行了水质调查：人工湿地对矿井废水中氢离子、铁离子和悬浮物的去除率较高，达到 80%～96%，酸度降低了 68%～76%，锰和硫酸盐的去除率为 22%～50%，出水水质已接近或等于矿区附近未受矿井排水影响的河水水质。在美国有 400 多处人工湿地被用于处理煤矿酸性矿井水，能使排水 pH 值提高到 6～9，平均 TFe $\leqslant$ 3mg/L，TMn $\leqslant$ 23mg/L。我国对人工湿地的研究起步较晚，应用程度也较低，对矿井水处理的利用则更少。中科院南京植物研究所采用人工湿地处理酸性铁矿排水，经过两个月的运行测试结果表明：酸水 pH 值由 2.6 升高到 6.1，铜离子去除率为 99.7%，铁离子去除率为 99.8%，锰离子去除率为 70.9%。人工湿地作为一种有效的酸性矿井水处理方法，在我国应用会越来越广泛，其作用将越来越大。

d　其他处理方法

随着高分子研究的深入，出现了用无机高分子、有机高分子、高分子改性阳离子、微生物等絮凝剂、阳离子交换树脂等材料来加强对酸性水的处理程度。同时，也有学者利用粉煤灰作为中和剂、利用煤矸石制取聚硅酸铝作为絮凝剂等都取得了明显的效果。粉煤灰比表面积大，具有一定的吸附能力，其中的一些成分还能与废水中的污染物质作用使其絮凝沉淀，与粉煤灰构成吸附絮凝沉淀协同作用。对一般的酸性矿井水可起到较好的中和效果，可使 pH 值达到 6～9 的规范标准；对总悬浮物的去除效果很好，不大于 15mg/L；对 COD_{cr} 的去除率可达到 89%，去除效果良好，均能达到回用水的标准。投加粉煤灰处理矿井废水简单经济且去除效果明显，不过也存在一些有待进一步研究的方面，比如提高粉煤灰的吸附容量；粉煤灰的吸附能力是有限的，吸附饱和灰量大，对其的处理难度大，若处理不当会造成二次污染，应尽量对饱和灰综合利用；粉煤灰处理废水的过程机理需更深入的研究。国外还有学者研究利用壳聚糖微球的吸附特性降低煤矿井水的酸度和去除金属离子。另外，对矿井水中含有的少量油类物质，有实验表明，粉状活性炭有较好的吸附处理效果，在优化吸附条件下，通过投加混凝剂可使乳化油去除率达到85%以上。

可渗透法反应墙是美国环境保护署于1982年提出，滑铁卢大学在1989年进一步开发的技术。这种方法基本原理是：在矿山地下水流的下游方向，定义一个被动的反应材料的原位处理区，针对矿山酸性水的具体成分分析结果，采用物理化学或者生物处理的技术方法，处理流经墙体的污染组分，这是目前矿山酸性水处理研究的热点问题。

由于微生物在酸性矿井水的形成中有重要的作用，因此可以通过抑制微生物的活性来防止酸性矿井水的产生。在美国进行过在煤的开采巷道中喷洒有关的杀菌剂，抑制煤中硫氧化杆菌等微生物的生长和繁殖，防止酸性矿井水产生的研究。如美国宾州巴特勒县阿多比采矿公司用杀菌处理技术对尾矿进行综合治理，使得酸性矿井水含酸量下降了80%；此外溶液中铁的含量也下降了82%，锰则下降了90%。加拿大有研究者也提出利用慢速释放丸剂形式施加杀菌剂，控制黄铁矿的氧化，从源头抑制酸性矿井水的产生。美国的M. 坎迪报道，他们利用硫酸盐还原菌处理酸性矿山废水的半工业性试验中金属去除率分别为锌99%，铝99%，锰96%，镉98%，铜96%，但铁和砷的去除率则没有上述金属有效，主要原因是料液中高质量浓度的铁和砷污染了有机基质。Jong等在25℃，利用实验室规模的上流厌氧填充床接种硫酸盐还原菌处理酸性矿山废水，去除重金属效果显著，铜、锌和镍去除率大于97.5%，铁的去除率大于82%，砷的去除率大于77.5%，但镁和铝的浓度在整个过程中没有变化。美国俄亥俄大学的Rudisell研究利用管道烟气脱硫副产物将废弃矿井与周围环境隔绝封闭，减少对环境的污染，这种方法对处理废弃矿井的酸性水具有显著的理论和实践意义。

E 含有害有毒元素或放射性元素矿井水

这类矿井水主要指含氟矿井水、含微量有毒有害元素矿井水、含放射性元素矿井水或油类矿井水。含氟矿井水主要来源于含氟较高的地下水区域或煤与围岩中含有氟矿物萤石CaF_2或氟磷灰石的地区，我国北方一些煤矿矿井水含氟超过1mg/L。含铁、锰矿井水一般是在地下水还原条件下形成的，大多呈现Fe^{2+}、Mn^{2+}的低价状态，有铁腥味，容易变混浊，可使地表水的溶解氧降低，这类水需要经过处理后才能使用或外排。含重金属矿井水主要指含有 Cu、Zn、Pd 等元素的矿井水，这些元素浓度符合排放标准，但超过生活饮用水标准，所以不宜直接饮用。放射性元素水主要指含有超过生活饮用水标准的 U、Ra 等天然放射性核素及其衰变产物 Rn 的矿井水。虽然这类矿井水排放量不大，但不处理外排会污染水系。对于这类矿井水首先应去除悬浮物，然后对其中不符合目标水质的污染物进行处理。对低放射性矿井水通常采用混凝沉降净化的方法，天然总 α 放射性核素铀、镭的去除，实验表明选择合适的混凝剂，控制适当的 pH 值，再添加放射性元素专用混凝吸附剂，可使其去除率达到80%左右。对于含氟水，主要采用沉淀法和吸附法：铝盐沉淀法、石灰乳沉淀法、离子交换吸附法以及电渗析。这些技术在正常工作下，均可使处理后的氟离子达到排放标准。

2.2.7.3 应用实例

A 采用清浊分流技术综合利用矿井水

苏州某地下开采矿山在开采过程中，产生了大量矿井水。矿井水主要来自两方面：一是源于采区作业面，称为采场水，由于采用分层崩落法开采，顶板自然崩落，地表降雨和地下水经采空区渗透到采场，而原矿中富含有害杂质明矾石 $[KAl(OH)_6(SO_4)_2]$、黄铁矿 (FeS_2)、氧化铁 (Fe_2O_3) 等，使水质受到污染，酸性不断增强，pH 值一般在 2 左右，SS 达 1000 以上，COD、Zn 及油的含量较低。这部分采场水约占矿井水总水量的20% 左右；二是原生态的岩溶水，矿区内底板灰岩具有可溶性，在地下水的作用下，岩溶发育，尤其在 -150m 标高以上，这部分岩溶水的水量较大，占总水量的 80% 以上，其出水点主要分布在运输大巷和穿脉巷道。岩溶地下水质属 $SO_4 \cdot HCO_3 - Ca \cdot Mg \cdot Na$ 型水，pH 值为 7~8。通过对原生态岩溶水的检测，发现其中含有适量的偏硅酸、锶、硒、钙等对人体有益的矿物质和微量元素，对人体防病抗衰、促进生长发育以及防治有些慢性病均有益处，可用来生产优质矿泉水。

这两类矿井水分别从井下不同的地点渗出或涌出，流入井下大巷水沟，在井下水仓汇合。总水量为 1100kt/a，混合后水的 pH 值约为 3~4，需经处理后才能达标排放或加以利用。

如果直接处理混合后的矿井水，不仅增加废水的处理量和设备投资，也增加了日常的运行与管理费用，而处理后的矿井水只能作为生产用水和非饮用性生活用水。如何才能减少废水的处理量，实现水资源利用价值的最大化，经反复探索研究，最终确定了矿井水井下清浊分流技术方案，分别处理采场水和岩溶水。采场水处理后作为选矿用水；岩溶水则用来生产优质矿泉水。这一技术使水处理过程简化，生产成本降低，矿井水资源得以充分利用。

a 清浊分流技术关键

阳山二叠系灰岩中原生态岩溶水的浑浊度、色度、杂质、菌落数，均已达到饮用水标准，但一旦进入巷道排水系统就会受到污染。受污染的矿井水处理难度大、成本高。经实地勘察和反复论证，决定通过集水池或集水井汇集岩溶水，引流到独立、封闭、清洁的转水水仓硐室，使其不受污染。转水水仓硐室内设高扬程水泵，将它送到地面供水系统或矿泉水厂进一步加工利用。经高扬程水泵送到矿泉水厂净化车间源水箱的岩溶水，通过多级砂滤、纳滤或离子超滤、臭氧灭菌等工艺过程，分别加工成优质矿泉水、纳滤水和其他等级的泉水，再进入自动灌装机。待用的空桶经全自动灌装线自动拔盖、洗涤、多级消毒后，也进入自动灌装机。成品矿泉水在自动灌装机上被灌入"波特"水桶内，通过自动密封、包装，进入储运仓库。全部工序都在密闭管道、不锈钢密闭容器中和自动流水线上进行。灌装车间卫生等级要求在千级以上。

对于采场水，则在每个采场筑建一个小型集水仓，把采场水集中起来，然后由管道引流至井下的大水仓，进行初步沉淀。因采场水的污染因子中 SS 和 pH 值超标，而 COD、锌和油的浓度较低，故只需针对 pH 和 SS 进行处理。采用沉淀法去除 SS；采用中和法调整 pH 值：设计变速膨胀中和滤池，利用矿山采准用大理岩（$CaCO_3$ 的质量分数为 82%）加工成碎石作药剂，进行处理（原理为：$CaCO_3 + H_2SO_4 = CaSO_4 + H_2O + CO_2$）。处理后水样的 pH 值从 2.66 升到 5.31；由于水中还含有较多 CO_2 气体，再对水进行曝气后，pH 值可升到 6 以上，其他指标也均可达标，最后再进行二次沉淀。处理后的水经检验，可用作生产用水。

b 技术主要创新点

清浊分流与以往矿井水的处理方法不同。传统的采场水和岩溶水在井下汇合后，经水仓初步沉淀，由水泵通过水管引至地面进行处理，再利用或排放。根据矿山的水文地质、工程地质条件，采用清浊分流技术，设计施工集水池、集水井和引水管，尽量截流、引流原生态岩溶水，使之与水质较差而水量较小的采场水彻底分开，免受污染。这一方面可减少矿井废水的处理量，降低水处理的运行成本和管理费用，同时还为原生态岩溶水的有效利用提供了保证。

原生态岩溶水中含有适量的偏硅酸、锶、硒、锌、铁、锗和镁等对人体有益的矿物质和微量元素，对人体防病抗衰、促进生长发育以及防止有些慢性病的发生均有益处，可将其加工并灌装投放市场。同时水处理技术先进、可靠，生产成本低，既有外在的市场，又有内在的基本条件。用岩溶水生产优质低钠、低矿化度天然矿泉水，可实现水资源利用价值的最大化。

c 与国内同类技术比较

矿井水清浊分流技术，在国内还有山西潞安集团采用。潞安集团按照清洁生产、循环经济的发展模式，加大治理力度，实现了矿井水的综合利用。建成了矿井污水和清水两套水处理系统：经过污水系统处理过的矿井水，主要可用作电厂生产用水、井下喷雾洒水、洗煤补充水、锅炉循环水、绿化用水等；清水系统则专门搜集井下的清水，通过独立的管路排到地面，经过消毒、软化，供居民饮用。矿井水的循环复用率已达75%以上。矿山实现了矿井水的清浊分流：污水经污水系统处理后，可满足工业用水、非饮用生活用水以及绿化用水等需求；岩溶水则通过独立的管路排到地面，根据其特有的品质，制成优质矿泉水或直接作为生活饮用水，实现了水资源利用价值的最大化。这一创新技术，目前在国内居领先地位。

d 经济效益

通过清浊分流技术，彻底将采场水和岩溶水分离。处理后的采场水，作为选矿用水、绿化浇灌用水以及非饮用性生活用水等，据估算，一年可为矿山节约近133万元；已建成的10000桶/天的桶装矿泉水生产线，初算每年可实现销售收入600万元，利润458.3万元，上缴利税151.2万元。

e 社会效益

原矿山废弃的地下水资源经清浊分流技术处理，作为生产、生活用水加以利用，可极大地节约水资源，企业的经济效益、社会效益、环境效益得到同步增长。对促进矿山产业及产品结构调整具有积极意义，同时可安置企业部分富余人员，发展了企业，和谐了社会。

B 日照某矿矿井水综合利用

a 矿井水概况

山东日照某地下矿山 -50m、-100m 层面已开采完毕，矿井下排水设备主要有 75kW 深井泵 4 台，55kW 深井泵 4 台，-50m 层面设有配电室一座，容积 2000m³ 的储水仓 2 座，排水设备总价值约 180 万元。目前，-50m 层面上矿坑排水由设在该层面上的水泵排至地面，-100m 层面上的矿坑排水由设在该层面上的水泵排至地面，两个层面矿坑排水总量为 3500 ~ 4000m³/d。矿坑排水量小于原勘探结果的原因是采矿单位为避免排水量过大而采取了一定的技术措施。由于开采层面较深（最深距地面 142m），造成矿坑排水费用较高（单位排水费用约 0.4 元/m³）从而增加了采矿成本。鉴于此，若将矿坑排水作为城市供水综合利用，则将降低采矿成本，维持或扩大矿山开采规模，形成水资源的综合利用，其意义深远。

　　b　矿井水的水质

　　根据市水环境检测中心提供的水质检测报告，矿坑水无色、无味、无嗅、透明，pH为8.6，铁、锰及氟化物含量低微，有毒离子和重金属离子均未检出，硝酸盐氮30.3mg/L。水质类型为重碳酸盐镁钙型水。矿化度小于0.5g/L，为淡水；总硬度190mg/L（以$CaCO_3$计），为软水；细菌总数小于10个/L，大肠杆菌指数小于3，为卫生的水。由于水样是在矿石开采现场采集，除pH值和硝酸盐氮超生活饮用水标准外，其余检测项目均不超标。从总体上讲，矿坑水水质良好。

　　c　供水及需水条件分析

　　日照市岚山区是新兴的港口城市和重要的临港大工业基地。由于受地理条件的限制，岚山境内现有地表蓄水工程建设标准低，布局分散，工程规模小，调节能力不足；地下水在丘陵地区储存条件差，在滨海平原区海潮侵袭严重，可开采量小。因此，充分利用矿井水资源，对于缓解岚山经济社会发展用水紧张局面具有重要意义。

　　岚山区城区人口发展至15万人，城市生活用水综合定额按159L/（人·d）计算，则市区生活需水量为111000m³/d。工业项目需水量按一般工业和大工业项目分别计算，岚山区一般工业项目需水量为22000m³/d。岚山区大工业项目总用水量将达到240000m³/d。

　　根据市水环境检测中心提供的水质检测报告，矿坑水质良好，作为工业用水可以不经处理直接利用。矿山距离日照钢铁厂、超超临界电厂等临港大工业项目园区仅12km，铺设管道、建设加压泵站等工程投资在800万元左右。项目建成后供水按5000t/d，水价按1.07元/m³计算，每年可增加水费收入195.2万元。不仅缓解了大工业项目缺水问题，还能降低采矿成本，使矿山焕发新的生机，经济效益和社会效益显著。

　　C　山东某矿矿井水利用

　　a　矿井水概况

　　山东某矿井井下正常年排水量为3247200m³，井下排水主要由地下涌水、井下喷雾降尘洒水等采矿生产废水组成，其涌水量取决于地质条件、岩层性质等，地下水流经采矿工作面会受到矿尘及岩尘的污染，使井下排水中的悬浮物含量较高，根据矿区其他矿井井下水质资料，悬浮物（SS）一般在300~400mg/L左右，COD在150~200mg/L左右。

　　b　矿井水处理工艺流程

　　为了充分利用这部分宝贵的水资源，根据矿井水水质特点以及排放标准和生产回用水水质的要求，矿井水处理站采用混凝沉淀过滤处理工艺。矿井井下排水经过井底水仓预沉后，水中含有的大颗粒物被去除掉，进入调节沉淀池的矿井水主要以细颗粒的悬浮物为主，由泵提升进入澄清池内，通过投加絮凝药剂与水中的细颗粒煤岩粉产生絮凝反应形成大的易沉降的絮凝体，经沉淀澄清后进入无阀过滤器处理后出水进入生产水池内，用于工业场地地面生产系统和井下消防洒水用水，多余部分初期达标排放，后期全部进入循环经济工业园区内回用。矿井水处理站产生的污泥经提升后进入压滤机压滤处理，滤液返回处理。矿井水处理工艺流程如图2-31所示。

　　处理站采用高效水力循环澄清池和无阀过滤器处理矿井水，具有处理效率高、自动化程度高的特点，运行管理操作简单，比较适合于矿山生产的特点。设计出水水质：SS=5~10mg/L，COD=20mg/L。

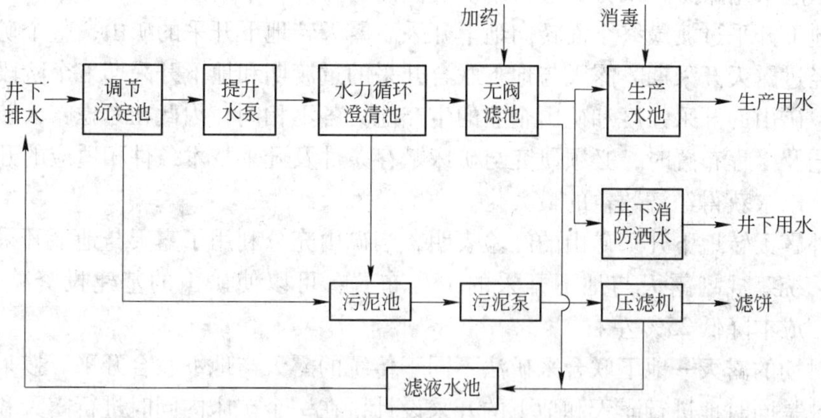

图 2-31 矿井水处理工艺流程

c 矿井水利用效益

一般情况下处理 $1m^3$ 矿井水平均成本约 0.7 元，处理后综合利用，可节省水费和排污费。矿区工业供水水价为 2.09 元/m^3，矿井年利用矿井水 $555300m^3$，可以节省 77.19 万元。根据《排污费征收标准管理条例》和《排污费征收标准管理办法》规定对矿井水每污染当量按 0.7 元收费，初步估算，按 0.3 元/m^3 征收排污费，年可节省排污费 16.66 万元，共节省 93.85 万元。合理利用矿井水经济效益可观。

在水资源日益缺乏的今天，矿井水的综合利用具有极为重要的现实意义。矿井水经处理后利用，既提高了水资源利用效率，又减轻了矿区环境污染的压力，有利于实现矿区的可持续发展。

2.3 露天—地下联合开采技术

2.3.1 概述

露天—地下联合开采一般是指在同一矿床内，无论顺序地或同时地进行露天和地下开采，如果它们在时间和空间上的结合是作为一个有机的整体，同时考虑开采设计时（不是只考虑露天或只考虑地下设计与开采），则称为矿床的联合开采。在一个矿床内，当采用露天和地下联合开采时，根据露天和地下开采在时间和空间上的结合方式的不同，联合开采有如下三种方式：（1）全面联合开采，即从设计开始即考虑采用露天与地下同时开采；（2）初期采用露天开采，生产若干年后转为地下开采，即露天转地下过渡时期的联合开采；（3）初期采用地下开采，但因为地下开采损失过大或者因为火灾等原因而转为露天开采，即地下开采转露天开采过渡时期的联合开采。目前我国应用比较广泛的是露天转地下联合开采。为了实现稳定产量或者产量波动不大，一般采用不停产过渡，露天产量逐渐减少，地下产量逐渐增加，直至露天开采结束，地下开采达到设计产量，这段交替时间称为露天转地下开采的过渡时期。

露天转地下开采的矿山通常是矿体延深较深、覆盖层不厚、多为中厚或厚大的急倾斜矿床，由于这类矿床采用露天开采后，具有投产快、初期建设投资少、贫损指标优等优点，早期一般采用露天开采方式进行采矿，但当露天开采不断延深后，这些矿山逐步由露天开采向地下开采过渡最终全面转向地下开采。露天转地下开采的矿山，整个矿山的开采期一般要经过露天开采期、露天与地下联合开采的过渡期和地下开采期三个阶段，在这三个阶段中，矿山的开采强度和矿山企业的生产能力各不相同，因此在考虑露天转地下开采的开采工艺及工程布置时，必须研究与矿床赋存条件及开采技术条件相适应的开采强度和生产能力，以求获得经济效益的最大化。

国内外露天转地下开采矿山的经验表明，当矿山充分利用了露天与地下开采的有利工艺特点时，统筹规划露天与地下开采的工程布置，可以使矿山的基建投资减少 25% ~ 50%，生产成本降低 25% 左右。

过渡时期的露天—地下联合采矿法不同于传统的露天与地下联合开采。按采矿界一般的认识，凡是同时地进行露天和地下的开采设计，在一个矿床内同时进行露天和地下工程的施工，就可认为是露天与地下联合开采。露天与地下联合开采是一种人们所熟悉的开采方式，作为一项技术措施被广泛地应用在露天转地下开采中。对于倾斜和急倾斜矿床，如果矿体的延深大，这种联合开采法通常是把矿床分为上、下两层，上层用露天开采法，下层用地下开采法，中间用境界顶柱或缓冲层分隔开来。这种联合开采方式的显著特点是：上、下两层都有各自明确的开采范围，其联合的含义更多地体现在用不同的开采方法开采同一矿床，而不是在同一矿块或采区中结合使用不同的采矿工艺或方法。

露天—地下联合采矿法，是在露天与地下联合开采中发展出来的一种新型采矿方法。对一个矿床来说，在其开采范围内的垂直方向上分为上、中、下三层，上层用露天法开采，下层用地下法开采，中间层也称过渡层或联合开采层，其回采的工艺过程是用地下开采工艺进行开拓、采准和切割，用露天开采法进行钻孔爆破，利用地下运输系统出矿，上层与过渡层形成的统一的采空区用以内排。

露天—地下联合开采方案，其意义主要在于：

(1) 采用联合开采可以减少剥岩量。目前，我国许多露天开采的矿山均面临一个共同的问题，即随着露天开采的延深，剥离费用会不断增加，所形成的高陡边坡将给矿山安全带来严重威胁，从而造成采矿成本不断增加。从安全和经济的方面考虑，这些矿山需从目前的露天开采转为最终的地下开采。另外，对于某些复杂矿床，单靠地质勘探手段来准确控制矿体的空间分布、产状、矿量、品位等矿体参数是相当困难的。深部矿体通过生产台阶已揭露才能准确地确定其形态、矿量、品位。若露天采场改用露天与地下联合开采，即按已探明的矿体将可以缩小的开采境界适当缩小，无疑会减少大量剥岩量，降低生产剥采比。

(2) 采用联合开采可减少矿山开采风险性。有些矿山将可靠程度很低的储量级别作为矿山设计的依据。这样，投入大量的人力、物力和财力去开采深部可靠性差的矿体，显然风险性很大。采用联合开采方案，是用露天开采法开采上部可靠性大的矿体，而将深部可靠性差，且能适合地下开采的矿体弃之于境界之外，待以后探明时再进行开采，这样，可减少矿山开采的风险性。

(3) 采用联合开采可以减轻矿山生产压力。露天采场在由山坡露天开采向凹陷露天开采过渡期内，正处于剥离高峰期，并且矿山剥离的主体设备落后、陈旧，如果矿山不增加采矿设备，则露天采场剥离欠账日趋严重，造成开拓矿量不足，备采矿量满足不了采矿规模，使正常生产难以维持。采用联合开采后，可以减少大量剥离量，这对缓解当前采矿与剥离之间的矛盾，减轻矿山生产压力将起到积极的作用。

（4）采用联合开采可以更好地回收资源。对于矿体形态和产状比较复杂多变、分枝复合、尖灭再现等特点突出的矿床，在原露天开采境界圈定时，出于经济上的考虑，部分趋于尖灭形态的矿体没有圈入露天开采境界内。采用联合开采后，可以将这部分永久损失的资源得到回收。

（5）采用内部排土场减少了外部排土场占地。由露天和露天地下联合采矿所形成的统一采空区用作内部排土场，从而减少对周围自然介质的破坏面积。

2.3.2 露天转地下开采关键技术

针对我国金属矿床的赋存特征和矿体规模，以及目前国内外露天转地下开采的矿山所取得的实践经验，对于露天转地下开采的金属矿山应考虑以下几个技术问题：

（1）合理确定露天开采的极限深度。采用露天开采的金属矿山，在设计时通常是用境界剥采比大于经济合理剥采比的原则来确定露天开采的界线。在露天开采境界以外的矿床，露天开采水平以上的矿床拟采用挂帮形式地下开采，而露天开采水平以下的矿床拟采用露天转地下开采。当采用露天转地下开采的开采方式进行矿床开采时，在矿山设计时应考虑上述两种工艺在相当长时期内其开采工艺系统相互利用与结合。因此，露天开采的极限深度就不能用原先单一采用露天开采的方式进行计算和确定，应按照露天开采和地下开采每吨矿石的生产成本相等的原则确定较为合理，此时露天开采的极限深度就不同。

（2）露天转地下开采过渡时期的产量衔接。露天转地下开采的矿山，都存在过渡时期的产量衔接问题，即要使露天开采产量逐渐减少，地下开采的产量逐渐增加，最后在露天开采结束时，地下开采达到设计产量，并正式投产。为了保证在露天转地下开采过渡时期产量不减产或少减产，在过渡时期必须做到以下几点：1）地下开采设计在露天开采设计时要进行全面规划，并根据规划尽早进行地下开采的施工设计；2）地下开采的建设时间不能过短，要充分估计露天开采的产量变化、国内地下工程的建设速度和建设资金情况等因素确定开工建设时间。地下开采的建设可以利用露天开采的排水井或疏干巷道等地下工程来缩短建设时间；3）正确选择露天转地下开采过渡时期的采矿方法。由于露天产量逐渐要由地下开采的产量来代替，必须解决好过渡阶段的采矿方法问题，露采转地下开采的过渡采用的采矿方法很多，比较好的方案有：留境界顶柱空场法（留矿法）、留境界顶柱充填法、留有覆盖层的崩落法、具有露天坑内排土场的阶段强制崩落法。

（3）露天开采的边坡管理。露天开采的边坡稳定性，主要受边坡体内的地质构造等因素的影响，是一个较为复杂的地质力学问题，一旦采用由露天转向地下开采，在过渡时期就形成了由露天和地下开采相互影响的应力场，这种应力场的变化有可能导致边坡失稳。为了保证露天边坡和上覆岩层的稳定性，有必要开展露天转地下开采时的边坡稳定性研究，通过工程地质调查、计算机数值分析等研究手段，寻找地下巷道、边坡周围压力的变化特性，找出边坡应力场的分布规律。并针对研究的结果采取必要的安全措施，确保露天开采时边坡的稳定，同时还要制定露天转地下开采过渡时期的边坡管理办法，纳入矿山生产管理之中。

（4）露天开采残留矿柱的回采。矿床开采的地质条件越来越复杂，根据矿山设计确定的露天开采的极限深度的限制，在开采范围内的境外矿体通常只作为残留矿柱而永久性损失。当采用露天转地下开采方式进行矿山开采时可以采用以下方式进行残留矿柱的回采：1）在露天底与地下采空区之间的矿柱，可以采用联合开采的方式进行回采；2）在露天矿边坡附近的残留矿柱，根据露天矿下降速度，可以利用露天台阶的平台，布置地下开采巷道进行局部回采，通常称为露天矿挂帮矿体的回采或露天矿境外矿体开采。

（5）地下开采的通风系统与防洪排水措施。针对国内金属矿床的赋存特征，当矿床由露天转地下开采后，其地下开采的通风系统与一般的地下开采矿山基本相同，但是在考虑地下开采的通风系统时，要考虑露天与地下之间已经沟通这一因素对地下通风的影响效果。地下开采的防洪排水措施包括地表和地下两部分。地下开采的涌水量为地下开采时的地下水量和露天坑受大气降水渗入或流入地下采场的水量。一般说来地下水量的大小与地下水的静储量和外部补给动储量的多少有关，这部分涌水量较为稳定，但露天坑渗入或流入地下采场的水量，受大气降水影响较大，要控制好这部分涌水量，通常有以下几种措施：1）在露天矿境界外周围设置防洪排水沟，并充分考虑到最大涌水季节的涌水量，配置防洪排水设施；2）露天境界内也要设置防洪排水系统，在露天坑底设置储水池等设施，并配置防洪排水设施。

（6）地下转露天或露天与地下联合开采的地下空区问题。对于地下转露天或露天与地下联合开采的过渡期，由于开采地段存在地下空区，开采区段内的地压活动时有发生，影响露天采场边坡的稳定性，此外，采掘设备和人员在地下空区上部作业，因地下空区垮冒常有设备和人员陷入地下空区内的现象发生，易造成事故。

针对地下转露天或露天与地下联合开采的地下空区问题，通常的做法为：露天矿的最终境界以下与地下开采交界处，留有一个较厚的水平矿柱；对露天开采境界以下的地下空区进行充填处理；露天与地下开采同时作业时，露天开采作业应超前地下开采作业；采用控制爆破技术，削弱露天爆破对地下空区的破坏作用。

2.3.3　露天地下联合采矿方法方案

当露天采掘工程在矿床的一翼达到最终设计深度，其工作帮超前 150~200m 时，在非工作帮靠近端部掘一天井，此天井将露天坑与事先掘好的地下水平巷道连通。将此天井用成排的垂直深孔爆破，扩成与矿体走向垂直、横贯矿体全厚的一条切割槽。对联合开采层的矿体，从露天底向下沿全高进行钻孔，爆落的矿石从地下巷道运出。根据放矿制度的不同，可有几种变形方案：

（1）废石与矿石不接触，内排滞后于工作台阶开采方案（图 2-32）。在每一崩矿循环之后，爆落的矿石除少量留做垫层外，其余全部放出。采空区的台阶与边帮在一定时期内处于无附加荷载状态，过渡层的工作面是倾斜的，依靠安全的坡面角来保证它们的稳定性。内排土场的形成滞后于工作台阶，不使废石与矿石接触。在被崩落矿石占据的整个平面上进行底部自由放矿。在只形成下部拉底而无地下钻孔平巷时，使用露天矿钻机钻孔。依据地质力学条件不同，该方案联合开采层的最大高度为 80~100m，适合开采不超过130~150m 厚度的矿体。

（2）暂留部分崩落矿石方案（图 2-33）。暂留部分崩落矿石方案的内部排土场形成

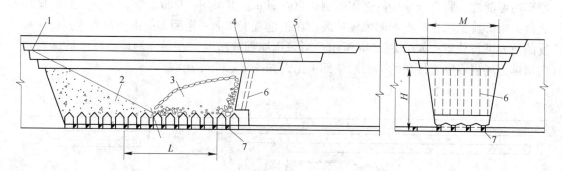

图 2 – 32　废石与矿石不接触联合采矿法方案

L—联合开采层走向长度；M—联合开采层高度；H—联合开采层厚度；
1—露天矿非工作帮；2—内部排土场；3—爆落的矿石；4—露天地下联合开采层；
5—露天矿工作帮；6—下向平行钻孔；7—出矿巷道

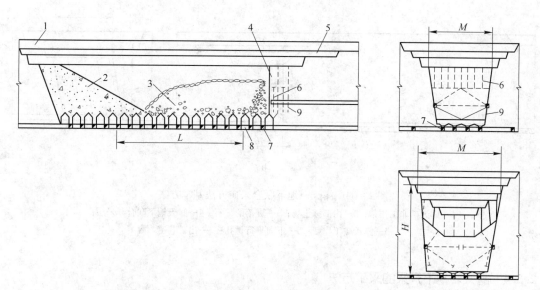

图 2 – 33　露天—地下联合采矿方法基本方案

1—露天矿非工作帮；2—内部排土场；3—爆落的矿石；4—露天地下联合开采层；5—露天矿工作帮；
6—下向平行钻孔；7—出矿巷道；8—阶段附加荷载；9—扇形钻孔

与上一方案类似。在每次崩矿循环之后，沿过渡层工作面暂留部分崩落的矿石，作为附加荷载来保证联合开采层的稳定性，而采空区边坡的稳定性由其安全的角度来保证。除留下最大的附加荷载矿量之外实行充分放矿，在附加荷载限度内仅采出 10% ~ 15% 的矿石以便创造必要的松散。依据附加荷载的大小，按地质力学条件，联合开采层高度最大可达 150 ~ 170m，以便在底部水平以上，在应力集中区边缘之外安排必需的地下钻孔平巷和在崩落的矿石堆下部掘出矿巷道。

（3）不断崩矿不断充填方案（图 2 – 34）。不断崩矿不断充填方案每个循环崩落的矿石充填整个采空区，矿石与内排岩石接触，因而必须崩落作为挤压介质的过渡层全段高，并为采用底部放矿或端部放矿提供条件。无论是按上盘岩石稳定条件，还是在挤压介质中崩矿的可能性，联合开采层高度须限制在 70～90m。当采用底部放矿时，在每一崩矿循环之后，内部排土场在矿石上部堆置扩展，在距垂直工作面一定距离的排土场已达到设计高度的地方进行放矿，如图 2−34a 所示。当采用端部放矿时，在每一崩矿循环之后，将与内部排土场岩石垂直接触的矿石堆全部采出，如图 2−34b 所示。

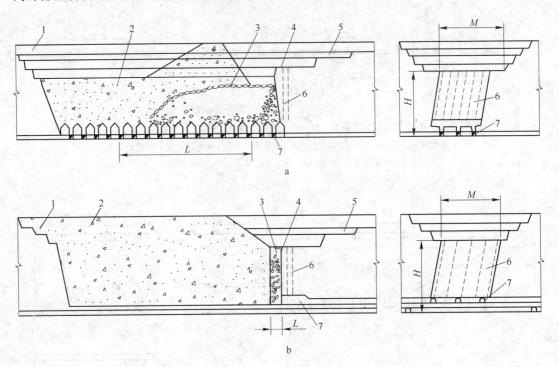

图 2−34　露天—地下联合采矿方法基本方案
1—露天矿非工作帮；2—内部排土场；3—爆落的矿石；4—露天地下联合开采层；
5—露天矿工作帮；6—下向平行钻孔；7—出矿巷道

2.3.4　露天转地下开采的采矿方法

依采矿方法定义的范畴，采矿方法是指一个矿块或一个采区的开采方法，主要包括采准、切割与回采等工艺。显然，过渡层的开采是在一个矿块或一个采区内联合使用露天、地下采矿工艺进行采矿。因此，过渡层开采的这种方法称之为露天—地下联合采矿法。其实质是矿块或采区的上部为露天坑底，在采准、切割和回采过程中，由露采、地采技术有机结合起来回采矿石和进行采场地压管理。与联合开采相比，工艺技术的结合程度更紧密。露天转地下开采过程中，地下开采方法的选取主要是根据矿体赋存的特点、露天边坡地压情况和露天坑底留设境界矿柱与否等因素。露天转地下的矿山，在露天开采的后期，都存在着露天向地下开采的过渡阶段。在这一段时间内（一般 3～5 年或更多），露天和地下必须同时进行生产作业。因此不仅要处理好上部露天作业对地下开采的影响和互相干扰问题，同时还要考虑产量的衔接。这给地下开采特别是第一阶段的采矿方法提出许多特殊的要求。根据这一特点和要求，目前露天转地下开采使用的采矿方法可归纳为房柱式采矿法、崩落法、空场崩落联合采矿法三类。

（1）房柱式采矿法。房柱式采矿法主要有空场法、留矿法和充填法。使用这类方法时，露天和地下可在同一个垂直面内同时作业，但是要求从露天底到地下采矿场之间要留有一定厚度的隔离顶柱。对地下采场的暴露面大小、间柱的强度，以及对露天和地下爆破的规模，都要有严格的控制和要求，与一般的地下开采相比，所受到的条件限制要复杂得多。充填法成本较高，多用于贵重金属的开采，因为充填采矿法矿石损失贫化小，此时降低的赢利可以通过增加贵重金属的回收率来得到补偿。

（2）崩落法。崩落法包括分段崩落法和阶段崩落法。崩落法的特点是，在崩落矿石的同时崩落围岩，用来充填采空区，控制和管理地压。在回采过程中，不需要把矿块划分成矿房和矿柱，而是以整个矿块为回采单元，按一定的回采顺序崩落矿石，连续进行单步骤回采，这类采矿方法要求在地下开采区的上部有一层安全缓冲层，其生产工艺与一般的地下开采基本相同。因此，要求露天分段结束，地下需分段投入生产，露天和地下的生产基本上是顺序进行的。

（3）空场崩落联合采矿法。其实质是上述两类采矿方法的结合。根据国外近20年成功的应用经验，这类方法的特点是，在地下开采第一阶段的矿体时，需分两个步骤进行。即在阶段上把矿体划分为矿房与矿柱，先用房柱式采矿法回采矿房，然后靠矿石的自重崩落或强制崩落回采间柱和顶柱。它适用于围岩较稳固、矿体较厚的矿床，兼有房柱法和崩落法的优点。其采区的结构参数、回采工艺均与一般的崩落法和房柱法不同。

上述三类采矿方法与一般常用的典型方案基本相似，可结合露天转地下开采第一阶段的采矿方法的特点，并根据高效率、低成本、高回收和安全可靠的要求，采取相应的采矿方案。

2.3.5 应用实例

2.3.5.1 矿山开采现状

首钢矿业公司杏山铁矿（下简称杏山铁矿，即首钢矿业公司大石河铁矿杏山采区）为一座露天生产矿山，规模为350kt/a，1998年6月进行扩帮设计，规模为1500kt/a，实际生产规模曾达到3000kt/a。

露天采场采用汽车开拓，台阶高度为12m。采场最高标高为305m，露天境界最低标高为－33m，封闭圈标高为117m。露天采场上口尺寸为900m×630m，下口尺寸为410m×20m。露天采场总出入沟布置在矿体下盘的东北端部，标高为132m。运输线路折返式布置，主要布置在矿体下盘。穿孔设备为KY250型牙轮钻，铲装设备为4m³电铲，运输设备为42t自卸式汽车。采出矿石运至采场外倒装料台后，经准轨电机车运至大石河选矿厂。

2004年底，杏山铁矿露天开采已近尾声，但－33m水平以上露天境界外还留一部分挂帮矿体，－33m水平以下深部还有丰富的矿产资源，为此杏山铁矿需转入地下开采，即挂帮矿体和深部矿体的地下开采。

2.3.5.2 杏山铁矿露天转地下开采主要技术问题

A 挂帮矿体开采

杏山铁矿露天转地下开采过渡分为三个阶段：第一，露天境界内结存矿体的生产与挂帮矿体开采的基建；第二，挂帮矿体开采；第三，深部矿体基建与投产。将这三个阶段统筹考虑、合理安排、互相衔接，才能保证露天转地下开采的顺利进行。

挂帮矿体主要出露在采场西端部大杏山地段，矿体近似直立，出露在露天采场下部的边坡上，赋存标高 100 ~ -33m。挂帮矿体呈上部短小、下部厚大，可采挂帮矿体在 -33m 露天境界外端部走向长约 170m 左右，厚度为 130m 左右，为厚大矿体。

设计确定挂帮矿体开采范围 60 ~ -15m，-15m 以下划入深部矿体开采范围。鉴于露天采场空间狭小，露天开采 1.5 年后结束，生产时间短，安全隐患大，因此，露天采场生产期间不具备为挂帮矿体开拓、采准提供施工的条件，只有露天开采结束后方可开采挂帮矿体。

a 生产规模

挂帮矿体开采是杏山铁矿露天转地下开采持续生产的接续环节，挂帮矿体开采规模的确定要考虑矿山现有实际状况、挂帮矿体可能达到的生产规模、经济合理的开拓方式、服务年限和杏山铁矿转地下开采基建时间，保证转地下基建工程完成后顺利转入地下开采，确保矿山持续生产。综合考虑上述因素，特别是挂帮矿体上部分段矿量少、而随着开采深度逐渐加大的特点，设计确定挂帮矿体前两年生产规模为 650kt/a，第 3 年利用深部矿体生产的大型采掘设备，生产规模为 1800kt/a。

b 开拓系统

开拓系统的确定，应根据开采矿体赋存位置、标高和露天采场现状加以确定。杏山铁矿挂帮矿体开拓方式是利用现有露天采场公路运输系统和设备，采用平硐—溜井开拓系统，它包括主运输平硐、斜坡道和回风井。平硐设在 -30m 水平，平硐出口通过一段斜坡道与露天采场 -21m 宽平台相通。平硐内运输采用 20t 露天矿用汽车，汽车在平硐溜井下口装矿后经 -30m 平硐、斜坡道至 -21m 宽平台，从原露天线路直接运出地表，矿石运至采场外的倒装料台，废石运至排土场。

斜坡道硐口设在露天采场下盘 75m 标高回头弯道处，坡度 15%，掘进至第二个回采分段 15m 标高，作为无轨设备进入挂帮矿体采场通道并进行基建采准，随着开采水平的下降，逐分段延深，并与采场通风天井一起作为挂帮矿体开采进风通道。

露天转地下开拓系统如图 2-35 所示。

c 采矿方法

由于挂帮矿体赋存在露天采场西端帮边坡下部，该处边坡高达 300m 左右，开采矿体最高标高以上边坡高达 200m 以上，矿体厚大，因此必须选择安全、高效的采矿方法，缩短挂帮矿体的开采时间，以便尽快转入深部矿体大规模开采。

如果采用空场采矿法回采挂帮矿体，存在布置矿柱困难、实施难度大、矿石回采率低等不足，不可取。采用充填采矿法成本高，原矿品位又低，也不可取。挂帮矿体比较合适的采矿方法为回采安全度高的无底柱分段崩落采矿法，这种方法安全、高效，与转地下深部矿体开采方法一致。无底柱分段崩落采矿法结构参数为分段高度 15m，进路间距 15m。45m 分段为第一个开采分段，只出 1/3 矿石，形成矿石覆盖层，从 30m 分段开始正式回采。

为了保证回采进路安全，回采进路沿矿体走向布置，即回采进路与露天端部边坡垂直（挂帮矿体回采进路方向与大杏山深部矿体回采进路方向垂直），从靠近露天端部边坡处后退回采。

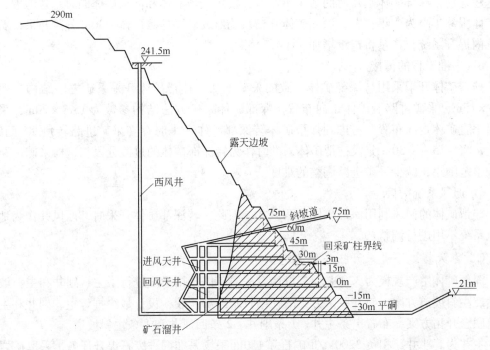

图 2-35 露天转地下开拓系统

d 通风系统

挂帮矿体开采通风系统主要包括采场通风和-30m 主运输平硐通风。通风系统采用主扇通风，抽出式通风方式。采场由 75m 斜坡道进风，-30m 运输平硐从平硐口进风，回风利用西风井。采场联络道新鲜风流从斜坡道和进风天井进风，在局扇的作用下进入工作面，冲洗工作面的污风经回风天井到-30m 西风井石门，经西风井排出地表。-30m 主运输平硐新鲜风流从平硐口进入，直接经回风联络巷、西风井石门、西风井排出地表。挂帮矿体总风量为 100m³/s。

B 挂帮矿体开采与深部矿体地下开采的衔接

开拓系统的衔接：杏山铁矿转地下开采工程前期准备工作起步较晚，2004 年开始设计时露天采场只能服务 1.5 年左右，矿山面临停产过渡。为此，必须把挂帮矿体开采作为杏山铁矿露天转地下开采持续生产的接续环节，既充分回收挂帮矿体资源，又保证矿山生产连续性。

根据露天采场现状，充分利用露天现有开拓系统进行挂帮矿体开拓，挂帮矿体采用平硐—溜井开拓系统，利用露天运输道路进行运输。在露天采场内靠近挂帮矿体的宽平台处掘进斜坡道，作为挂帮矿体采准和进风的通道。挂帮矿体的回风充分利用深部矿体的西风井，有利于转深部矿体开采过渡，但地下开拓系统建成，-30m 分段回采矿石可通过溜井下放到深部矿体开采的第一个运输水平，通过深部开拓系统提升到地表，挂帮矿体的开拓系统停止使用。

a 产量衔接

挂帮矿体的生产规模和服务年限充分考虑深部矿体的基建时间，根据初步编制深部矿体基建计划，深部矿体基建时间为 4 年左右，按照挂帮矿体和深部矿体同时基建考虑，挂帮矿体服务年限为 3 年左右，深部矿体开拓系统形成后，挂帮矿体 -30m 分段开采矿石利用坑内提升系统，产量将持续增加。

　　b　采准工程的衔接

挂帮矿体开采采用与深部矿体一致的采矿方法，挂帮矿体开采采矿方法结构参数为 15m×15m，采矿进路沿矿体走向布置；深部矿体采矿方法结构参数为 15m×20m，采矿进路垂直矿体走向布置。考虑到挂帮矿体转深部矿体开采时存在采矿进路转角 90°问题，因此，将 -15～-30m 分段挂帮矿体采准时作为转深部矿体的过渡分段，这样采矿进路转角调整范围小，减少采矿进路调整的难度。

　　c　通风系统衔接

挂帮矿体的回风利用深部矿体的西风井，因此，转深部矿体开采时，西风井作为地下回风系统不用进行调整。

　　C　露天转地下开采开拓系统的选择

深部矿体生产规模为 3200kt/a。设计对深部矿体开拓系统进行了主、副井和主斜坡道方案、主斜坡道方案、斜井胶带方案的详细技术经济比较，设计最终推荐主、副井和主斜坡道联合开拓方案，布置 1 条主井、1 条副井、2 条回风井和 1 条主斜坡道。

主井为箕斗井，担负 3200kt/a 矿石和 150kt 采场采准掘进废石提升任务，采取矿岩混合提升，地表设置大粒度干选抛尾设施。井筒 φ5.5m，井口标高 132m，一期井底标高 -480m，服务到 -330m 阶段水平；二期井底标高 -630m，服务到 -480m 阶段水平。安装 1 台 JKM4×6 型多绳摩擦轮提升机，采用 10m³ 双箕斗提升矿岩，电动机功率为 4000kW。

副井为罐笼井，担负人员、新水平开拓废石、部分材料、部分设备提升任务。井筒 φ6.0m，井口标高 132m，井底标高为 -510m，一期服务到主井粉矿清理水平，安装 1 台 JKM2.8×6 型多绳摩擦轮提升机单车双层单罐笼，电动机功率为 1000kW。

主斜坡道硐口布置在露天采场下盘 103.5m 回头弯道处，基建期掘进到 -105m 水平，作为无轨设备进出采场和采场材料下放的通道，兼作为进风通道。东风井为出风井，布置在矿体东端部，井筒直径 φ3.8m，井底标高 -200m，作为加快施工进度的措施。西风井为出风井，布置在矿体西端部，井筒净直径为 4.2m，井口标高 241.5m，下口标高为 -30m。副井作为进风井，不足部分由主斜坡道进风。

阶段高度为 150m，-180m 水平为一期工程第一个阶段运输水平，-330m 水平为一期工程第二个阶段运输水平，-105m、-255m 水平为辅助水平，施工天（溜）井。

　　D　挂帮矿体开采覆盖层的形成

露天转地下开采覆盖层的形成是露天开采转地下开采必须解决的主要问题之一。挂帮矿体开采的覆盖层形成由两部分组成，一是采用矿石作为覆盖层；二是在靠近采场边坡的端部保留 10m 左右的端部矿柱，既防止直接将矿石崩入露天采场内，又避免端部边坡的不稳固导致安全事故的发生。开拓工程的硐口要避免采场边坡滑落的滚石威胁。

　　E　深部矿体开采的防水垫层的形成

露天转地下开采矿山，在露天坑底形成一定厚度的防水垫层，是确保露天底以下深部矿体开采的重要安全措施，它具有防洪、防漏风、防冻等多重作用。防水垫层的作用主要有：降低降雨时露天坑汇集水的渗透速度、避免露天坑大量涌水突然涌入井下，造成淹井事故；防止井下漏风、冬季防冻等。防水垫层宜采用废石，如果采用矿石作为垫层，生产管理不严格时出矿过度会导致出现垫层厚度满足不了安全要求，留下安全隐患。杏山铁矿深部矿体的防水垫层厚度按照不小于40m考虑，露天底西端部废石垫层采用露天开采实施内排废石，其他部位垫层采用从采场附近的废石回填方式形成，在挂帮矿体停止生产、深部矿体投产前完成。

2.3.5.3　成果分析

杏山铁矿挂帮矿体2005年开始基建，2007年年初挂帮矿体投产，生产水平从60m标高开采至0m标高，采出矿石160多万吨。

挂帮矿体开采的生产实践证明，设计推荐的开拓系统、通风系统、采矿方法是合适的，较短时间内保证了矿山产量的连续性。挂帮矿体采用平硐—溜井开拓，充分利用露天采场运输系统，既减少基建工程量和基建投资，又缩短了基建时间、降低了生产成本；通风系统利用深部矿体的西风井，便于转深部开采通风系统过渡；采矿方法采用无底柱分段崩落采矿法，开采强度大，资源回采率高，生产安全，实现了挂帮矿体的安全、高效开采。

挂帮矿体开采以来，挂帮矿体正上部的露天采场边坡（采场西端部）尚未滑坡，只是靠近挂帮矿体的上、下盘边坡已产生滑坡。设计已考虑到挂帮矿体开采导致边坡滑坡的问题，将挂帮矿体开拓的出入口布置在远离挂帮矿体开采部位，因此，不会受到挂帮矿体附近露天边坡滑坡的威胁。

深部矿体的开拓系统从2007年开始基建，经过近两年紧张施工，主井、副井、风井已施工到底，主斜坡道已施工至 -105m 水平；至2010年主、副井井塔深部矿体基建工程建成，从而实现向深部矿体开采过渡。杏山铁矿是近期露天转入地下开采的铁矿山，在以下几个方面对即将转入地下开采的露天矿山有一定的借鉴意义：

（1）露天转地下开采工程前期工作宜提前进行。杏山铁矿在临近露天采场闭坑前1年半才进行该项目的设计工作，时间比较仓促。一般而言转入地下开采的露天矿山，应在露天开采结束前4~5年进行露天转地下开采前期准备工作。此外，露天开采矿山，管理人员、工程技术人员和生产工人缺乏地下开采实践经验，应提前进行人员培训等多方面前期工作。

（2）挂帮矿体开采是露天转地下开采的中心环节。一般露天开采的矿山都存在挂帮矿体，由于挂帮矿体上部矿量少，下部矿量多，产量不均衡，制约矿山初期转地下开采的生产规模。因此，有条件的矿山在露天开采后期应研究挂帮矿体与露天开采同时生产的可能性。

（3）挂帮矿体开采尽可能利用露天原开拓运输系统，以降低挂帮矿体开采的投资和成本。

（4）露天开采后期，宜研究开采顺序，以方便利用露天采场实施内排，既减少排岩成本，又有利形成地下开采的岩石覆盖层。露天转地下开采的矿山，只要做到露天、挂帮、深部矿体开采的统筹考虑，解决时空关系，在开拓、采准工作、通风和排水、产量衔接做到有机结合，合理衔接，就可以实现露天转地下开采的产量平稳过渡，实现顺利转入地下开采。

2.4 特殊采矿技术

我国是世界上矿产资源丰富、矿种齐全、矿产资源总量较大的资源大国之一，但人均矿产资源并不丰富。目前我国对矿产的需求正处于高速增长时期，如不采取有力措施，矿产资源形势将会走向全面严峻。因此，如何科学、合理地解决造成我国资源短缺的实际问题，借助现代科学技术和装备，研究开发更先进的采矿方法、更有效的回采工艺，让已经得到开发利用的矿产资源利用率更高、成本更省、生产更安全，而对目前尚未得到有效开发利用的一些特殊矿产资源，则必须加大综合开发利用研究的力度，变废为宝，极大限度地发挥各种特殊矿产资源的使用价值。只有这样，才能保证我国社会和国民经济的快速、健康和稳定持续发展。

特殊矿产资源主要指以下矿产资源：（1）传统采矿作业产生的副产品，但仍含有一定比例可以利用的有用成分的废石、尾矿；（2）有用矿物成分品位低的境外矿、表外矿；（3）传统方法难采难选的矿产资源；（4）矿体本身形成条件、物理化学性质特殊的矿床，如砂矿床、盐类矿床及自然硫矿床等；（5）赋存条件特殊的矿产资源，如海底、极地、太空等矿产资源。

特殊矿产资源的开发利用不能完全，甚至不能依靠传统的采矿、选矿和冶炼方法，必须寻求全新的采矿新理论、新方法和新工艺。由于其工艺特殊，能适应特殊矿产资源开发利用的要求，而且生产相对安全，对环境的破坏较少，已成为采矿科学中的重要组成部分。特殊矿产资源开采方法与技术的兴起，既受主观因素（人们对该事物的认识水平等）的影响，也受客观因素（设备、技术等）制约。

特殊采矿方法包含两方面的含义：

（1）从技术层面上来看，这类采矿方法充分利用矿物的化学、微生物等浸出原理，变采矿—选矿—冶金为布液—集液—金属提取一条龙作业的溶浸采矿工艺。

（2）针对那些无论在矿体赋存条件，还是其物理化学性质方面都具有特殊性的矿产资源的一些开采方法。主要分为下面 8 类：1）化学浸出和微生物浸出采矿法；2）海底与极地资源特殊开采；3）盐类矿床开采；4）砂矿床开采；5）自然硫化矿床开采；6）煤炭地下气化开采；7）地热开采；8）太空采矿法。

化学浸出和微生物浸出采矿法俗称溶浸采矿，是利用某些矿物特殊的物理化学性质，选择相应的特殊溶浸剂，将矿石中有用成分溶解浸出，形成母液，再利用物理化学方法从母液中提取有用金属的工艺。根据所用工艺的不同，溶浸采矿分为地表浸出法和地下浸出法两大类。地表浸出法根据其处理对象的不同进一步分为废石堆浸法和矿石堆浸法。两者的工艺流程基本相似，由筑堆、布液、集液和金属提取四个环节组成。地下浸出法的基本原理是利用钻孔将水或其他溶剂注入矿体，将矿体中的固态矿物转化为液态，并通过钻孔或地下坑道将其提出地面，而将矿石中的其他成分留在原地。地下浸出又分为原地浸出和就地破碎浸出两种。

溶浸采矿技术就是利用化学方法开采固体矿物的特殊技术，是固体矿物形成的逆过程。溶浸采矿技术历史非常悠久，但人们有意识地利用生物提取金属则是 19 世纪 50 年代的事情，之后取得了迅猛的发展。目前，溶浸采矿技术已能较好地回收常规采矿方法不能回收的低品位矿石、难采矿体、难选矿石和废石中的有用成分，拓宽了地下矿产资源的利用范围。与传统方法相比，溶浸采矿技术具有环境污染小、生产成本低等显著优势，应用前景十分广阔。

但是，溶浸采矿技术因生产周期长、浸出速率低，不足以完全替代采、选、冶这一传统的开采方法。虽然国内外学者对溶浸采矿技术给予极大的关注，并进行不懈的努力，然而，理论研究仍然滞后于工程实践，一些关键技术因缺乏理论支撑而未能有效解决，人们还无法自如地控制细菌浸出的各个生产环节，对一些基础理论、浸出机理还不能解释清楚。所以，开展溶浸采矿技术研究十分迫切，理论与工艺研究并重，才能大大推进溶浸采矿技术的进步，体现出该技术旺盛的生命力。

近年来，世界上发达国家如美国、俄罗斯、法国、加拿大和澳大利亚、南非等国家在溶浸采矿技术研究上处于领先水平。溶浸技术在美国已日臻成熟，它是一种能充分利用资源、生产成本低、环境效益好的采矿方法。在铀和铜矿山中使用最成功。到目前为止，美国铀矿开采几乎全部采用溶浸采矿法，我国溶浸采矿法铀矿比例也达 30% ~40%。

2.4.1 地表浸出法

堆浸法是指将稀的化学溶液喷淋在矿石或废石堆上，在其渗滤的过程中，有选择性地溶解和浸出矿石或废石中的有用成分，使之转入溶液中，以便进一步提取或回收的一种方法。目前堆浸法已发展成为我国大规模处理贫矿、尾矿、废矿石等物料，提取铀、铜、金和银等金属的一种有效而又经济可行的方法。

我国铀矿石的堆浸工业生产始于 20 世纪 80 年代，经过多年的试验研究与工业实践，铀矿石堆浸在堆浸规模、矿石品位界限、矿石的岩性等方面都得到了突破，浸出率可达 85% ~97%，取得了良好的技术经济指标。

我国低品位含金氧化矿石的堆浸生产工艺研究始于 20 世纪 70 年代末。近年来，金矿的堆浸规模和数量都有新的增长，生产技术也在不断完善和提高。福建紫金山金矿是以堆浸提金工艺为主的国内采选规模最大的黄金矿山，其处理方法和工艺参数不断优化，浸出率由 50% 提高到目前的 75%，取得了明显的社会效益和经济效益。

堆浸提铜在我国也获得了较广泛的应用。地表堆浸提铜最为典型的矿山是德兴铜矿，其含铜品位为 0.1% ~0.25% 的矿石储量有 3.2 亿吨，于 1997 年建成规模为 $2000t_{Cu}/a$ 的堆浸厂，是目前我国最大的采用 L-SX-EW 工艺回收铜的堆浸厂。生产实践表明，此工艺从废石中回收铜，投资少，见效快，而且对环境污染较小，主要技术指标达到了国际先进水平。紫金山铜矿已探明铜金属工业储量 1465kt，铜的平均品位为 0.63%。2001 年，紫金山铜矿生物提铜项目被列为国家"十五"科技攻关项目，并于 2002 年建成 $1000t_{Cu}/a$ 的生物冶金提铜试验厂，不同浸矿堆累计浸出时间 1000h，浸出率均在 40% ~60%。

我国使用堆浸法提取的金属产量逐年增长，在堆浸的矿石类型、筑堆、布液以及金属回收等方面都取得了长足的进展，但也存在着一些问题，如生产规模小、机械化程度低、金属回收率及经济效益差等问题。因此，堆浸技术还需要不断优化。

2.4.1.1 基本原理

有些金属矿物的目标元素可以被特定的化学溶剂溶解，并生成可溶性金属盐类，从而变固态的金属矿物为液态的金属盐，对后者进行收集（回采）并进行金属提取便能获得所需的金属物质。

金属矿物的浸出过程可以简单地描述为：溶浸液（化学溶剂）在与矿物接触的过程中，有选择性地将矿石或废石中的有用组分溶解到溶液中，并借助液体的流动，使反应生成物离开反应区并汇集成具有一定金属浓度的浸出液，以便进一步提取金属或金属化合物。浸出是一个物理化学过程，即由物理扩散和化学反应两个过程组成。对溶浸而言，浸出速度由物理扩散速度控制的较多。

由于被溶浸的矿石及其中有用矿物成分的物理化学性质不同，适用的溶浸剂也不一样。下面分别介绍铀、铜、金和银矿石的浸出过程。

A 铀的浸出

铀矿主要有沥青铀矿、铀石、钙钛铀矿、钙铀云母、铜铀云母、铝铀云母、钾钒铀矿、钒钙铀矿等。铀矿的浸出方式主要取决于矿石的矿物组成及脉石性质，对于硅酸盐类的矿石，常用的溶浸剂为硫酸，称为酸法浸出；而对于碳酸盐类矿石，常用的溶浸剂为碳酸氢钠和碳酸钠的混合溶液，称为碱法浸出。

当待浸矿石为硅酸盐类的铀矿石，主要杂质为二氧化硅、铁氧化物、氧化铝、钙镁化合物、磷酸盐、钼、钒等，此时选用酸法浸出。理论上，硫酸、硝酸、盐酸都可以作为浸矿剂。

盐酸价格高，对设备、材料等腐蚀性很强，故一般不用。硝酸氧化性强，浸出四价铀时不需要另加氧化剂，对铀溶解能力大，但价格较高，且稀硝酸对浸出设备和材料要求很严，特别是在地浸中应用，井孔内设施一旦遭到腐蚀和破坏，维修和恢复十分困难，甚至引起钻孔报废，故一般很少使用。硫酸不仅有较强的浸出能力，与铀反应生成稳定的硫酸铀酰络离子，而且价格低、运输方便、腐蚀性较小、浸出液便于后续工序处理等优点，是较为理想的浸矿剂，被广泛用于工业生产中。浓硫酸可用碳素钢容器转运和储存，浸矿设备和材料可用不锈钢、耐酸陶瓷和塑料等制造。

用硫酸浸出铀矿石时，由于四价铀浸出较难，浸出过程中需要先把四价铀氧化为六价铀，而铀矿石中四价铀往往占有一定比例，所以在铀矿的浸出工艺中往往需要加入氧化剂。

碱法浸出碳酸盐矿石时，常用的溶浸剂为碳酸氢钠和碳酸钠的混合溶液，能选择性地溶解矿石中的铀氧化物。碱法浸出是利用铀酰离子与碳酸根的强配合作用，浸出过程中对铀有较好的选择性，杂质转入浸出液中的较少。

B 铜的浸出

铜主要以化合物形式存在，只有少量的自然铜出露于矿石中。铜存在一价和二价两种价态，固态铜化合物中，铜往往是一价的。一价铜在溶液中不稳定，只有溶液中存在能与一价铜配合的离子（如 CN^-，Cl^- 等）时，才是稳定的。

铜矿石主要分为铜的氧化矿物及铜的硫化矿物两大类。

自然界存在的铜的硫化物相当多，是人类获取铜的主要原料。如铜蓝（CuS），不溶于水、稀硫酸、盐酸、硝酸中。它不溶于无机酸（稀）中的这一特性，常被人们用来从其他金属元素中分离和提纯铜。

铜盐的种类繁多，在天然的铜矿物中存在有碳酸盐类的孔雀石和蓝铜矿，硅酸盐类的硅孔雀石和透视石，硫酸盐类的胆矾和水胆矾，此外还有绿铜矿等。

与堆浸工艺有关的铜盐，最重要的是硫酸铜，因为从古到今的铜矿堆浸均采用硫酸作为溶浸剂，矿石中的铜均以硫酸铜的形式转移到浸出液中，从浸出液中分离、提纯，直至得到市售产品，都借助于硫酸铜的化学、物理性质来实现。此外，硫酸铜是除电解铜以外，市场上最多的铜产品。

铜的氧化类矿物用稀硫酸为浸出剂，铜的硫化类矿物在酸性氧化条件下溶于水溶液。

C 金、银的浸出

含金、银矿石的浸出，普遍使用氰化物作为浸矿剂，其机理与常规氰化物提金过程的机理基本相同。解释氰化溶液中金、银的溶解理论有很多种，但被热力学计算所证明的是埃尔斯纳的氧论和波特兰德的过氧化氢论。

埃尔斯纳的氧论认为，金、银在氰化物溶液中溶解时的化学反应式为：

$$4Au + 8NaCN + O_2 + 2H_2O \longrightarrow 4NaAu(CN)_2 + 4NaOH$$

波特兰德的过氧化氢论则认为，金、银在氰化物溶液中溶解时分两步进行，反应式中的过氧化氢 H_2O_2 为中间产物，化学反应式为：

$$2Au + 4NaCN + O_2 + 2H_2O \longrightarrow 2NaAu(CN)_2 + 2NaOH + H_2O_2$$

$$H_2O_2 + 2Au + 4NaCN \longrightarrow 2NaAu(CN)_2 + 2NaOH$$

氰化物有剧毒，对环境污染一直是人们关注的问题。国外寻找了新的浸取金、银的浸矿剂，如碘及碘化物。碘对金、银有氧化作用和络合作用，低浓度时还有消毒作用，但碘资源不丰富，不能大量应用。现在仍在研究新的金银浸矿剂，目前应用较广的还是氰化物。

浸出剂选用必须综合考虑各方面的因素，并根据各种相关试验的数据来确定，这些因素主要有以下几点：矿石性质，如渗透性、块度、泥含量、硅酸盐含量、碳酸盐含量、硫化物含量、有用组分在矿石中的分布特点、矿石浸出性能等；浸矿剂价格合适，易于生产和获得，性能稳定，使用安全；浸出液便于后续工序处理；工艺溶液能循环和再生；浸出率和生产率高；对环境污染小，浸出结束后易于地下水复原和恢复生态平衡。

溶浸剂的制备则尽量做到就地取材、就近建厂、定量生产、高效安全。

2.4.1.2 工艺流程

堆浸的主要工艺流程有：破碎→堆筑→浸出→萃取→电积，如图 2-36 所示。

2.4.1.3 应用实例

A 德兴铜矿堆浸技术概况

德兴铜矿堆浸厂位于铜厂矿区南部的祝家废石场，该废石场占地面积约 $3.6km^2$，属山谷型废石场。地形标高在 $130 \sim 390m$ 之间，堆置标高为 $210 \sim 390m$。场地内有河山和石坞两条主沟及一条支沟，天然地将废石场分为 1 号、2 号、3 号堆场。1 号堆场为河山沟，2 号堆场为石坞沟，两沟相邻，面积各约 $1.7km^2$。3 号堆场在 1 号堆场北侧，面积约 $0.15km^2$。祝家废石场总堆积量达 600Mt 以上，含铜品位 0.1% ~ 0.25% 的废石含铜量约 950kt。

B 矿石性质

德兴铜矿是一大型硫化铜矿床，90% 以上铜矿物是黄铜矿，采用常规选铜工艺即可得到非常好的选铜效果，但不利于酸浸，在没有细菌的参与下，黄铜矿很难浸出。1979 年

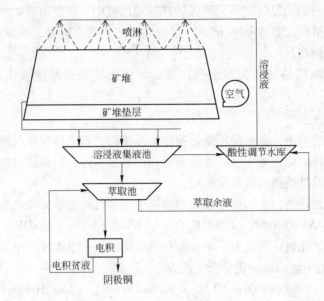

图 2 – 36　堆浸流程

曾做过试验，由于没有细菌的作用，铜年浸出率小于 5%。在加入细菌的情况下，铜浸出率明显上升，含铜 0.121% 年浸出率可达到 16.59%，含铜 0.279% 的可达 29%。因此，该技术用于生产必须保证矿堆内有数量足够的细菌（最好达到 10^8 cells/mL）和良好的渗透性（使矿石充分接触到含菌溶液），但即使如此，也只能回收其中不到 1/5 的铜，因此，矿石性质制约了含铜废石的回收率。

C　筑堆方式

筑堆方式一般国外采用皮带运输筑堆，因此专门设置了堆浸场。而祝家废石场的作用在于排放废石，在堆浸投入生产后，为了保证堆浸产出合格浸出液，排土作业要满足堆浸的工艺要求，堆浸要求筑堆必须保持矿堆松散并保证矿堆含铜品位在一定范围内，主要是利于空气进入和溶液渗透，并得到较高浓度的浸出液和浸出效率。经过几年的堆浸生产，排土作业与堆浸生产已结合得更为密切，特别是 2001 年效果非常明显，与未分级筑堆比较，一是浸出初始铜浓度明显提高，二是铜浓度下降速度减慢，堆场使用寿命延长，相应的阴极铜产量提高，生产成本下降。因此，改善与改进筑堆方式非常重要，就目前而言，废石堆积高度已在 240m 以上，堆积方位由原来的东西向转为南北向，北面靠近集液库堆含铜大于 0.05% 含铜废石，南面堆表土或含铜小于 0.05% 废石，这样既有利于集液和管网铺设，也是堆浸厂达产达标的主要因素。

D　筑堆高度

筑堆高度经国外的成熟经验证明，矿堆高度以 10～20m 为宜，最高不超过 30m，主要是因为 80%～85% 的铜是由表层 20m 以内的矿石浸出的，在 20m 以下的矿石浸出率只有 5%～15%。但祝家废石场排废在先，堆浸在后，在堆浸投入生产时，第一层堆高已在 80m 以上，其后一般以 30m 为一层高，如果能将表土与含铜废石分开堆放，可望矿堆内得到良好的空气渗入，保证细菌的生长繁殖，如喷淋布液均匀合理，溶液渗透容易，铜浸出效率将得到进一步提高。

E　喷淋面积

喷淋面积的大小就堆浸目前而言很大一部分取决于矿堆的含铜品位,如含铜品位为0.15%,有效堆高为20m,年铜浸出率为20%,以年产阴极铜1000t计算,则需喷淋面积100000m²,但如果混堆,含铜品位降至0.08%,年浸出率降至10%,则喷淋面积接近400000m²,因此,分级堆放,提高堆场矿石品位,不但有利于提高铜浸出效率,而且可降低管网等材料消耗,降低生产成本。

F　管网铺设与喷淋浸出

矿堆筑好后,下一步进行管网铺设,堆浸厂开始先采用旋摇式喷头,后改为雨鸟式喷头。管网材质,输液主管为玻璃钢管,其他初期采用PVC管,由于易老化,后改为PE管,但仍存在热胀冷缩现象,近期又改为玻璃钢管,国外普遍采用高密度聚乙烯管。喷淋强度一般为 $6 \sim 8L/(m^2 \cdot h)$,有时可达到 $12L/(m^2 \cdot h)$。

G　作业制度

浸出作业都有严格的制度,在新堆喷淋前,进行了预处理,引入含菌液,让矿堆矿石充分湿润并让细菌在静止状态繁殖生长。正式喷淋后,执行休闲制度,休闲制度对浸出非常重要,投产初期为了尽快得到浸出液,未执行休闲制度,一段时间后浸出液铜浓度下降后不再上升。因此,停止喷淋10天左右,观察后发现,矿堆表面裂开一道道缝隙并有热气源源不断地从中冒出,即空气可从缝隙中进入,有利于细菌生长,矿物的化学反应更为激烈,再进行喷淋,铜浓度又呈上升趋势。目前,还采取了在堆场再次犁松和打深孔的方法,以利于浸出液的渗透。

H　溶液的输送与收集

喷淋液由中心泵房经 $\phi 500mm$ 的管道打入喷淋高位水池,堆场标高低于240m的溶液可自流入堆场喷淋,240标高以上采用二级泵站输送。集液共设置了2个合格液库和1个酸性水调节库。位置在堆场下部,浸出后的溶液可自流入集液库,未专门设置集液管路。集液库由于原作为三期酸性水库使用,1996年封坝后渗漏,后经防渗处理,1号库渗漏已基本得到控制。但2号库尚存在部分渗漏现象。

I　萃取工艺

萃取工艺采用二级萃取,一级反萃,萃取在常温下进行,混合流比为1∶1,相比为1∶1.3。一级、二级萃取有机连续,简便操作。澄清速度取 $3.6m^3/(m^2 \cdot h)$,比一般的萃取厂偏小,主要是预防分相时间不够。有机相萃取剂与煤油配比根据浸出液铜浓度变化而调节。萃取处理量每天为7200m³。萃取设置了有机循环槽,有利于有机的周转和调节,并取得干净的反萃负载有机液。生产中还发现,有机循环槽对处理絮凝物很有好处,可定期将絮凝物集中到有机循环槽,直接从有机槽中抽取絮凝物,避免在其他槽抽取絮凝物对正常生产带来的不利影响。

J　电积生产

电积是"浸出/萃取/电积"工艺的最后一道工序,也是出产品的地方。因此,对该工序要求比较严格,在生产过程中,电积主要需要控制的工艺条件有:电解循环量、电流密度、电解液成分、有机夹带等。电积在保证阴极铜质量的同时重点应放在提高电流效率上,铁含量最好控制在3g/L以下。

　　堆浸厂 1994 年 8 月 4 日动工兴建,至 1996 年 7 月基本建成。1996 年 8 月至 1997 年 4 月对 1 号集液库和酸性水调节库进行防渗处理,1997 年 5 月 8 日进行喷淋浸出。同年 10 月 20 日萃取部分投料试生产,接着电积部分在 10 月 27 日开车,11 月 4 日产出第一批共 7.4t 阴极铜。

　　堆浸厂从投产至 2001 年 8 月共生产阴极铜 2228.8t,直接生产成本平均约 8600 元,取得了良好的生产效益和社会效益。

2.4.2　地下浸出法

　　地下溶浸技术是多学科交叉的综合技术,是地质、采矿、水文、化学、生物化学、湿法冶金、环境工程等多方面知识的有机结合,是矿石破碎技术、溶浸布液与收集技术、生物工程技术、矿石溶浸技术、金属提取技术及经济评价方法等的集成。地下溶浸分为原地浸出和就地破碎浸出两种。原地浸出是在不对矿石进行破碎的情况下,通过钻孔直接向矿体注液,然后从浸出点抽取浸出液。这种情况下,矿体应该有足够的孔隙和渗透能力,矿物与溶液能够充分接触,因而没有必要破碎矿石。随着矿物及脉石的溶解,还会产生更多的孔隙。但这种方式要求上部和底部的围岩不透水,适用的范围较窄。就地破碎浸出是预先对矿体进行处理,使矿体松动,改善溶液的渗透性,然后布置注液和抽液系统,通过注液和抽液循环进行金属的提取,这种方式适用的范围比原地浸出广。对矿体进行松动的方法一般是从表面钻孔以水压破碎矿石;从地表钻孔利用地下硐室进行爆破;从原有的地下坑道钻孔或重新掘进地下坑道钻孔,然后利用水压或爆破破碎矿石。在老矿山残留矿石中浸出时,由于以前采矿时都会有一些爆破带来的岩体松动,旧采矿区会有一些较大塌陷和断裂,溶液可直接送到塌陷区的表面或注入矿物所在的位置,同时还可利用地下开采的废石堆坝收集含铜浸出液。

　　地浸采矿是按一定配方配制的溶浸液,通过注液钻孔注入天然埋藏条件下的可渗透岩层,使浸液在矿石孔隙或裂隙内的渗透过程中与金属及其有用成分接触并进行溶解反应,生成含矿溶液,经向负压方向渗流从抽液孔被抽至地表,并输送到车间加工处理后获得金属产品的水冶流程。它使得一些用地采法开采不经济的矿床有了工业利用的价值,并能获得较高的经济技术指标。地浸采矿作为采矿工业一项十分先进的技术,已被世界大多数国家普遍采用,被誉为采矿史的一次重大技术革命。

　　地浸采矿的特点:

　　(1) 开采方法简单、工艺流程短。对天然埋藏条件下的矿体通过钻孔直接注入浸液进入矿体所在的疏松砂层,有选择性地浸出金属,并加以回收。因而采矿不需要投入采掘工程,无需运矿、碎矿、磨矿和固液分离,大大缩短了采矿工艺流程。

　　(2) 矿山建设周期短、基建投资少,劳动强度低、自动化程度高。地浸采矿只需对从地下泵上来的矿化溶浸液进行加工生产金属产品,自动化程度相对高。

　　(3) 生产效率高、资源利用充分。通过钻孔注入矿体所在的岩层的溶浸液,是在整个透水岩层内运移的,在对矿体中的金属进行浸出的同时,还会对岩层中分散的金属和表外低品位矿段中的元素进行浸出和回收。已有的矿山开采实践表明地浸开采的总回收率一般均较常规开采方法要高,许多情况下甚至超过 100% (相对于勘探计算出的储量而言)。

　　(4) 材料消耗少。由于地浸开采工艺流程短,不仅节省了大量的机械消耗材料,而且水、电、燃油等材料的用量也明显减少。

（5）环境污染小。一是放射性粉尘污染得到彻底改善；二是尾渣和废气的污染减到了最低程度；三是由于地浸溶液是在闭路管道内循环使用，其废水排放量显著减少。

2.4.2.1　基本原理与工艺流程

A　基本原理

地浸采矿基本原理与地表堆浸的原理一致，只是其浸出工艺和方法不同。

B　工艺流程

地浸采矿通常是通过地表不同种类、按一定网格组成的工艺钻孔（注液孔和与注液孔保持一定距离的抽液孔）系统来实现。实质在于使金属选择性地由原地转移到溶液中，再通过抽液孔将产品提升到地面，在地表工厂中回收溶液中的金属（图 2-37）。

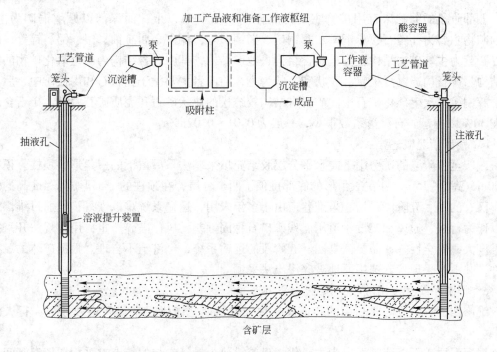

图 2-37　地浸采矿流程

整个系统可分为地下溶浸制液系统和萃取电积提取金属系统两部分。地下浸出制液系统负责提供合格的含金属浸出液，萃取电积提取金属系统负责提取成品电解金属。地下溶浸制液系统包括浸出剂的配制、浸出剂的输送、溶浸采场的浸出剂布液、含金属浸出液的收集及输送。提取金属系统主要包括萃取和电积系统。从采场溶浸得到的浸出液经萃取电积后即产出电解金属。

2.4.2.2　应用实例

A　柏坊铜矿就地破碎浸出采矿法残矿回收

水口山有色金属有限责任公司位于湖南省衡阳市，公司所属的柏坊铜矿目前已进入生产晚期，可供开采的地质储量非常有限，而在该矿的上部阶段存在大量的矿柱及分散难采小矿体，曾试图用分层崩落法回收矿房上部的三角顶柱，由于矿岩极不稳固，安全隐患大，未能实施。目前，上部阶段的开拓巷道破坏严重，恢复困难。因此，用常规采矿法回采这部分残矿往往经济上不合理或开采技术难度较大。为此，开展原地破碎浸出试验，以增加矿山可采地质储量，延长矿山寿命，保证矿山的可持续发展。

a 矿体及矿物概况

柏坊铜矿床的成因类型为中温热液和后期局部次生淋滤富集型，Ⅳ号矿体赋存在中炭壶天群与晚白垩红层不整合凹陷地段，并受"松散"层控制，为缓倾斜中厚矿体，矿体倾角26°，平均厚度为5m，矿石易结块，含矿少，持水性强，矿岩极不稳固，$f = 2 \sim 8$，矿岩密度为 $2.6 \sim 2.7 t/m^3$，松散系数为 $1.2 \sim 1.6$。矿体直接围岩是红层砾岩、泥质砂岩，层状致密。对5401残矿的矿石进行矿物分析，其成分由30%的泥质、20%石英砂岩、40%的砾岩、10%的铜矿物组成。砾岩成分主要为硅化灰岩、硅质岩、长石、石英砂岩等。

上部阶段的铜矿床有用矿物主要为氧化矿，占80%以上，而深部以原生铜矿为主，含铜矿物主要为孔雀石、赤铜矿、辉铜矿、黑铜矿等，伴生金属有铀、银、铋、锌等，脉石以石英为主。矿物结构主要呈包含结构、他形结构，其中包含结构为次生氧化矿物的特有结构。矿石构造以浸染状、胶状和环状为主，前两者主要见于孔雀石和褐铁矿中，后者见于辉铜矿等次生硫化矿石中。矿石有结构较疏松的块状矿石和泥质矿石两种，矿石含泥率在30%以上，矿石渗透系数很小，一般为 $0.01 \sim 0.02 m/d$。

b 残矿情况概述

在四至五阶段的矿房用下向水平分层胶结充填采矿法采后留下的三角形斜顶柱。顶柱长50m，高 $5 \sim 15m$，并在三角形的底部挑顶了两个分层，在顶柱的下部形成了4m高的空场。已有的四、五阶段开拓、采准巷道由于多年未用，运输系统难以恢复，但通过维修后可以作为行人、通风和架设管道用。残矿矿石稳固性差，风化破碎严重，用常规法开采技术难度大，安全性差，需要恢复四、五阶段的运输系统，经济上不合理。根据矿体的赋存条件，井下开采现状，选用原地破碎浸出法采铜。

c 喷淋系统和浸出液收集系统

维修四、五阶段需要利用的巷道及矿块天井，使之能满足架设管道及通风、行人的要求。

根据泥质矿石以液膜浸出为主，化学反应需要少量氧参与的特点，采用堰塘灌溉间歇式布液方式，以实现脉动浸出。在地面配制好的溶浸液，通过架设在地表钻孔中的管道输送到四阶段水平，用PVC管经输液短巷将溶浸液输送到堆场。

由于堆场底部为不透水的混凝土胶结层，矿体的顶、底板为渗透性很小的围岩，因此，在采场底部不需要设置专门的隔水措施。并且堆场底板从矿块两侧到中央天井具有 $10\% \sim 15\%$ 的坡度，已满足浸出液自流集液的要求。

采场爆破前，在拉底空间内铺设疏松物，以利浸出液的流动。在中央天井中敷设集液管和排泥管通达采场内。集液管沿中央天井架设到五中段沉淀池，排泥管沿中央天井架设到五中段淤泥堆场中。

d 爆破筑堆

爆破筑堆应满足安全要求，工人不能直接在较大暴露面下工作，爆破过程中尽量不出或少出矿石，考虑泥质矿石浸泡后有膨胀的特性，宜采用向补偿空间的自由爆破，以增加筑堆后的矿石的松散系数。

采用水平深孔装药向采场底部补偿空间崩落留矿筑堆法，即紧靠矿体的下盘掘进两个短凿岩天井，并在凿岩天井中打几排水平扇形深孔，以原矿房开采时已采下而未充填的空间作为补偿空间，向采场底部崩矿，一次分段将采场全部矿石崩落下来，如图 2 - 38 所示。

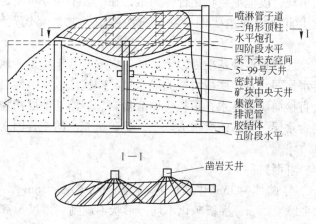

图 2 - 38 采场爆破筑堆示意图

e 环境保护与监测

由于堆场的周围分别为胶结充填体和透水性极差的围岩，因而有利于控制溶浸液扩散范围。但是，通往堆场的废旧坑道较多，应将这些废旧坑道密闭，对部分胶结质量较差的地段，应考虑用接液孔收集浸出液。对需要行人的巷道加强通风。在五、六阶段的巷道设置观测水点，对余酸超标的水要及时采取中和措施。

通过试验研究可知，柏坊铜矿的泥质铜矿石通过改善矿石的渗透性能，可以用原地破碎浸出法回收。然而，要实现工业生产，仍需对筑堆工艺、喷淋方法、浸出液的收集及防渗漏措施等作进一步的研究，并开展原生矿矿石的微生物浸出的机理与工艺研究，以解决大量硫化矿残矿的开采问题。

B 江西东同矿业公司原地破碎微生物浸出采矿

a 地质资源概况

东同矿业公司（原江铜集团东乡铜矿）。经长期开采，井下有大量的低品位矿石，主要集中在 1 号、5 号和 7 号矿体。仅以 7 号矿体为例，其平均铜品位为 0.73%，保有矿量 5350kt，折合铜金属约 40kt。7 号矿体由于矿体围岩不稳固，矿石破碎，安全隐患时常出现，属极难采矿体。矿石一经暴露便迅速氧化，又属难选矿石。目前该矿采用的传统采、选工艺，成本高、效益差，且富矿资源日益减少，矿山生产步履艰难，急需开发高新技术，开发利用低品位铜矿资源，延长矿山寿命，使矿山从根本上走出困境。

7 号矿体位于 67~83 勘探线之间，为次生富集硫化物矿体，品位较富，呈透镜体产于下石炭统梓山组上部的构造破碎带中。走向与地层一致，埋藏深度标高为 -20~ -250m。与 1 号矿体、5 号矿体不同，矿体分布范围不大，呈等轴状，厚度较大。产状及形态变化复杂，由于氧化淋漓作用，次生富集带的分带性明显。

东乡铜矿矿物主要有：黄铁矿、黄铜矿、辉铜矿、赤铁矿、含钨赤铁矿、白钨矿、赤铁矿等；次要矿物为白铁矿、闪锌矿、辉铋矿等；少量的有磁黄铁矿、方铅矿等。脉石矿物有石英、方解石、绿泥石等。黄铁矿出现在原生带和次生富集带的主要金属矿物，以细粒状和集块状为主，晶形完好，明显是在两个不同时代形成的，与铜成矿密切的是集块状的黄铁矿。黄铜矿为原生带主要金属矿物，常常与黄铁矿共生，出现在黄铁矿的晶隙中；在次生富集带少量出现，以他形粒状集合体为主，在矿区主要分布在 5 号矿体的原生铜矿带中。辉铜矿为次生富集带的主要铜矿物，属次生硫化物，交代黄铁矿、黄铜矿及斑铜矿。

矿区矿体几乎全埋藏在侵蚀基准面以下，矿区内仅有若干小溪，地表水对矿坑充水无直接影响。矿体富水性弱，直接底板可视为隔水层，间接底板富水性弱至中等，但无断层沟通时，一般不会直接向矿坑充水；顶板有碳酸盐岩、岩溶洼地堆积物和第三系下部砾岩等强和中等富水的含水层，与矿体有水力联系，是矿坑充水的主要因素。此外，断层能引起局部性突水。

b 采场位置与空间特征

试验采场位于 7 号矿体 –75m 中段，标高为 –60.3 ～ –38m 水平之间。矿体倾角 25°～40°，平均水平厚度 28m，底板矿化不均，形状不规则，顶板为富矿采空区边界。主要矿石类型有 2 种：靠近富矿采空区之贫矿为黄铜黄铁矿石，含硫较高，靠底板为矿化矿岩型黄铜黄铁矿石，矿体底板围岩为砂岩类砂质页岩。整个矿岩较破碎，构造层理发育，平均 7 条/m 左右。矿石一经暴露较易氧化，放热产生毒气，矿块温度较高。矿体富水性弱，间接底板富水性弱至中等。矿体 $f = 8 ～12$，围岩 $f = 7 ～9$，矿石密度为 $3.56t/m^3$，参加浸出矿量 $Q = 55955t$，含铜金属量为 359.8t。

矿块宽25m，最高21.7m，最低高度为6m，长24m，顶柱5m，底柱8m。东、西均为分段崩落法空场事后尾矿胶结充填采场，东部原充填到 –38m 水平，西部充填到 –46m 标高，试验采场爆破前补充充填至 –38m 标高。南部为有底柱分段崩落法空场，未充填，试验采场爆破前补充充填至 –46m 标高，北部为围岩实体；上部为有底柱堑沟结构分段崩落法采场，矿块上盘为分层进路充填法采场，相邻采场均已结束回采多年。

c 原地破碎爆破技术

（1）孔网参数及起爆时间优化。在 –38m 和 –54m 分段的砂岩型黄铜黄铁和黄铜矿体中，分别对炸药单耗、密集系数及毫秒差等参数进行正交优化。试验的结果为：砂岩型矿体炸药单耗 0.45kg/t，密集系数为 2，起爆微差为 50ms；黄铜矿体炸药单耗 0.50kg/t；其余同砂岩型矿体。

（2）设计凿岩爆破参数。炮孔为上向扇形，前、后排孔交错布置。砂岩型矿体：排距为 1.1m，最大孔底距为 1.9 ～2.0m，起爆间隔 50ms，补偿系数为 17%；黄铜矿：排距为 0.9m，最大孔底距为 1.8m，起爆时间为 50ms，补偿系数为 18%，孔径均为 φ56mm。

由于矿块含硫较高，为了防止炸药自爆事故，控制一次性装药量，实施小单元小补偿空间非电微差一次性点火复式起爆，使用 2 号铵松蜡柱状炸药，装药前对每个炮孔进行测温，温度偏高的后装药，并采取降温措施。试验采场分 3 个阶段 5 个小单元由上而下分次挤压爆破落矿。爆破中深孔凿岩总量为 10431.5m；炸药用量为 15890.8kg；导爆索用量为 11395m；毫秒雷管用量为 2142 发；导火索用量为 200m。爆岩块度 +400mm 占有率为

3.33%；200~400mm 占有率为 5.3%；-200mm 占有率为 91.37%；块度分布达到设计预期指标，完全能够满足浸矿技术要求。

d 布液与集液系统

采用井下露天化均点布液方案，布液巷设计在 -38m 水平及 -46m 水平顶盘，布液方式为喷淋-滴淋混合式，布液强度设计为 15~30L/(m²·h)；矿块布液面积设计为 900m²，-38m 水平布液巷道及联络道断面为 2.5m×2.5m，工程量为 166m，其中利用老巷道 88m。-46m 水平顶盘布液巷道及联络道断面为 2.5m×2.5m，工程量 75m，其中利用老巷道 39m。

矿块采用自上而下的上向扇形中深孔小补偿空间小单元挤压爆破落矿，在试验范围内形成溶浸矿堆；待浸矿堆上部采用井下露天化均点布液，下部对断层做注浆封堵处理，利用导流孔和收液巷集液，通过小天井至 -75m 水平的 79 线北穿脉即集液池，浸出液回收量大于 90% 以上。浸出合格液由泵扬送至 +15m 水平中转富液池，再经泵扬送至地面 SX-EW 处理，经处理后的萃余液自流至 +15m 标高中转配液池，加菌培养配置后自流至试验采场 -38m 及 -46m 进行布液喷淋浸矿，浸出的合格液通过 -75m 水平 79 线内循环泵再送至堆场喷淋降温浸矿。

e 萃取电积系统

细菌的初期培养由试验室完成。菌种主要采集于井下废巷的氧化铁硫杆菌与氧化硫硫杆菌。细菌通过直接作用以及其代谢产物 $Fe_2(SO_4)_3$ 与 H_2SO_4 复合作用于含铜矿石中，从而使矿物中的铜离子由固态相转化到溶液中去，完成浸出作业。含菌浸出剂与萃余液供浸矿作业，每天约 320m³ 从地面经总管、支管至各喷淋管。浸出液从堆底或导流孔汇入集液池。浸出液返回矿堆循环 2~3 次/d，保证含铜质量浓度 0.5g/L 以上，合格的浸出液经泵扬送至地表萃取厂原液池，自流进入萃取箱中。

萃取作业在混合澄清萃取箱中进行。设计采用 2 级萃取 1 级反萃 1 级洗涤。萃取过程中产生的絮凝物（第三相），用勺子捞取至盆中或池子中，经破乳、膨润土吸附处理后，将回收的有机相返回萃取箱，残渣外排。

由萃取厂房反萃后（富液）自流至电解供给液池，用泵扬送到电解槽进行电积，电解贫液返回用于反萃取剂，电解阴极铜含铜量达 99.97% 以上。

东同矿业公司就原地破碎微生物浸矿技术进行了全面、深入的研究工作，形成了具有国际先进水平的成套原地破碎微生物浸出采矿技术。进行了合理的劳动组织、工程设计和施工，并进行了技术经济分析。整个系统运行良好，达到了先进的技术经济指标，吨铜成本 10817.75 元，2006 年获直接经济效益达 140.91 万元。

2.5 金属矿山发展趋势

我国金属矿山发展已经取得显著成就，但总体水平仍然较低，近年来，发达国家的采矿装备发展迅猛，新产品、新技术不断涌现，采矿装备发展尤其迅速，正朝着以下几大方向发展：装备大型化、无轨化、自动化，生产集中化、高效化，复杂难采矿体、深部矿体开采安全化、高效化，矿山开采无废化、环保化，矿山开采数字化、智能化。

2.5.1 装备大型化、无轨化、自动化

大型化、高效化和自动化无轨设备是矿山设备的发展趋势。研制高效率大孔穿爆设

备，中深孔全液压凿岩机具，井巷钻进机械，以及铲运机为主体的装运设备，振动出矿和连续采矿及与之配套的辅助机械等系列设备，要求尽可能实现无轨化、高效化和半自动化、自动化。采矿激光测位装置，实现微机控制的凿岩台车，可自动清除车厢内黏结物的高效连续式装载和自卸式运矿列车及由微机控制的铲运机等将得到发展和应用。大型矿山将采用全盘机械化、高效率的大型设备，并实现遥控及自动化。

露天开采的大型设备发展趋势主要包括：

（1）钻机。国内重点冶金矿山穿孔设备牙轮钻机比例较高（占88%），钻孔直径以250mm、310mm为主。

（2）电铲。国内重点露天矿山主要以电铲为主，斗容最大为16.8m^3。首台斗容16.8m^3的RH-170液压铲已在司家营铁矿投入使用。

（3）矿用汽车。大型露天矿山汽车最大载重量已达到180t。

地下采矿装备的发展方向主要有三：一是装备无轨化、液压化、自动化程度高。先进的采矿装备已完全实现了无轨化、液压化。并采用了无人驾驶、机器人作业等新技术。二是装备技术性能成熟，可靠性高。国外矿山企业往往选用全球知名采矿设备专业厂家的产品，如采用世界有名的采矿设备厂家阿特拉斯公司、瓦格纳公司、GHH公司、艾姆科公司的产品。这些厂家的产品技术性能成熟，可靠性高，技术服务周到。三是装备配套，机械化程度高。国外先进地下采矿装备从凿岩、装药到装运全程实现了机械化配套作业。各种类型的液压钻车、液压凿岩机、柴油或电动及遥控铲运机是极普通的基本装备。

2.5.2　生产集中化、高效化

金属矿连续开采是以间断—连续崩矿为基础，以连续出矿、运矿设备为主体的连续开采作业线。我国在"七五"、"八五"、"九五"期间，在铜陵研究探索区域连续大量采矿工艺技术，提出以矿段为回采单元的连续大量采矿工艺模式，即"无间柱连续大量采矿"技术。

地下金属矿山连续开采主要包括：矿房的连续回采、矿体（床）的连续开采、矿石的连续运送及全工艺过程的连续化。即回采过程中落矿、出矿、矿石运搬工艺的连续作业化；井下矿石的转载、运输、提升等环节矿石的连续化；掘进、落矿、出矿、运搬、运输等全工艺过程的连续化。

规模采矿技术的核心是大直径深孔崩矿技术。VCR法、分段崩落法以及阶段崩落法、分段空场法、阶段空场法及其嗣后充填法都属于大规模开采方法。大规模开采的发展主要体现在以下两方面：首先是简化分段崩落法、大直径深孔空场法底部结构，增大结构参数以及采用低贫化放矿或无贫化放矿理论来改变典型的分段崩落法布置方案和传统的漏斗放矿理论；其次是设备的液压化、大型化、自动化，大直径深孔落矿空场法大孔径高压潜孔钻机、装药台车、高精度控制爆破器材、移动式液压破碎机、遥控铲运机、皮带运输机及大型地下矿运输汽车等在很多大型矿山得到了应用。

露天矿开采工艺更加成熟、运输方式多样化。（1）露天矿采剥方法多为陡帮开采，如组合台阶开采、高台阶开采、倾斜分条开采以及横采横扩等。同时采用分期开采、分区开采，尽可能地缩短建设周期，提高经济效益。（2）采矿工艺连续化、半连续化。国内矿山通过引进大型可移动破碎站—胶带运输装备，建成采场内可移动式矿岩破碎—胶带运输系统，标志着我国间断—连续开采工艺已进入世界先进水平。（3）可移动式破碎站。可移动式破碎站是汽车、破碎机和胶带运输机组成的间断—连续运输工艺的核心技术装备之一。随着开采深度的增加，破碎机组可以随时快速移动，保证汽车始终处于最佳运距下工作。

2.5.3 复杂难采矿体、深部矿体开采安全化、高效化

金属矿床赋存条件多变，不少矿床岩体破碎不稳固，或存在高地应力和地下水等不利因素，其开采技术条件复杂，采矿难度大，往往导致采矿效率低下、安全保障程度低、资源浪费严重、开采成本高。针对我国有色矿床复杂的开采技术条件，近年来通过产学研相结合，在复杂难采矿床开采技术方面将会取得很大进展。

深井采矿，技术界尚无明确的、统一的概念，一般把由于矿床埋藏较深而使生产过程出现一些在一般矿床开采时不曾遇到的技术难题的矿山生产称为深井采矿。目前我国通常将深度超过1000m的矿山开采称为深井采矿。许多金属矿山正在逐步进入深井开采，红透山铜矿、冬瓜山铜矿、凡口铅锌矿和金川镍矿等矿山的开采深度已接近或超过1000m。深部开采存在着高地应力、高井温等特殊的开采技术条件，使采矿作业遇到了一系列技术难题。高地应力还往往引发采场冒顶坍塌、巷道失稳和岩爆灾害，严重威胁人员、设备安全；井下高温损害工人健康，降低劳动效率，急剧增加通风成本。因而要求采矿工艺技术和机械设备能适应这种变化。通过国家科技攻关课题的支持，针对凡口矿深部难采条件开发的开采条件重构理论与技术、矿山安全保障理论与技术，为矿山深部开采提供了技术支撑。随着矿山开采的延深，采掘技术和矿山机械设备性能的提高，开采深矿床的矿山将会越来越多。

2.5.4 矿山开采无废化、环保化

矿山开采引发的生态环境问题已产生严重的危害，如破坏地表形态、植被、原始生态、水土流失、粉尘污染、滑坡、泥石流、尾矿库溃坝等，引起了全社会高度关注。矿山土地恢复和生态重建是21世纪的重要课题。在国外尤其是发达国家，对矿山环境都采用综合治理的措施，对矿山排出的废水、废气、废渣及粉尘、噪声等均有严格的技术标准，许多低品位的矿山，因环保治理费用太大，而无法建设和投产。尤其是固体废料的治理，对废弃的尾矿坝、废石场一般都采用覆盖的方式，上部再种上植物，进行绿化、复垦。

目前，矿区生态保护和重建技术迫切需要解决以下几个问题：（1）酸性矿山废弃物、酸性水污染防治技术；（2）边坡、排土场水土流失防治技术；（3）土壤重构和培肥技术；（4）复垦地貌恢复与景观设计。

充填采矿方法是近20年来发展最快的采矿方法，是适应各种开采技术条件，实现地下矿山无废料排放至地表的唯一采矿方法，也是深部开采首选的采矿方法。

充填采矿法的发展方向：向无轨机械化、回采连续化发展；新型充填材料、化学添加剂逐步扩大应用；充填设施、机械、监测仪表将不断更新；充填力学研究向现场连续监测与预报发展；充填模式向生态化、无公害化发展。

在国外强调建立无废料矿山和洁净矿山，我国南京栖霞山锌钼矿业有限公司和苏州吴县铜矿等也都基本上是无废料矿山。应用尾砂充填工艺进行矿床回采或空区处理可达到既

废物利用，又治理环境的双重目的，这也是治理尾砂造成的环境污染问题的总的趋势。现代充填采矿技术已将低效率的充填工艺改造成为大规模高效率的先进的采矿工艺。斜坡道与各种类型无轨采掘设备的应用，将使井下作业面貌进一步发生巨大变化。

2.5.5 矿山开采数字化、智能化

数字矿山（DM）是对真实矿山整体及其相关现象的统一认识与数字化再现，是数字矿区和数字中国的一个重要组成部分。其最终表现为高度信息化、自动化、高效率，以至实现无人采矿和智能采矿。数字矿山以高速企业网为核心，以矿山各个应用技术软件为工具，以高效、自动化的数据采集系统为手段，实现矿山产业的信息化、自动化和产业化。其建设涉及矿山的各个技术领域和生产、组织部门，是一项十分庞大而复杂的工程，数字矿山的实现还有相当长的时间，我国矿山企业应迎难而进，抓住机遇，有计划、有步骤地实现数字矿山的建设，使我国矿山产业走上一条可持续发展之路。

矿山智能化主要指的是在矿山数字化的基础上，实现采矿及有关设备的智能化，即采矿决策过程高度可靠、准确。矿山的数字化、智能化的研究将以单台设备的遥控化和智能化为基础，逐步发展形成矿山系统的智能化。尽管人们对数字化、智能化在中国矿山的实现还心存疑虑，但数字化、信息化的浪潮已极大地刺激了矿山，有些矿山已在这些方面取得了很大进展，不久的将来，数字化矿山将会在矿山变为现实。国外智能化技术的广泛应用及其所产生的社会经济效益的示范作用，将对那些有远见的矿山企业家产生巨大的影响，从而促进我国智能化矿山的早日实现。

3 选矿清洁生产技术

清洁生产是我国工业可持续发展的一项重要战略，也是实现我国污染控制重点由末端治理向生产全过程控制转变的重大措施。近几年来，企业参加清洁生产审核的数量呈上升趋势，企业和咨询机构在清洁生产审核过程中，如何判断一个企业或者一个项目是否达到清洁生产要求一直非常困难。国内选矿企业（如镍选矿企业）制订了一些标准可用于选矿企业的清洁生产审核和清洁生产潜力与机会的判断，以及企业清洁生产绩效评定和企业清洁生产绩效公告制度。

3.1 选矿行业清洁生产标准

3.1.1 指导原则

制订清洁生产标准的基本原则是：依据生命周期的分析理论，针对矿石进入碎矿作业区开始到排入尾矿库为止的全过程，从生产工艺及装备要求、资源能源利用指标、污染物产生指标（末端处理前）、废物回收利用指标和环境管理要求五个方面来考虑。

具体原则如下：

（1）符合清洁生产的思想，体现预防为主的原则。清洁生产标准完全不考虑末端治理，因此，污染物产生指标是指污染物离开生产线时的数量和浓度，不是经过处理之后的数量和浓度。

（2）符合产业政策和选矿行业发展趋势的要求。

（3）对难以量化的指标，不设定基准值，但给出明确的限定或定性的说明，力求实用和可操作；各项指标均选用选矿业和环境保护部门常用的指标，以易于企业和审核人员的理解和掌握。

（4）因选矿行业的企业规模和管理水平差异较大，各个企业的指标值均相差甚远，考虑到大多数选矿企业的积极性，基准值设定时考虑国内外现有技术水准和管理水平，并要有一定的激励作用，以及今后进行企业清洁生产绩效评定和公告制度，将标准划分为一级指标、二级指标、三级指标三个级别。

1）一级指标是指达到国际上同行业清洁生产先进水平。一级指标主要作为清洁生产审核时的参考，以通过比较发现差距，从而寻找清洁生产机会。国际先进指标采用公开报道的国际先进水平指标。

2）二级指标是指达到国内同行业先进水平。国内先进指标采用公开报道的国内先进水平指标。

3）三级指标是指达到国内一般清洁生产水平，即基本要求。清洁生产水平指标根据我国选矿行业实际情况及其有关的统计数据、按清洁生产对生产全过程采取污染预防措施要求所应达到的水平指标、结合前期清洁生产审核活动的成果综合形成。

同时，所有选矿企业的污染物必须达标排放。

3.1.2 编制清洁生产标准的方法

清洁生产标准的制订严格按照清洁生产的发展战略，以污染预防为主导思想，立足企业，以选矿为主线延伸，通过对产品生命周期的全过程考察，将污染物消灭在选矿生产的每一个可能环节中，最终确定从生产装备的先进性、资源能源利用的可持续性、污染物产生的最小化、废物回收利用的最大化和环境管理的有效性提出清洁生产要求，实现环境保护和可持续发展的目的。

3.1.2.1 生产工艺和装备要求指标的确定

由于我国现阶段选矿工艺和装备与国外领先水平还有一定差距，而选矿工艺与装备水平又决定了矿石的回收率、精矿品位以及能耗水平，因此，选矿的破碎机、磨矿机和过滤机效率等代表了选矿生产的装备水平，其先进性如何直接影响着生产的能耗、劳动生产率及生产技术指标等参数，从而决定了对环境产生影响的大小。选矿工艺先进程度、装备水平的高低以及整个设备配套程度对企业达到清洁生产要求起着至关重要的作用。经与行业专家商定，将生产工艺与装备要求作为清洁生产标准的一项指标。但因工艺与装备水平不易定量测量，考虑到选矿工艺与装备技术是朝着大型化、高效化、低能耗发展的趋势，在清洁生产标准中对其仅做定性描述。

3.1.2.2 资源能源利用指标的确定

资源消耗指标选择了选矿行业最常用的经济技术指标，选矿企业最大的环境污染问题是废水、粉尘、尾矿及噪声，因此选择了处理吨原矿新鲜水耗水量，新鲜水耗水量越大，废水产生量将越大，对环境危害也越大，另外还考虑了选矿回收率和精矿品位、单位电耗这三项指标。标准资源消耗指标的具体数值主要参照大型选矿厂近年统计数据［如镍矿选矿标准参照金川集团有限公司选矿厂能耗指标（表3-1）］，并将此统计数据稍作了调整作为标准的二级指标。

表3-1 2003年金川集团有限公司选矿厂能耗指标

指标等级	新鲜水用量/m³·t⁻¹	选矿回收率/%	精矿品位/%	单位电耗/kW·h·t⁻¹
二级	2.3	86.3	Ni≥7.4, MgO≤6.5	48

3.1.2.3 污染物产生指标的确定

污染物产生指标是清洁生产标准中最重要的指标之一，它直接与污染控制相关，选矿过程产生的污染物主要有废水、噪声、粉尘和废渣，结合选矿企业的实际情况，考虑到单纯的末端处理前的污染物产生指标按现有的选矿工艺流程很难确定，因此，仅提出固废浸出液含量作为末端处理前的指标，通过这一指标控制含金属污染物的最终排放，其他三项污染物产生指标分别为废水产生量、作业环境噪声、作业环境中空气中粉尘含量。选矿行业的废水最终以尾矿浆的形式排入尾矿坝不再回用，其吨产品排放废水量的多少，直接影响企业对水资源的消耗水平；考虑到选矿生产过程中在碎矿与筛分等工序产生噪声和粉尘的特点，将除尘和降噪措施均作为主体设备的一部分进行设计，这两项指标的确定是以达到国家作业环境的相关标准要求而提出。

3.1.2.4 废物回收利用指标的确定

选矿生产过程中，在选别（浮选、重选与电选等）和脱水（浓缩、过滤、干燥等）工序中均产生废水，废水中因含有金属离子和浮选药剂的成分，常见的有氰化物、黄药、黑药、松油、铜离子、锌离子、镍离子、砷、酚、汞等，直接排放将造成环境严重污染，因此，提出工业水重复利用率指标，通过提高废水回收利用率，降低新鲜用水量，同时降低对环境的污染。尾矿具有可回收利用的特点和价值，但由于选矿技术水平的限制，尾矿的再提取利用的难度较大，为了减少矿石开采对生态环境造成的危害，提出尾矿综合利用率指标，该指标值的确定是在考察了大型选矿厂的相关资料基础上进行了调整，目的是给同类企业提供动力，使其在思想和行动上有个努力的方向。选矿企业的尾矿排出后送尾矿制备工段进行分级，把粗砂部分作为井下采空区填料，而细粒（不能充填的尾浆）部分输送至专用尾矿库（坝）堆存，通过提高尾矿砂填充采空区，减轻矿山开采对生态环境的影响。

3.1.2.5 环境管理要求的确定

环境管理要求是一类定性指标，主要从遵守环境法律法规，开展清洁生产审核、生产过程环境管理制度是否健全等几方面考虑。生产过程管理制度主要从岗位培训、操作管理、生产设备的使用、维护、检修，生产工艺用水、用电管理，环保设施运行状况及标识管理和药剂制度，作业环境等方面都给出定性描述。选矿药剂因与矿石品位、添加的药剂种类（捕收剂、起泡剂、活化剂、抑制剂）、药剂用量、添加方式、加药地点以及加药顺序等密切相关，定出一个合理的定量指标非常困难，因此，这一指标只在生产过程环境管理要求里提出了定性的要求。

3.1.3 清洁生产标准经济分析、实施的技术可行性及可操作性

3.1.3.1 经济分析

标准的经济分析包括定性和定量要求。定性要求给出明确的限定或说明，对选矿过程提出工艺和设备上的要求。定量要求指标用数值表述，如选矿回收率、新鲜水用量、精矿品位、电耗，废水产生量等，这些指标是选矿行业内部通常考核的经济指标，由于选矿行业没有相应的排放标准和准入条件，考虑到目前选矿行业均执行相应国家标准的现状，标准指标应对比《污水综合排放标准》（GB 8978—2002）、《大气污染物综合排放标准》（GB 16297—1996）中相应的标准值，并进行计算而确定。因此，它不仅不会给企业增加任何经济负担，而且有了这些指标考核有助于企业的管理与减污增效。因此，清洁生产标准在实施上在经济方面是可行的。

3.1.3.2 实施的技术可行性

清洁生产标准的提出从环境保护的角度出发，立足企业，各项指标数值的确定应参考选矿行业的技术经济指标，实现这些指标并不是高不可攀，但也不是轻而易举，其技术难度不大，只要企业经营和管理达到全国平均水平，均可达到三级要求。清洁生产标准在实施的技术上是可行的。

3.1.3.3 实施的可操作性

为使清洁生产标准实施具有较强的操作性，既不让企业高不可攀和望而生畏，又能使

所有的选矿企业在做出一定努力后能够达标，应通过与大型选矿企业选矿方面的行业专家进行会谈，并对国内外的一些企业进行了咨询，搜集国内生产企业和国外较知名的生产企业的详细情况和达标情况统计。

3.2 碎磨过程的清洁生产技术

选矿过程有两个基本作业，即有价矿物与无用的脉石矿物的解离（或称单体分离）与有价成分与脉石的分离（或称富集）。有价矿物与脉石的单体分离是通过粉碎过程实现的，该过程包括碎矿，有必要时包括磨矿，使产品达到一定颗粒大小，成为相对纯净的矿物和脉石颗粒的混合物。合理的解离度是选矿成功的关键。有价矿物必须从脉石中解离，但只需单体分离即可。矿石过粉碎是浪费的，因为不必要地消耗了磨矿电能并使有效回收更加困难。

根据瑞典研究组织 RMG 的资料，2005 年世界矿山冶金公司的基本投资为 1370 亿美元，在这些企业中，加工铜矿石和含金矿石的企业占出了这笔投资的一半左右。根据许多专家的评价，世界能源的 10% 以上花费在破碎和磨矿的矿石准备过程中。碎磨工序的基本投资占开采和选矿投资的 65% ~ 70%，而碎磨工序的生产费用占矿山矿石运输和选矿的总生产费用的 80%。由于进入加工和选矿中的贫矿数量与日俱增，在能源价格不断增加的条件下，为了提高或保持矿山选矿和冶金企业的利润和竞争能力，应该关注碎磨过程的节能和清洁生产。根据对采选企业矿石基地现状和前景的评价以及最近 30 ~ 40 年期间矿石准备的技术和设备发展的趋势分析，可以认为 21 世纪矿石准备的两种技术——半自磨、标准的阶段破碎和磨矿会得到不断地发展。用圆锥破碎机预先破碎或再破碎的矿石半自磨及高压辊磨技术将占优势。与半自磨工艺的竞争将是最后阶段包括超细破碎设备的标准破碎技术，这样的设备将利用高压辊磨机和惯性圆锥破碎机，它们可以在物料层中实现碎解。

矿石准备企业为进行堆浸和电解，必须得到粒度 −3mm 的产品，目前正通过应用惯性圆锥破碎机以及冲击式破碎机寻求自己的发展。在现有选矿厂中，在可预见的期间，都始终保持着完善主要矿石准备企业的趋势，其目的在于利用细碎设备——现代干式和湿式破碎机、冲击式破碎机、惯性圆锥破碎机以及高压辊磨机等来降低费用。

3.2.1 多碎少磨技术

众所周知，磨矿碎矿工艺中电耗占整个生产综合电耗的 70% 左右，而磨矿的效率远低于破碎的效率，且磨矿的单位能耗又远高于破碎的单位能耗。在实际生产中磨矿的成本是破碎成本的数倍之多，因此要降低矿物加工作业的费用、降低能耗与材耗，首先要降低磨矿费用。降低磨矿费用的最有效的途径就是通过降低磨矿的给料粒度，即降低破碎产品最终粒度的办法来实现"多碎少磨"，从而使总的粉碎（包括碎矿和磨矿）费用大幅度下降，最终提高选矿效率和效益，实现增产节能。

破碎和入磨粒度与单位产品的能耗在图 3 – 1 中曲线表

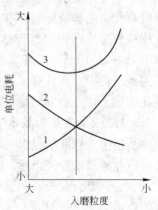

图 3 – 1　破碎和入磨粒度与
单位产品能耗关系

示，曲线 1 为破碎机单位产品电耗，它随排料粒度减小而增加；曲线 2 表示为磨矿单位电耗，它随入磨粒度减小而降低；而曲线 3 表示为综合电耗近似于抛物线。由此可见，在一定的工况条件下，一定有最佳的入磨粒度，此时综合能耗最低。

完善矿石准备工艺的基本方向是分段破碎和用钢介质磨矿和半自磨，前者已在现行企业现代化改造时优先实现；后者则是在新建设中，尤其是在处理含有高含量粉末和水分的黏性黏土质和难输送的矿石时得以实现。国内外机器制造公司制造了一系列结构完善的破碎设备。

OM3 破碎公司破碎细磨设备公司多年生产 Cаймонс 型偏心式破碎机，制造了新一代 КМД2200Т5 和 КМД2200Т6Д 破碎机，第三段和第四段开路破碎的粒度分别为 16（18）mm 和 14（16）mm，其生产率比目前俄罗斯采选企业工作的破碎机提高 1.6 倍，1t 矿石的电能消耗降低 20%。新破碎的技术经济指标按广告资料与国外类似产品的相当。第一台试验破碎机 КМД2200Т6－Д 从 2005 年初已开始在米哈伊洛夫斯克矿冶公司工作，每昼夜处理原矿约 6000t。细碎和中碎的新破碎机三台 КМД2200Т6Д 破碎机和两台 КСД2200Т－ДМ 破碎机可以使破碎磨矿车间现代化，提高产品产量，显著降低成本。这些破碎机的开发经验引起了专家和其他企业的注意。卡契卡纳尔采选公司近两年打算投资 5000 万卢布用于破碎厂的技术革新和现代化。不久前已在破碎厂安装了 OM3 破碎磨矿公司细碎的新型圆锥破碎机，还计划安装 6 台该型号的新破碎机，这样就可提高破碎厂的生产能力。

目前 OM3 破碎磨矿公司正参与北方采选公司和中部采选公司（乌克兰）破碎工艺线的现代化计划以及一些俄罗斯企业破碎厂技术现代化计划，如磷灰石公司、卡列尔球团矿公司和斯托依连采选公司。

美国 Metso 矿物公司研制和批量生产了一系列 GP、MP 和 HP 型新结构的破碎机，用于最后一段破碎，其特点是在高生产能力下具有高破碎比。根据广告资料，当 MP1000 型破碎机在破碎产品粒度 －16mm 时，其生产能力为 2135mm 长的老破碎机的两倍，它可以用来代替圆锥直径 2135mm 的西蒙斯破碎机，而不必改建基础。该破碎机装配有自动控制和操纵系统，很容易建立破碎厂的 АСУТП 系统，在 2002～2004 年期间，HP 和 MP 破碎机的资料已列入 18 个企业中。用 MP1000 破碎机代替结构过时的西蒙斯破碎机可使美国布优特选厂磨矿生产能力提高 37%。

Sandvik 公司表示可以提供新型的现代化的 Hydrocon1000 系列破碎机，近年仅在智利和阿根廷就安装了 31 台 H8800 型破碎机，这些破碎机大部分由中国的矿山企业购买，自 1998 年以来那里已有 70 多台各种尺寸的 Hydrocon 破碎机在工作，从 1000 系列扩大为 H8000 型，打开了大的突破口。基于开发 Superior 圆锥破碎机的经验，Svedala 公司研制了 H8000 型破碎机，其中液压系统的油压不超过 5MPa，破碎机安装了排矿口的液压调节系统，Hydroset 破碎机的圆锥、衬板和电动机实现了现代化。破碎腔的参数可根据给矿的具体条件和对破碎产品的要求改变，电动机功率达 600kW，这样就可使它与 Metso 矿物公司最强大的破碎机竞争。

3.2.2 破碎过程的强化技术

破碎是指用外力克服固体物质点间的内聚力而使大块固体物分裂成小块的过程。破碎又可分为粗碎、中碎和细碎三类。破碎的目的包括：

(1) 使固体矿物的容积减小，便于运输和储存；

(2) 便于物料的均化，提高物料的均匀性；

(3) 降低入磨物料的粒度，提高磨机产量，降低粉磨电耗；

(4) 为固体废物的下一步加工做准备，增加物料的比表面积，提高烘干效率。

3.2.2.1 粗碎及设备

所谓粗碎通常就是指物料被破碎到100mm左右，而在粗破碎工艺当中，应用最广泛、最普及、效果最好的应当是新型圆锥破碎机。

采用新型圆锥破碎机可以提高破碎效率，实现"多碎少磨"，一直是选矿行业节能降耗努力的方向。传统圆锥破碎机存在着单机产量低、能耗高、细粒级含量低等不足之处。

圆锥破碎机工作原理：圆锥破碎机工作时，电动机的旋转通过皮带轮或联轴器、圆锥破碎机传动轴和圆锥破碎机圆锥部在偏心套的迫动下绕一周固定点作旋摆运动（图3-2），从而使破碎圆锥的破碎壁时而靠近又时而离开固装在调整套

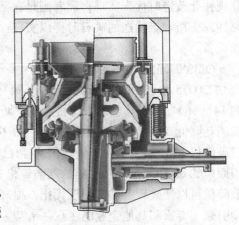

图3-2 诺德伯格西蒙斯圆锥破碎机

上的轧臼壁表面，使矿石在破碎腔内不断受到冲击、挤压和弯曲作用而实现矿石的破碎。电动机通过伞齿轮驱动偏心套转动，使破碎锥作旋摆运动。破碎锥时而靠近又时而离开固定锥，完成破碎和排料。

2001年，Nordberg（诺德伯格）和Svedala（斯维达拉）合并成为Metso Minerals（美卓矿机），其生产的Nordberg HP系列圆锥破碎机采用现代液压和高能破碎技术，破碎能力强，破碎比大。HP型圆锥破碎机通过采用大破碎力、大偏心距、高破碎频率以及延长破碎腔平行带等技术措施，改进了传统机型的不足。鞍钢调军台选矿厂、齐大山选矿厂、太钢尖山选矿厂、包钢选矿厂、武钢程潮选矿厂、马钢凹山选矿厂等引进使用了该设备，最终入磨矿石粒度达到-12mm粒级占95%，-9mm粒级占80%。

包钢碎矿系统用1台HP800圆锥破碎机代替3台破碎机（1台西蒙斯，2台PYDφ2200mm），将三段一闭路破碎流程改造为二段一闭路流程，在不降低产品粒度和处理量的情况下，节电效果十分显著，见表3-2。

表3-2 包钢磁矿系统改造前后碎矿设备对比结果

对比项目	改造前	改造后
中碎	PYDφ2200mm，2台，280kW	PYDφ2200mm，2台，280kW
细碎	PYDφ2200mm，4台，280kW	PYDφ2200mm，2台，280kW
闭路细碎	7in西蒙斯，1台，400kW	HP800圆锥，1台，600kW
筛分	2400×6000，5台，30kW	2400×6000，5台，30kW
运行设备电动机功率	2230kW	1870kW（360kW）
系统处理量	1000~1200t/h	1000~1200t/h
筛下产品粒度	-15mm占85%~86%	-15mm占85%~86%

国内许多黄金矿山采用 Nordberd 细碎圆锥替代传统的短头型圆锥。此外，Sandvik 公司的圆锥破碎机在我国应用也取得了较好的效果。

3.2.2.2 细碎和超细碎及设备

所谓中碎通常就是指物料被破碎到 100～30mm 左右，而所谓细碎通常就是指物料被破碎到 30～3mm 左右，而在中碎、细碎工艺当中，应用最广泛、最普及、效果最好的应当是高压辊磨破碎机。

在闭路中利用新型破碎机可以获得粒度为 −10(12)mm 占 80% 的产品。由于进一步减小破碎粒度，就会增加循环负荷和降低破碎回路生产能力。具有实际代表意义的是由联邦德国生产的高压辊磨机。在高压辊磨机中破碎产品的特点是粒度降低，细粒级含量高，破碎矿块中的裂隙率高。不仅可以使随后磨矿时球磨机体积减小 30%～50%，而且在许多情况下保证了矿物较好的解离。

德国洪堡公司研制的高压辊磨机（图 3−3）是进一步降低入磨粒度的有效措施，智利洛斯科罗拉多斯铁矿安装了洪堡公司的 1700/1800 型高压辊磨机，运行结果表明，辊磨机排料平均粒度为 −2.5mm 粒级占 80%，辊磨机可替代两段破碎，如果不用辊磨机，当处理量为 120t/h、破碎粒度 −6.5mm 时，需安装第三段（用短头型圆锥破碎机）和第四段破碎（用 Cyradisk 型圆锥破碎机），同时，用辊磨机将矿石磨碎到所需细度的功指数比用圆锥破碎机时要低，其原因有两个方面：一方面是前者破碎产品中细粒级产率高；另一方面是其中粗颗粒产生了更多的裂隙。

图 3−3　德国洪堡公司研制的高压辊磨机

a—高压辊磨机外形；b—挤压辊；c—挤压辊表面形状；d—产品粒度分布

高压辊磨机主要由以下部件组成：两个水平安置且相向同步旋转的挤压辊装置组成挤压副，其中一个为固定辊，另一个通过液压系统给液压缸提供的压力推动活动辊前后小幅度移动；辊子和轴承系组成的两套挤压辊装置，通过导向装置分别安装在框型结构组成的机架上；每个挤压辊都有自己独立的结构相同的传动装置，并通过万向联轴器、液力偶合器或安全离合器及行星齿轮减速器组成的传动系统将能量传递给辊子，物料通过可调式给料装置进入两辊间的料腔。中央自动润滑系统向设备中的各轴承系统提供润滑脂。其技术先进性主要体现在以下几个方面：

（1）单位粉磨能耗低、生产效率高。由于高压辊磨机充分利用了层压破碎工作机理，其能量利用率很高，与常规挤压式超细碎破碎机和磨机相比，粉碎概率和粉磨特性大为改善，主要是颗粒间接触点多且作用力强。粉磨能耗比其他磨碎过程显著降低，产品中含有较多达到最终磨碎产品粒度要求的粒级。多数矿石的单位粉碎能耗约为 0.8 ~ 3kW·h/t。同高效后续设备或高效分级机配用时，总粉磨能耗可降低 30% 左右，系统产量提高 25% ~ 50%。

（2）可处理水分含量高的物料。常规细碎或粉磨工艺粉碎湿料必须先将物料干燥，或采用湿法磨碎。干燥是一种消耗大量能源的工艺，而湿法粉磨产品需沉淀和过滤。但对于高压辊磨机来说，辊压的物料中最好含有一定水分（小于 10%），不仅可以形成较好的自生式辊面料垫，而且提高了挤压辊的工作寿命。目前采用的硬质合金柱钉辊面不仅磨耗极小，而且辊面寿命可达 7000 ~ 30000h。

（3）提高后续作业的产品品位和回收率。高压辊磨机容易产生间晶破裂，减少穿晶破裂。在高压作用下粒群内的物料颗粒内部以及在矿物与周围的废岩的界面之间产生数值不等的局部压力，颗粒中各成分承受这些应力的能力，决定它遭到粉碎或是仅发生变形。在处理金刚石时，坚硬的金刚石矿物承受这些应力而周围的岩石被粉碎。在处理金矿时，周岩遭到粉碎，而金矿物基本完整或产生少许变形。对于硫化矿或金属矿，由于各矿物成分的性质差异而沿界面发生粉碎，提高了矿物的解离度。在渗出作业，颗粒表面和颗粒内部的裂纹和裂缝使渗出液能够渗入，从而提高产品品位和有用矿物回收率。

（4）占地面积少，土建投资省。高压辊磨机由于结构紧凑，设备质量小，外形尺寸小，其安装位置占地面积少。由于粉磨作用主要发生在两个辊子之间的相互挤压下，产生的挤压力主要靠机架承担，对基础的载荷较小，因此同磨机等设备相比，可节约大量基础投资。

（5）生产环境好。从高压辊磨机的工作原理可以看出，由于利用层压破碎机理，物料被封闭在辊子和给料装置的密闭空间内，靠静压破碎，一般不会产生冲击和物料飞溅，所以设备的振动和噪声较低，改善了工人的工作环境。

成功应用高压辊磨机的矿石选矿厂已有 10 个企业，其中有苏霍伊洛格公司的三个大型工厂——Boddington 金矿（35000kt/a，澳大利亚）、米哈也夫斯克铜矿（25000kt/a，俄罗斯）和 RubyCreek 钼矿（5000kt/a，加拿大）的选矿厂已使用高压辊磨机。高压辊磨机除了大大降低能耗以外，与最大的半自磨机的生产能力相比排矿能力更高，例如在 Sierrita 铜选厂（美国），Krupp Polysius 公司的生产能力达到 1800t/h，可与 Cadia 金选厂（澳大利亚）尺寸为 12.2m×1m 的半自磨磨机的排矿能力（1900t/h）相近，与最大规格的振动筛相结合后，三段破碎加球磨的基本投资与半自磨工艺的相近。Boddington 选矿厂两个矿石准备方案的技术经济比较表明，高压辊磨方案的基本投资比半自磨与球磨及临界粒度物料破碎相结合的方案要低 50%。必须指出，根据最近的报告，高压辊磨机的给矿应该是中碎闭路循环的产品，遗憾的是它大大加重了矿石准备的技术困难，还增加了投资成本。

能使产品粒度降低到 – 3（6）mm 所用的非常有前景的破碎机是米哈诺布尔技术公司的惯性圆锥破碎机，它与西蒙斯型破碎机相比有以下明显优点：破碎腔的独特形式保证了破碎机在堵塞下工作而不必设置分流给矿机；破碎产品的粒度决定于所调整的粉碎力；破碎比比已知的圆锥破碎机大 1.5 ~ 2 倍；由于是软性振动所以不需建整体基础；非破碎体楔入破碎腔中不会导致传动装置零件过载；可以遥控调整排料口尺寸。

根据最近的资料，仅在中国就有 10 多台各种规格的 КИД 破碎机在应用。保加利亚阿莎莱尔公司在开采和加工铜矿石时购买 КИД – 600 破碎机以对第二段球磨机砾石进行再碎。原矿给矿粒度为 – 30 + 7mm 时，在湿式制度下破碎，当生产能力为 20t/h 时，得到的产品粒度为 – 3mm 占 95%，破碎机设备流程如图 3 – 4 所示。

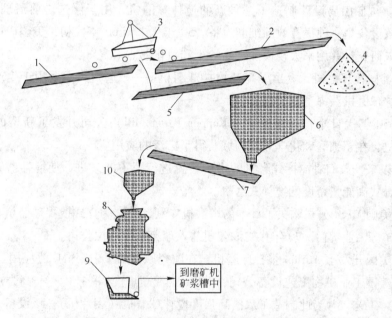

图 3 – 4　应用 КИД – 600 破碎机的工艺流程

1—砾石块集矿运输机；2—将砾石块送入料场的应急给料输送机；3—带式捕铁器；
4—砾石块应急露天堆场；5—将砾石块送入给料槽中的给料输送机；6—容积 20t 的储料槽；
7—能调整皮带速度的带式加料机；8—КИД – 600 破碎机；9—泵槽；10—中间矿槽

由于铁矿石坚硬难磨，高压辊磨机应用于铁矿石领域一直是空白，东北大学对高压辊磨机应用于铁矿石领域进行一系列的实验室实验，理论分析及中间实验后，成功地在黑鹰山铁矿及棒磨山铁矿进行了工业性实验，实验证明，采用高压辊磨工艺粉碎铁矿石比传统粉碎工艺节省能耗 3144kW·h/t，系统生产能力增加 20% ~ 30%，由于高压辊磨机实施的是料层粉碎，辊磨过程的钢耗极低。

3.2.3　磨碎过程的强化技术

3.2.3.1　磨矿及设备

磨矿是碎矿的继续，它不仅使矿石的几何尺寸进一步减小，更重要的是使欲回收矿物单体解离，为下一步分选准备粒度合格物料。

磨矿与粉碎的主要区别是磨矿介质在粉碎矿石时可互相接触，而粉碎机的粉碎介质则不能。

磨碎的特点：磨矿介质是磨碎过程中非常重要的部件，依靠它的运动对矿石进行冲击、磨剥等，从而使矿石粉碎。粉磨又可分为粗磨、细磨、超细磨三类，其粒度级别为0.1mm 左右、60μm 左右、5μm 以下。而在磨矿技术当中，应用最广的新技术为搅拌磨和自磨机。

A 搅拌磨

搅拌球磨机 Attritor 最早是由安德鲁·石瓦瑞博士（Dr. Andsew Segvari）于 1988 年发明的。

1939 年美国矿山局设计制造了一种新的搅拌球磨机，用于浮选之前清理矿物表面，使用中发现该设备是一种很有效的细磨设备。50 年代末至 60 年代初，美国矿山局对该设备进行了深入研究，并用来大规模加工高岭土和氧化铋。

1948 年美国杜邦公司开发出了高速搅拌球磨机——砂磨机，主要用于生产油漆工业颜料，使搅拌球磨机获得了重大发展。

20 世纪 50 年代日本科波塔磨机（Kopper Tower Mill）公司开发了新型的搅拌球磨机——塔磨机，在超细磨和化学处理领域获得了广泛的应用。

70 年代以来，人们对搅拌式磨机的排矿装置进行了不断改进，使搅拌器转速不断提高，产生了卧式高能量密度的搅拌式磨机。

1979 年美国 MPSI 公司购买了日本的塔磨机专利，称之为立式搅拌球磨机，并应用于铅锌矿、金矿等工业部门。90 年代初该公司并入瑞典斯维达拉公司。

80 年代美国开发了 Attritor 搅拌球磨机，在陶瓷原料加工中获得广泛应用。

90 年代美国工业矿物工艺设备公司（IMPEX）发明了专利技术——高强度超细搅拌球磨（剥片）工艺，并为此制造了双槽高强度搅拌球磨机（剥片机）。该设备采用方形断面的立式槽体，具有搅拌速度高、超细磨效率高、生产能力大、可连续生产等优点，是一种有广阔发展前途的新型高效超细磨设备。

自 80 年代后期以来，我国开始引进国外搅拌球磨机，北京矿冶研究总院引进了美国联合工艺公司 200 - SL 型搅拌球磨机，并参照该设备研制了 SJ - 90 型搅拌球磨机。郑州东方机器厂也研制了类似的 ZJM 型搅拌球磨机等。

长沙矿冶研究院从 70 年代末就着手立式螺旋搅拌磨机的研制，80 年代先后研制了JM -230 型、JM -260 型以及 JM -460 型立式螺旋搅拌磨机；1989 年 12 月 JM -500 型干式立式螺旋搅拌磨机通过了湖南省科委组织的鉴定；1990 年 JM -1000 型湿式立式螺旋搅拌磨机通过了原冶金工业部和国家黄金管理局组织的鉴定。

搅拌磨的代表是 Attritor，至今所有的搅动式的介质研磨，均渊源于此。1946 年，石瓦瑞创办了 Union Process Inc.（联合工业公司）。经过半个多世纪的发展和研究，UP 公司的 Attritor 已经成为一种非常有效率，而又具有多元功能的研磨器械（图 3 -5）。

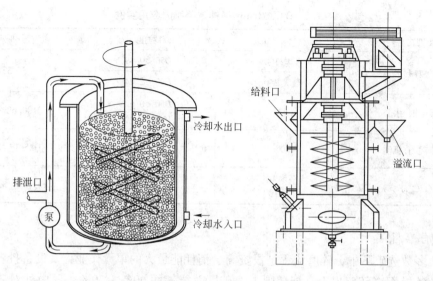

图 3-5 搅拌磨

虽然有很多不同类型的 Attritor（如批量式、连续式以及干磨式、湿磨式等），但其基本原理是相同的，均是在一固定的研磨槽体内，加入研磨介质和被研磨的物料，以中心轴、臂快速转动而达到研磨、粉碎的功效。搅拌臂端的线速度约为 3~5m/s，高速的 Attritor 比此速提高 3~5 倍。由于结合了速度和质量，该设备产生出极具威力的冲击和剪切，这种动量、冲量的结合有效地促使分体粒径缩小，达到高的粉碎效果。

这是一个非常重要的节省能源的设计原理，使得所耗能量绝大部分用在直接搅动介质以达成研磨功效，而非虚耗能源在转动或振动巨大沉重的研磨筒体。美国犹他大学的研究结果表明，在相同的给料粒度下，振动磨、球磨和搅拌磨在 100kW·h/t 的能量输入下，产品的平均粒度分别为 6μm、4.9μm 和 2.1μm。

由美国 D. M. Stecrand 磁性材料公司所提供的铁氧体粒度分布曲线如图 3-6 所示。

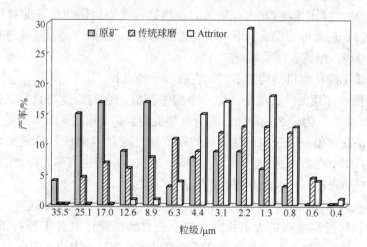

图 3-6 铁氧体粒度分布曲线

Attritor 搅拌球磨机的应用实例见表 3-3。

表3-3 Attritor搅拌球磨机的应用实例

处理物料	进料粒度/μm	出料粒度/μm	型号/时间
钛酸钡/水	平均100	$D50 < 0.49$	Q25/36.33min
	最大250	$D90 < 2.74$	
氧化镍/水	43	$D50 < 0.62$ $D90 < 1.36$	Q100/62min
醋酸铜/有机油	200	$D50 < 4.0$ $D90 < 8.5$	Q25/14min
石墨/水	平均10 最大100	$D50 < 0.4$ $D90 < 2.2$	HQ10/4.5min

B 自磨机

在大多数选矿厂中，碎磨流程是投资高、消耗能量大的单元作业，其设备投资占选矿厂全部设备投资的50%以上，能耗则占选矿厂总能耗的60%~70%。国内外对碎磨流程进行了大量的研究，破碎—棒磨—球磨流程、破碎—球磨—球磨流程、破碎—棒磨—砾磨流程、破碎—单段球磨流程、单段自磨流程、自磨—球磨流程、自磨—球磨—破碎流程、自磨—砾磨流程、单段半自磨流程、半自磨—球磨流程、半自磨—球磨破碎流程等都应用于生产实践。

20世纪80年代，随着自动控制技术的发展，国外新建或改建的选矿厂碎磨流程开始考虑半自磨—球磨流程。此后十九年，半自磨—球磨流程成为应用很广的碎磨流程。

自磨是将块度很大（一般最大块度可达300~500mm）的矿石直接给入到自磨机中，当磨矿机运转时，由于不同块度的矿石在磨矿机中被带动也产生与在球磨机内相近似的运动。这样一来，自磨机内的矿石彼此强烈的冲击、研磨，从而将矿石粉碎。不同之处在于自磨机中不另外加入磨矿介质（有时为了消除难磨粒子而加入少量介质），而是靠矿石本身的相互冲击、磨剥而使矿石磨碎，所以称之为自磨。

自磨矿过程中物料的运输方式有靠风力运输、靠水力运输两种，前者称为干式自磨（或气落式自磨），后者称为湿式自磨（或抛落式自磨）。自磨产品也需要进行分级，干式自磨采用风力分级，湿式自磨采用湿式分级。

自磨机与球（棒）磨机的构造不同，它有以下特点：

（1）自磨机的直径大、长度小，像一个偏平圆鼓。它的长度与直径之比（L/D）一般在0.3~0.35左右。为什么这样呢？因为自磨机的磨矿介质是矿石本身，为了防止在磨矿过程中产生矿石"偏析"现象而使磨机效率下降。所谓"偏析"就是大块矿石集中在一端，小块矿石集中在另一端。当然，球（棒）磨机中矿石也有不同程度的"偏析"，但因其靠金属介质磨碎矿石，因此对磨机效率影响不大。

（2）自磨机筒体两端中空枢轴的直径大，这样才能与自磨机给矿块度大相适应。

（3）自磨机衬板与球磨机大不相同。如干式自磨机筒体装有T形衬板，即提升板，其作用有二：一是提升矿石，因为自磨机给矿块度大，为防止大块矿石向下滑动，所以提升板要有一定的高度，两提升板之间的距离以能容下最大矿石为准，一般为350~450mm；二是起撞击大块矿石的作用。

湿式自磨机筒体衬板中央向下凹。这样是为使物料向磨矿机中央偏积，借以防止磨矿机中产生的物料粒度析离，因为湿式自磨机中小流向排矿端流动，其冲携矿块的力量比干式自磨机气流的冲携力量大。

干式自磨与湿式自磨的共同点：给矿粒度大，破碎比大，可达 100 ~ 150 左右；可以简化破碎磨矿流程、节省设备、节省基建投资，并且生产管理费也较低。它们各有优缺点，究竟采用哪种自磨方式为好，应根据具体条件来确定。

干式自磨的优点是：生产能力较湿式自磨高、不需要水力运输，这对于干燥缺水地区或天寒易冻地区，应用干式自磨就更为合适。干式自磨比湿式自磨的衬板磨损较轻。

干式自磨的缺点是：对于含泥高、水分大（大于 4% ~ 5%）的矿石必须进行干燥，因此在我国南方都不宜采用干式自磨。另外，干式自磨是靠气流运输、风力分级，因此系统的耐磨、防尘及动力消耗等方面的问题较大。

湿式自磨的优点是：除少数较硬的矿石外，绝大多数金属矿石，尤其是密度较大的铁矿石，都可应用湿式自磨。湿式自磨的能耗也低于干式自磨，其分级系统及辅助设施比较简单，湿式自磨作业不产生粉尘，对环境污染小，其投资也低于干式自磨。

湿式自磨的缺点是：生产能力较低，衬板消耗较多，对于较硬的矿石，要考虑消除"顽石"（难磨粒子）积累的措施。

国内外大型液压机械和自磨、半自磨技术正在逐渐推广应用，这使粉碎流程简化，效率提高。如美国皮马和加拿大洛奈克斯选矿厂采用自磨后，将粗碎产品 200mm 左右的矿石直接给到 ϕ9.6m 大型自磨机，使传统的三段破碎和两段磨矿流程大为简化。

自磨和半自磨工艺与常规碎磨工艺相比较，具有流程简单（只需一段粗碎或者根本不需要破碎）、厂房占地面积小、操作人员少、不受矿石水分的影响、单系列处理能力高，衬板和介质钢耗较少等优点，适用于大型矿山企业的选矿厂。缺点是粉碎效率较低，单位电耗较高。综合来看，自磨和半自磨工艺的优越性是主要的，缺点完全可以由其优点来弥补。表 3 - 4 是长沙冶金设计院对昆钢大红山铁矿分别采用"半自磨 + 球磨"与"常规碎磨"工艺方案对比的结果。

表 3 - 4 "半自磨 + 球磨"与"常规碎磨"工艺方案对比的结果

项目名称	半自磨 + 球磨	常规破碎	比 较	金额/万元
流 程	一段粗碎	三段破碎		
	半自磨 + 球磨	两段球磨		
设备总重/t	888	1502	- 614	
总工作容量/kW	5667	6995	- 1328	
年耗电量/kW · h	4488 × 10⁴	5539 × 10⁴	- 1051 × 10⁴	- 339.4
破碎衬板/t · a⁻¹	0	200	- 200	- 200
磨矿衬板/t · a⁻¹	717	57.2	+ 600	+ 60
钢球/t · a⁻¹	5400	8000	- 2600	- 1300

碎磨过程的节能主要是通过新型破碎和磨矿分级设备的研制如新型圆锥破碎机、高压辊磨机、新型高频细筛、磁性衬板的应用以及自磨半自磨工艺等的应用和来实现清洁生产

的目的。另外碎磨设备大型化、重型化（高生产率、低能耗）也是一个发展趋势，如澳大利亚 ANI 公司世界最大球磨机 6.706m×13.106m，功率 10MW。

在新建的大型选矿厂中，使用棒磨机的标准矿石准备流程已很久不再使用。棒磨机的尺寸在 20 世纪 70 年代中期已达到其极限值，直径不超过 415mm、长度不超过 612mm，因为磨棒有折断的危险。但是球磨机的尺寸随半自磨机单位功率的增加而继续加大。例如在智利柯尔拉胡齐公司的二期工程中就包括两段矿石半自磨过程。在半自磨机（1212mm×713mm，传动功率 21MW）的二段装备了两台世界最大的球磨机，其中央排矿尺寸 719mm×1116mm，环状驱动装置功率 1515MW。为降低细磨和超细磨矿的能耗，利用立式磨机代替所有的球磨机，目前国外所有新建选矿厂的再磨作业实际上全都安装了立式磨机。

而对于磨机来说，其最主要的是磨机的衬板，常规球磨机衬板的磨损，均是因为矿浆、磨矿介质与衬板直接接触，主要是钢球与衬板、矿石之间的磨损和电化学腐蚀等磨损；而交替排列的磁性衬板却不一样，它安装在球磨机的内壁上，形成曲面磁系，其表面有足够的强磁场。

磁性衬板的工作原理是靠磁力在衬板的工作表面吸附一层由介质、介质碎块和铁磁性矿物组成的保护层，该保护层达到一定厚度时处于一种动态的稳定，避免物料与衬板的直接冲击和磨损，从而大大延长衬板的寿命。北京矿冶研究总院研制的磁性衬板先后于1992 年，2001 年通过部级鉴定，获得北京市科技进步奖，被国家经贸委评定为国家重点新产品。本着服务矿山的精神，北矿磁性衬板研制成功至今，经过了数次大的技术创新和改进，从最初的橡胶磁性衬板到现在的北矿 HM 型磁性衬板，从性能到材料都取得了技术突破，达到了世界先进水平。其技术先进性主要体现在以下几个方面：

（1）寿命长，为高锰钢衬板的 4~6 倍；

（2）衬板使用维护费用低，是高锰钢衬板的 25%~40%；

（3）单块体积小，安装方便，不需维护，提高磨机作业率 3%~4%；

（4）质量小，减轻磨机负荷，降低电耗 4%~7%；

（5）厚度薄，可增大磨机容积，提高磨机处理量；

（6）衬板表面吸附碎的介质，改善磨矿条件，降低介质消耗 5%~7%；

（7）保护层有隔声作用，降低了噪声；

（8）筒体不用螺栓，避免矿浆泄漏，提高筒体、齿轮等零部件寿命。

我国处理红矿最大的 $\phi 5.5m×8.8m$ 球磨机应用金属磁性衬板的成功和本钢歪头山铁矿 $\phi 3.2m×4.5m$ 球磨机的 10 年生产实践证明，金属磁性衬板具有无可比拟的优越性。与金属型、非金属型衬板相比较，金属磁性衬板具有使用寿命长、质量轻、噪声小、节球节电、作业率高、安装方便和经济效益极其显著等优点。

以歪头山铁矿 $\phi 3.2m×4.5m$ 球磨机为例进行分析，与使用高锰钢衬板相比，使用金属磁性衬板可以节电 7.14%，降低钢球消耗量 10.37%，提高磨矿细度 1.69%，提高磨机处理能力 5.6%，提高磨机作业率 1.08%。使用磁性衬板每台球磨机每年可以节约成本 25万元。

HM 型大型磨机磁性衬板在包钢选厂 $\phi 3.6m×6.0m$ 二段溢流型球磨机的应用情况表明，该磁性衬板包括筒体衬板和端衬板，使用寿命可达高锰钢衬板的 5~6 倍，减少了衬板消耗，提高了磨机作业率。对磨矿产品粒度、磁选精矿品位和回收率等选矿指标没有不良影响。

3.2.3.2　磨矿分级过程优化控制新技术及设备

磨矿分级生产过程优化控制系统通过磨机电耳对磨机充填率的检测，可根据矿石性质的变化，自动调整磨矿分级机组的给矿量、返砂水流量和排矿水流量，将磨矿浓度、溢流浓度控制在工艺要求的范围内，使磨矿分级机组运行于最佳的工作状态；控制系统还通过对二次泵池液位及二次胶泵电动机电流的检测，对一、二次磨矿分级机组的负荷实行自动平衡控制，从而有效稳定和提高生产技术经济指标。

鉴于入磨的矿石性质的变化，又考虑到选别作业对入选矿量，细度和浓度都要求稳定，采用人工智能控制原理，充分吸收操作人员的经验，以产生式表达方法形成规则集，当矿石性质变化时，控制程序依据规则合理确定给矿量控制回路及各给水量控制回路的设定值，在保持生产过程相对稳定、分级溢流细度合格的情况下，尽可能提高球磨处理量。

根据工艺要求，均匀合理的控制一、二次磨机钢球添加量，从而保持磨机具有合适的球荷。定时切换给矿机，保证正常生产时有料轮流工作，从而避免给矿机内矿石结板并起到适当配矿之作用相对稳定磨机给矿性质。

控制的目标是对磨矿分级过程的各种操作条件进行优化控制，以稳定生产过程，并在保证磨矿产品粒度特性的前提下，最大限度地提高磨机的处理量，同时降低能耗及磨矿介质的消耗。

马鞍山矿山研究院是我国最早从事选矿自动化领域理论及实践研究和探索的少数几个单位之一。30多年来，储备了一大批相关技术和成果，如"八五"攻关项目"250万吨级选矿厂生产过程自动控制系统优化研究"、"十五"攻关项目"选矿过程监测技术与自动控制系统研究"已投入应用；磨矿分级自动控制系统已在鞍钢、首钢、太钢、德兴铜矿和铜陵有色公司等矿山推广应用，给国内矿山用户带来直接经济效益数千万元。

推广和应用磨矿分级生产过程优化控制系统前景广阔，我国大多数选矿厂生产自动化程度落后，沿袭以前的人工操作，再加上绝大部分选矿厂都没有配矿措施，入磨的原矿可磨性如粒度、硬度等物理性质波动很大，人工操作很难及时调整生产操作条件，致使磨矿分级生产过程难以稳定，它的产品即分级溢流矿浆的浓度、粒度、产量等指标常有大幅度波动，严重影响下一道工艺即选别生产的操作，最后影响精矿的质量和产量。为了彻底改变磨矿分级生产这种落后状况，就必须实现磨矿分级生产过程的自动控制。

而对于现在的选矿厂来说，其磨矿分级设备多采用新型高频细筛及复式流化分级机allflux。

A　新型高频细筛

高频筛采用了高频率，一方面破坏了矿浆表面的张力和细粒物料在筛面上的高速振荡，加速了大密度有用矿物的析离作用，增加了小于分离粒度物料与筛孔接触的概率。

a　电磁高频振动细筛

电磁高频振动细筛主要由给矿器、筛面、筛框、筛体及振动器等组成，其工作原理是矿浆流垂直筛条而与筛面相切（平行）给矿，由于矿浆流动速度与矿浆（矿粒）受重力产生的落体速度等作用，对每一根筛条边缘产生一种机械性的切割作用，被切割下来的，称为筛下物；未被切割下来的，称为筛上物。其次，均匀给入矿浆流还有一种重力分层作用。由于这两种作用，实现了按颗粒大小进行分级。

b　Derrick 细筛

美国 Derrick 细筛自 1951 年问世以来，以其出色的高效耐磨防堵筛网技术和重复造浆、强力脱水等技术在分级和脱水以及通过控制粒度来降硅提铁等方面得到了广泛的应用。

Derrick 重叠式高频细筛是一种高效率的细粒筛分设备，具有处理能力大、筛分效率高和经济效益显著的特点。我国某铁矿山在技术改造过程中采用一台 2SG48 - 60W - 5STK 重叠式高频细筛，取代原 2 段磨矿工艺中的旋流器和尼龙细筛，将磨矿工艺由 2 对 1 改为 3 对 1，把原 2 段磨矿节省下来的一台球磨机用在 3 系列作为 1 段磨矿设备（表 3 - 5）。工艺改造以后，筛分效率大幅度提高，由尼龙细筛的 46.59% 提高到 85% ~ 90%，2 段磨机新生 - 0.074mm 生产能力从原来的 $1.1t/(h \cdot m^3)$ 提高到目前的 $1.6t/(h \cdot m^3)$。

某矿应用 Derrick 高频细筛技改前后的选矿技术指标见表 3 - 5。

表 3 - 5　某矿应用 Derrick 高频细筛技改前后的选矿技术指标

项　　目	改　造　前	改　造　后
原矿处理量/t·h⁻¹	30 ~ 32	40 ~ 45
入选品位/%	42 ~ 45	42 ~ 45
精矿品位/%	64 ~ 65	65 ~ 66
尾矿品位/%	12 ~ 15	10 ~ 11
回收率/%	40 ~ 85	>90
二氧化硅含量/%	3 ~ 8	<2
铁精矿电耗/kW·h·t⁻¹	21	14

c　陆凯电磁振动细筛

近几年，为满足市场对性价比高的细粒、微细粒筛分设备的强劲需求，陆凯有限公司研发了电磁振动筛（图 3 - 7），其特点如下：

（1）筛面高频振动、筛箱不动。激振器固定在筛箱上，激振力驱动振动系统激振筛面，振动系统设计在近共振状态工作，可以以较小的驱动力达到工作所需的振动参数。由于筛箱不动，整机经二次减振支承，动载荷极小，无须特制基础，可随意摆放安装。

（2）筛面高频振动，频率 50Hz，振幅 1 ~ 2mm，振动强度达 $8g$ ~ $10g$，是一般振动筛振动强度的 2 ~ 3 倍。筛面自清理能力强，筛分效率高，处理能力大。非常适用于细粒粉体物料的筛分、脱水。入料粒度上限 15mm，分级粒度 0.043 ~ 3mm。

图 3 - 7　陆凯电磁振动细筛

（3）筛面由三层不同的柔性筛网组成。底层为钢丝绳芯聚氨酯托网，与激振装置直接接触。托网上面张紧铺设有两层不锈钢丝编织网粘接在一起的复合网，复合网上层与物料接触，上层网根据筛分工艺要求确定网孔尺寸，筛网开孔率高，使用寿命长。筛网两端装有挂钩，便于张紧安装。入料缓冲筛板保证平缓均匀布料，减小物料对工作网（复合网）的冲击，延长使用寿命。

（4）筛机安装角度随时可方便调节，以适应不同的物料性质及不同筛分作业。对选矿厂的湿法筛分安装倾角一般在 25°±2°范围，干法筛分安装倾角一般在 33°±2°范围。

（5）筛机振动参数采用计算机调节控制，对每个振动系统的振动参数可通过软件调节设定。除一般工况振动参数外，还可设定间断瞬时强振参数以随时清理筛网，保持筛孔不堵。

（6）特殊设计的电磁振动系统主要采用优质橡胶件联结，长期运转工作可靠；功耗小，每个电磁激振器的功率仅 0.15kW，选矿常用的 MVSK2420 型电磁高频筛，整机耗电功率仅 1.2kW。该种筛机为节能产品。

（7）筛机分单通道和双通道，单层和多层，采用模块化设计，根据具体应用场合可灵活设计。

（8）筛箱侧板、中隔板全部采用钢板整体折弯成型，机架采用矩形管型材焊接拼装，既提升筛机整体刚度，又使设备外形更为美观。

（9）筛机可根据客户的不同需求配置不同型号的电控柜，以实现参数设定、远程集控、过程记录与故障报警等多种附加功能。

振动系统采用全新结构设计，减轻了自重，从而使振动惯性减小，更为节能。每个激振器同时驱动四组传动系统，每个激振器工作参数单独可调。整机结构采用多层筛箱叠加布置，每层筛箱独立工作，互不影响；筛上、筛下产品分别收集，汇集排出。总体布局紧凑，大大减少了筛机占地面积。

给料方式采取每层筛面单独给料，在每层筛箱上端装有给料箱，输料管道将矿浆输入给料箱，由给料箱将矿浆均匀分布到筛面全宽。配套设计有多路分矿箱，用户可根据具体情况选用。各层筛箱筛分后的筛上和筛下物料最终被分别汇集到总排料管排出。

细筛技术在铁矿选矿中的主要应用是：

（1）用细筛控制铁精矿中含硅高的粗粒连生体，筛上部分返回再磨，筛下铁精矿的铁品位一般可提高 1~1.5 个百分点，SiO_2 含量可降低 0.5~2 个百分点。

（2）用细筛控制浮选给矿粒度，改善浮选效果。

（3）提高磨矿分级效率。一般生产中螺旋分级机的分级效率只有 20%~30%，水力旋流器的分级效率也只有 30%~40%，并常伴有反富集现象，在阶磨阶选流程中，由于存在磁团聚，分级效果更差。在磨矿分级系统中引入细筛，可使分级效率提高到 50%~60%。

B 复式流化分级机 allflux

复式流化分级机是世界矿物分级专业领域的最新技术，是世界上继螺旋分级机和水力旋流器后的第三代先进可靠的、分级效率比较高的分级设备，也是适应国际选矿设备大型化的趋势，将分级效率高、分级粒度细、分级精度高、处理能力大等优点集中于 1 台设备上。

复式流化分级机 allflux 是矿物分级专业领域全世界最新的设备系统（图 3-8）。其设计思路起源于 1988 年，由毕业于德国亚琛工业大学的几名选矿工程博士研发，由德国亚明公司（Allmineral）申请，于 1991 和 1992 年分别获得德国和欧洲专利。

图 3 - 8　复式流化分级机 allflux

复式流化分级机的基本结构呈圆形，主体由上部圆筒和下部圆锥组合而成。高效分级在中间的粗粒分级室和围绕其外的环行细粒分级室应用流化床和上升水技术来完成。

矿浆经特制的管道由粗粒分级室的中部垂直给到粗粒分级室底部的分配盘上。上升水流通过分配盘与粗粒分级室内壁之间的环形缝隙进入粗粒分级室，在粗粒分级室的下部形成紊流区实现粗粒分级。粗粒矿物按照工艺要求沉降，通过环行缝隙进入位于粗粒分级室底部中间位置的粗粒排料口；而细粒矿物则以溢流的方式进入环形的细粒分级室。

细粒分级室利用流化床技术对细粒和超细粒矿物进行分级。上升水通过特制的安装于细粒分级室底部的筛面均匀分部在整个细粒分级室的底部，确保形成均匀稳定的层流流化床，实现准确的分级。超细粒矿物进入围绕在细粒分级室之外的环形溢流槽中并排走。细粒矿物则沉降到细粒分级室的底部，经沿筛面呈环形分布的阀门排走。

粗粒和细粒两个分级室所有排料阀门的开启关闭和排料速度均通过矿浆密度在线测量来控制和调节。在已知现场流体负载的情况下，通过改变流化床高度和上升水量可调节粗粒、细粒和超细粒产物（也即粗粒分级室沉砂、细粒分级室沉砂和设备的最终溢流产物）的粒度。此外各分级产物的浓度和流量分布亦可按照工艺需要在一定的范围内调节。

根据给矿粒度、矿物密度和矿浆浓度等参数，采用不同且可调的上升水量，同时选用不同结构的细粒分级室底部筛面以调整筛面上下的压差，可以确保矿物颗粒的均匀流化和精确分级。

3.3　分选过程的清洁生产新技术

3.3.1　磁铁矿选矿技术进展及设备

由于国内的铁矿石资源中易选的磁铁矿资源日益减少，迫切要求以科技的进步来推动贫铁矿资源的高效开发与利用，充分利用国内的资源，提高钢铁企业矿石的自给率，缓解进口铁矿石的压力，维持优质的铁矿原料供给。我国铁矿矿床类型多，赋存条件复杂，矿石类型多，硫、磷、二氧化硅等有害组分含量高，多组分共生铁矿石占了很大比重，而且有用组分嵌布粒度细，因此采选难度大、效率低、产品质量差，世界铁矿石的平均品位在40%以上，而中国铁矿石的平均品位只有32%，其中97%的铁矿石需要选矿处理。

几十年来，广大选矿工作者针对我国铁矿资源"贫、细、杂"的特点开展了大量的研究工作，解决了诸多技术难题，使我国铁矿选矿技术得到长足进步和发展，总体水平有很大提高。尤其是近年来，研制并成功应用了新的高效分选设备、新的高效浮选药剂以及新的分选工艺，从而使选矿工艺指标取得了突破性进展，跨入世界先进行列，为我国钢铁工业发展做出了突出贡献。

磁铁矿选矿是铁矿石选矿的主体，在国内铁精矿产量中，磁铁矿精矿约占 3/4。多年来磁铁矿选矿技术不断发展和进步，从 20 世纪 60 ~ 70 年代磁选设备的永磁化到 80 年代细筛工艺的应用，使磁铁矿选矿厂生产指标有了较大的改善，精矿品位从 60% 左右提高到 65% ~67%。进入 21 世纪以来，随着钢铁工业的发展，对原料的要求越来越高。为了满足这一要求，许多单位和矿山围绕"提铁降硅"做了大量的研究开发工作，并采用各种不同的技术方案对选矿厂进行了卓有成效的技术改造，取得显著效果，使我国磁铁矿品位由 65% 提高到 68.5%，SiO_2 由 8% ~9% 降至 4%。

对磁铁矿铁品位提高，二氧化硅含量降低贡献最大的应是新型磁选设备的应用。而新型的磁选设备主要有低场强脉动磁选机、磁团聚重选机和电磁聚机、磁选柱。

3.3.1.1　低场强脉动磁选机

低场强脉动磁选机在永磁磁系中实现了间歇供磁，使得矿物团有机会松散，能够使磁铁矿与贫连生体分离，能够在磨矿粒度较粗的条件下，选出高质量精矿，给我国磁选厂节能降耗、减少铁矿物过磨损失指出了一条新途径。

低场强脉动磁选机是马鞍山矿山研究院研制的一种适合于磁铁矿精矿精选的永磁磁选机，与普通的永磁筒式磁选机相比，具有以下特点：磁系包角大，极数多；磁感应强度较低，且从扫选区到精矿卸料区由高到低呈不均匀分布；设有永磁脉动装置，可在旋转的圆筒表面形成永磁脉动磁场以松散磁团聚，剔除夹杂的脉石，从而提高精矿质量；采用溢流和底流可以控制并设有上升水的高液位顺流槽，使底箱具有吹散、分散和选别作用，磁振动系统不需要单独的传动设备，随圆筒转动，场强随时间时有时无且频率较高，能有效地使矿物在圆筒上上下跳动，达到精选目的。

低场强脉动磁选机在酒钢选矿厂、鞍钢大孤山选矿厂进行了工业试验，试验表明能更好地抛出细粒脉石和贫连生体。

3.3.1.2　磁团聚重选机

磁团聚重选机于 1985 年初试制成功，在首钢水厂进行了工业试验并获得了很好的分选效果。目前主要用于处理某些矿区的磁铁矿石，从磁选—细筛工艺流程的筛下产品中除去细粒贫连生体，以提高精矿品位（可使精矿品位提高 0.5% ~2%）。

磁团聚重选机在设计上并不追求高的磁场强度和梯度，而要求在整个分选区内形成一个适当的磁场强度分布比较均匀的弱磁场，磁场梯度小。整体磁场是由每个小磁场叠加而成，在相邻的小磁场之间可以测到零磁场强度区。由于磁块的排列方式决定了该磁场区内的磁场强度和磁场力都很弱，而且磁场力的方向是沿水平方向指向中心轴，整个空间磁场强度是脉动的。矿物颗粒与脉石颗粒的分选主要取决于重力和上升水流力大小的对比，同时由于外加弱磁场的作用适当强化了磁性矿物的团聚作用，改善了细粒级磁性颗粒的分选条件。

磁聚机可在较高的上升水流速度的条件下分选，对细粒级的磁性颗粒的回收率高。它能将现有筒式磁选机难以有效分离的磁铁矿贫连生体抛弃，从而取得高品位精矿。从磁团聚重选工艺的小型试验、半工业试验和工业生产实践说明，由于该设备可以比现有常规永磁筒式磁选机有较高的磁性选择性和选别精度，可提高精矿品位 2~3 个百分点。

磁团聚重选机在部分铁矿山得到了应用，选别工艺有较大的提高。无论非变径还是变径的磁聚机，在首钢水厂、大石河铁矿选矿厂得到了应用，应用实践表明其提高品位的能力高，精矿质量稳定。

3.3.1.3　磁选柱

磁选柱是一种既能充分分散磁团聚，又能充分利用磁团聚的电磁式低弱磁场高效磁重选矿设备。

磁选柱采用特殊的供电机制使励磁线圈在分选空间产生特殊的磁场变换机制，对磁选矿浆进行反复多次的磁聚合—分散—磁聚合作用，能充分分离出常规磁选设备生产的产品中夹杂的中、贫连生体及单体脉石。因此该设备可以精选低品位磁选精矿，生产出高品位铁精矿，甚至超纯铁精矿。

磁选柱磁场的特点在于它属于低弱、不均匀、时有时无、非恒定的脉动磁场。磁选柱磁感应强度和变化周期根据入选物料的性质不同而任意调节，这是磁选柱磁场特性和磁聚机磁场特性的最大区别，是磁选柱的优势所在。

磁选柱是鞍山科技大学研制成功的一种新型高效磁选设备，结构简单，主要由筒体、励磁线圈和电控装置组成。它既充分分散磁团聚，又利用了磁团聚。其磁感应强度在 0~20mT 之间，而且可以根据矿石性质的变化随时调节，分选空间的磁场时有时无、顺序向下、循环往复，循环周期也可根据矿石性质的变化而调节。给入的物料中的磁性部分在弱磁场作用下形成的弱磁聚团可在磁力及重力联合作用下向下运动，而夹杂于其中的脉石在上升水流的作用下向上运动而成为溢流，磁聚团在向下运动过程中受多次的淘洗，品位逐渐提高。

(1) 磁选柱无运转部件，易操作，几乎没有维修工作量；

(2) 磁选柱耗电低，仅为 0.1~0.2kW·h/t；

(3) 矿石品位提高幅度达 3%~7%；

(4) 磁选柱尾矿是以连生体为主，根据具体情况可再磨再选。

设备在鞍钢弓长岭选矿厂、本钢南芬选矿厂和歪头山选矿厂、吉林板石沟选矿厂等的工业应用表明其提质作用很明显。

东北大学研制成功脉冲振动磁场磁选柱，该设备利用 RLC 充放电，在线圈内可形成较高的磁场强度，同时用精心设计的触发电路来控制充放电过程，使得每个线圈具有独特的通电机制：瞬间放电—中断—瞬间放电，从而在线圈内形成自上而下不断"运动"的振动磁场。较强的"振动"磁场与较强的上升水流相结合，实现了既利用较强的磁团聚又对磁聚团施加较强破坏的新的分选方式。因此磁性夹杂可以基本消除，有利于大幅提高铁精矿品位。在实验室条件下对本钢南芬选矿厂的细筛给矿，在不同电流条件下可将其品位提高 3.54~8.27 个百分点。现该设备已应用于丹东地区含硼铁矿石的精选及朝阳某厂生产超级铁精矿。经过改进后的复合磁场精选机既有脉动磁场又有恒定磁场，在保证大幅提高精矿品位的同时可实现直接抛尾。

3.3.2　赤铁矿选矿新技术及设备

赤铁矿石（包括磁铁—赤铁混合矿石）是我国重要铁矿资源，也是我国难选矿石主要类型之一。20 世纪 60 年代初期，国内主要采用焙烧—磁选及单一浮选工艺处理赤铁矿石，生产技术指标较差。后来经过不断攻关改造，指标虽然有所改善，但没有太大的进展。近年来，随着一些新工艺、新设备、新药剂的成功研制与应用，赤铁矿选矿技术取得重大突破，工艺指标达到更高水平。

赤铁矿选矿工艺主要是强磁抛尾、重选、磁选、反浮选的流程，SLon 立环脉动高梯度磁选机、螺旋溜槽、阴离子反浮选等高效选矿设备和技术的应用使我国赤铁矿选矿技术达到了国际先进水平。针对赤铁矿的难选问题而研制成功更加新型高效的浮选捕收剂。

3.3.2.1　弱磁性矿物抛尾工艺技术

司家营地区铁矿石探明储量巨大，总量达 1000Mt 以上，其中 –300m 以上以氧化矿为主，储量为 88000kt，此类矿石中的铁矿物结晶粒度较细，属难选矿石之一。虽然在试验研究阶段取得了铁品位 66.5%、回收率 80% 的精矿指标，但 2007 年建成投产的司家营铁矿一期选矿工艺系统仍难以适应全铁品位和磁性铁含量低、泥化严重的地表红矿的入选，精矿铁回收率仅有 40% 左右，严重影响了生产的正常进行。为维持正常生产，不得不将此类矿石大量堆存，目前，采场境界圈内已堆存约 6300kt，不仅占用大量资金，也严重制约了采场的正常出矿。为使该类矿石顺利入选，以粗粒干式强磁预选抛尾、细粒湿式强磁预选脱泥、提高入选矿石品位、消除细泥对后续浮选影响为技术路线，开展了该类型矿石的开发利用研究。

3.3.2.2　应用螺旋溜槽预先提取铁精矿新工艺

姑山选矿厂年处理赤铁矿石 1000kt，其中主厂房处理细碎后干式强磁选作业的中矿 700kt。矿石硬度大，粒度嵌布不均，以难磨难选著称。1978 年投产后经过多次改造，直至 1993 年演变成"阶段磨矿—SLon 强磁选"工艺流程，共有三个生产系列：一段磨矿产品进行 SLon 强磁粗选丢尾，粗精矿浓缩后经二次磨矿，进行 SLon 强磁精选，获得精矿；精尾浓缩后进行 SLon 强磁扫选，其扫精与精精合并作最终精矿；扫尾与粗尾作最终尾矿送尾矿库。

2000 年后，随着采场深度增加和加强采场配矿管理，入磨中矿铁品位由 40% 提高到 45% 左右，磨矿选别作业均出现过负荷现象，特别是二段磨矿作业，分级返砂量过大，经常引起跑槽、压堵情况，分级产品细度 –0.074mm 由原来 75% 下降至 60% 左右。精矿品位降低，尾矿品位升高，铁回收率下降。由于生产任务重，减少处理矿量和增加设备都不现实。选矿技术人员取一段分级溢流（中矿）和强磁粗精矿在试验室用 4～600 螺旋流槽分别做了小型重选试验，均取得了良好的技术指标，取一段分级溢流和粗精矿各 1t，送马鞍山研究院进行试验研究。试验结果表明：一段分级溢流螺旋溜槽预选出产率 11.8% 品位 60.95% 的精矿和产率 30.12% 品位 55.21% 的中矿，其尾矿套用现场生产流程设备选别，对综合精矿没有影响，铁回收率提高。粗精矿用螺旋溜槽可预选出产率 41.80% 品位 61.13% 的精矿，同样对后续作业综合精矿没有影响，且回收率有较大提高。

根据生产现场的实际情况，先解决二段磨矿的问题，用 4 台 2000 螺旋溜槽预选强磁粗精矿，将浓缩后的 SLon 强粗精矿用泵扬送至四流分矿器入螺旋溜槽，预先选出部分合格精矿，以减轻二段磨矿及精选扫选的负荷，其尾矿用渣浆泵扬送至二段磨矿给矿分配器，进入原流程。

通过生产调试，当给矿浓度为25%～30%时，可预先获得产率30%～40%品位60%的合格精矿。此时二段磨矿细度达到85%以上，精选精矿恢复正常，但出现过磨现象扫选尾矿品位较高。将给矿浓度提高至35%～40%，减少给矿体积，使二段磨矿分级机组由三台改为二台进行生产，螺旋溜槽可预先获得产率25%～30%品位60%合格精矿。二段磨矿产品细度75%～80%满足精选、扫选的要求。实现了停开一台二段磨矿机组，提高了磨矿细度减轻了过粉碎现象。在保证精矿品位的前提下，金属回收率提高2.26%。

螺旋溜槽属重选设备之一，对粒级0.045～1mm范围内有较大比重差的矿物有良好的分选效果，可与磁选或浮选设备组成联合流程，以取得满意的选矿技术指标。姑山选矿厂早在1981～1993年应用螺旋溜槽处理一段磨矿分级溢流产品，预先用旋流器脱泥后入选可获得精矿、中矿、尾矿三种产品。应用螺旋溜槽预先从粗精矿中提取精矿工艺技术成果就源于以前螺旋溜槽的使用经验。几年的生产实践证明，从粗精矿中预先提取部分合格精矿，生产指标稳定，易于操作维护，可以减轻后续作业负荷或减少磨选作业设备台数或规格，减少过粉碎，提高回收率。

螺旋溜槽价格及生产成本相对较低，对磨矿粒度适中及比重较大特征的矿物分选应优先使用。姑山选矿厂用螺旋溜槽预选一次分级溢流获取部分品位52%～55%粗精矿，其尾矿用原粗选SLon强磁分选，达到降低粗选尾矿品位，进一步提高综合金属回收率的目的。

3.3.2.3　SLon立环脉动高梯度磁选机

20世纪80年代末期由赣州有色冶金研究所研制出的SLon型脉动高梯度磁选机，以其独特的结构和良好的选矿性能引起了国内外选矿界的高度重视和密切关注。经过20多年来的不断改进，该机已形成了系列产品。SLon立环脉动高梯度机的稳定性和良好的分选性能使该机广泛应用于我国红矿选矿工业中，成为我国新一代高效强磁选设备。

SLon立环脉动高梯度磁选机主要由脉动机构、激磁线圈、铁轭、铁环和各种矿斗、水斗组成，用导磁不锈钢制成的圆棒或钢板网作磁介质。该机的转环采用立式旋转方式，对于每一组磁介质而言，冲洗磁性精矿的方向与给矿方向相反，粗颗粒不必穿过磁介质堆便可冲洗出来。该机的脉动机构驱动矿浆产生脉动，可使分选区内矿粒群保持松散状态，使磁性矿粒更容易被磁介质捕获，使非磁性矿粒尽快穿过磁介质堆进入到尾矿中去。显然，反冲精矿和矿浆脉动可防止磁介质堵塞；脉动分选可提高磁性精矿的质量。这些措施保证了该机具有较大的富集比、较高的分选效率和较强的适应能力。

平环强磁选和磁介质堵塞的问题是国内外几十年未解决的技术难题。SLon磁选机采用转环立式旋转方式，对于每一组磁介质而言，冲洗精矿的方向与给矿方向相反，粗颗粒不必穿过磁介质堆便可冲洗出来，从而有效地防止了磁介质堵塞。

设置矿浆脉动机构，驱动矿浆产生脉动流体力。在脉动流体力的作用下，矿浆中的矿粒始终处于松散状态，可提高磁性精矿的质量。

平环高梯度磁选机对给矿粒度要求比较严格，研究了独特磁系结构及优化组合的磁介质，使SLon磁选机给矿粒度上限达到2.0mm，简化了现场分级作业，具有更为广泛的适应性。

在 20 多年的研制过程中，针对生产中存在的问题，经过多次的改进，SLon 立环脉动高梯度磁选机的选矿和机电性能不断得到提高和发展。迄今为止，SLon 磁选机在国内的销售总量已达 400 多台，并出口南非、秘鲁等国家，广泛应用于赤铁矿、非金属矿选矿。

调军台选矿厂应用 6 台 SLon-2000 立环脉动高梯度磁选机代替原有的部分 Shp-3200 平环强磁选机用于尾矿的强磁选，铁精矿品位提高 1.19 个百分点、尾矿品位降低 1.56 个百分点、铁回收率提高 8.19 个百分点。与 Shp-3200 平环强磁选机相比，该机具有运行可靠、设备作业率高达 99%、磁介质不堵塞、选矿指标好、操作维护方便、省水省电等优点，获得了优良的技术经济指标。

2001~2004 年，齐大山选矿厂一选和二选车间全部改为阶段磨矿、重选强磁反浮选的选矿流程，采用 11 台 SLon-1750 强磁机控制细粒级尾矿品位，另采用 11 台 SLon-1500 中磁机控制螺旋溜槽尾矿品位。SLon 磁选机在该流程中为降低尾矿品位和提高铁回收率发挥了关键作用，该机脱泥效果好，为反浮选提高铁精矿品位和降低药剂消耗创造了良好的条件。新流程的铁精矿品位达到 67.50% 以上，铁回收率达到 78%。

东鞍山烧结厂将 10 台 SLon-1750 立环脉动高梯度中磁机用于控制螺旋溜槽尾矿品位，提前抛出部分粗粒尾矿，为大幅度减少中矿循环量和提高全系统的生产能力发挥了重要作用，全流程的中矿循环量由 161.56% 降低至 90% 以下，每个系统的生产能力由工业试验的 40t/h 提高到 55t/h 左右。

鞍钢弓长岭矿业公司决定新建的弓长岭选矿厂三选车间，设计规模为年处理鞍山式赤铁矿 3000kt。设计的选矿流程为阶段磨矿、重选—强磁—反浮选流程。采用 4 台 SLon-2000 强磁机作为细粒级的抛尾设备，另采用 4 台 SLon-2000 中磁机作为粗粒级（螺旋溜槽尾矿）的抛尾设备。该流程设计的综合选矿指标为原矿品位 28.78%、铁精矿品位 67.19%、铁回收率 76.29%。

攀枝花铁矿密地铁选矿厂将 SLon-1500 立环脉动高梯度磁选机应用于微细粒级钛铁矿磁选—浮选流程中的磁选部分。当给矿的 TiO_2 品位为 9.23% 时，经一次磁选作业，获得了含 TiO_2 为 19.58% 的精矿，其回收率为 63.12%。

2004 年福建上杭湖洋铁矿采用 1 台 SLon-1250 立环脉动高梯度磁选机分选铁矿，矿石主要含有赤铁矿、磁铁矿、褐铁矿。该磁选机在湖洋铁矿的使用，取得了综合铁精矿品位 63% 的较好指标。

昆钢大红山选矿厂年处理磁—赤铁矿 500kt 的选矿厂使用了 4 台 SLon-1500 立环脉动高梯度磁选机，进行了一段强磁粗选和二段强磁精选的选矿流程，使选矿厂最终精矿品位达到 64%、回收率达到 80% 以上。

满银沟铁矿利用 SLon 立环脉动高梯度磁选机处理低品位矿石，采用一台 SLon-1000 立环脉动高梯度磁选机和一台 SLon-750 立环脉动高梯度磁选机组成一粗一扫流程。工业试验结果表明，粗选精矿品位 60.31%、产率 42.75%、回收率 51.40%；扫选精矿品位 55.17%、产率 19.24%、回收率 29.36%、综合回收率 70.64%。

海南小型铁矿山采取"两段弱磁一段强磁"简单工艺流程。选用 SLon-1750 立环脉动高梯度强磁选机对尾矿含量大的弱磁性矿物处理，得到产率 42.69%，回收率 55.03%，铁品位 63.94% 的弱磁性矿物，有效地回收了微细粒级弱磁性铁矿物。

马钢姑山铁矿 1989~2001 年，对原流程进行强磁选改造，一段磨矿后采用 3 台

SLon – 1750 磁选机粗选抛尾，粗精矿进二段磨矿至 – 0.074mm 占 85% 左右，然后用 3 台 SLon – 1750 磁选机精选，精选作业的尾矿再用 SLon – 1500 磁选机扫选。该流程与原一段磨矿重选流程相比较，磁选流程精矿品位高 4.57 个百分点，回收率高 14.88 个百分点。

为解决产品含硫、磷较高的缺点，梅山铁矿采用弱磁选机回收磁铁矿，16 台 SLon – 1500 强磁选机分别作粗选和扫选的流程，用于回收矿物中的赤铁矿和菱铁矿。通过该流程铁的作业回收率 81.64%，含硫量 0.464%，含磷量 0.327%，除硫率 57.28%，除磷率 69.13%；铁精矿产品中的磷、硫含量完全符合冶炼要求。

3.3.2.4 赤铁矿反浮选工艺技术

我国目前赤铁矿反浮选工艺多采用阴离子反浮选的选别工艺。

齐大山选矿厂原先采用的工艺流程为"阶段磨矿、重选—磁选—酸性正浮选"工艺流程，其技术指标为原矿品位 28.49%，铁精矿品位 63.60%，尾矿品位 11.36%，金属回收率 73.20%。2000 年底和 2001 年底，鞍钢齐大山选矿厂一选车间、二选车间两个选矿车间分别按"阶段磨矿、重选—磁选—阴离子反浮选"工艺流程进行了技术改造。2003 年上半年，在原矿品位为 29.50% 的情况下，实现铁精矿品位 67.40% 以上，尾矿品位 11.00% 以下。

鞍钢东鞍山烧结厂一选车间，2002 年按两段连续磨矿、中矿再磨、重选—强磁—反浮选的流程进行了改造，使原工艺流程原矿品位 32.47%、铁精矿品位 59.98%、尾矿品位 14.72%、金属回收率 72.94% 的选矿指标提高到原矿品位 31.38%、铁精矿品位 64.38% 的选别指标。尽管该工艺流程对东鞍山铁矿石降低尾矿品位相对比较困难。但是，该工艺流程对东鞍山铁矿石较大的提质幅度使其仍有较强的生命力。

调军台选矿厂采用两段连续磨矿、弱磁—强磁—阴离子反浮选流程，精矿铁品位达 67.5%，铁回收率 75% ~78%。

2003 年 8～9 月鞍山矿业公司研究所在对关宝山铁矿石进行了选别工业试验研究，采用两段连续磨矿、中矿再磨、重选—强磁—阴离子反浮选工艺，取得了原矿品位 30.69%，精矿品位 64.62%，尾矿品位 15.63%，理论回收率 64.71% 的较理想的选别指标。

3.3.2.5 新型高效铁矿石浮选捕收剂

我国铁矿石的特点是"贫、细、杂"，这就决定了国内的铁矿石在利用之前，要进行一系列的加工及选别。就浮选而言，除了先进的浮选工艺及新设备之外，浮选药剂对选矿厂的产品质量及经济效益起着至关重要的作用。目前，铁矿石选矿过程中所采用的捕收剂主要分为阴离子型和阳离子型两大类。阴离子型主要是用脂肪酸、塔尔油、氧化石蜡皂、石油磺酸盐等，阳离子主要是用各种胺类。在过去多用阴离子型的塔尔油和其他各种类型的脂肪酸作为铁矿石捕收剂；20 世纪 90 年代，美国 Ashland 化学公司首先提出用阳离子型醚胺作为铁矿石反浮选石英的捕收剂而轰动整个选矿界，但在美国、俄罗斯、欧洲各国及国内铁矿选别中，阴离子型捕收剂仍是不可缺少的基本药剂。广大科技工作者在铁矿石浮选药剂的研制方面进行了大量卓有成效的工作，先后研制成功了石油磺酸盐、M203、SH – 37、MZ – 21、MH – 80、MP – 28、MD – 28 等系列铁矿石正反浮选药剂。

上述浮选药剂产品大都在现场发挥了良好的作用并取得了巨大的经济效益，特别是作为国家"十五"科技攻关项目"高质量铁精矿选矿新技术与装备研究"课题中的浮选药剂研制专题，所研制的新药剂在技术上有重大突破，成效显著。其子项目鞍山贫赤（磁）铁矿选矿新工艺、新药剂与新设备的研究及工业应用获 2003 年冶金科技进步特等奖，2004 年国家科技进步二等奖，年直接经济效益 2.37 亿元。

马鞍山设计院在上世纪 80 年代研制的石油磺酸钠药剂曾获冶金部科技进步一等奖，1989 年获鞍山市新产品奖，是我国铁矿石浮选药剂研究的重大突破，是少数几个能把科研成果迅速转化为生产力的科研院所之一。

新型高效捕收剂 SH-37 在鞍钢齐大山铁矿调军台选矿厂进行了选矿工业试验，已通过安徽省科委鉴定，成果达国际先进水平。2002 年获安徽省科技进步二等奖，每年可为选矿厂创造效益 1000 万元以上。"一种铁矿石浮选捕收剂的制备方法"于 2004 年获国家发明专利授权。MZ-21、MH-80 铁矿石浮选药剂专利技术已于 2000 年及 2002 年分别转让给鞍山市齐翔选矿药剂厂及山西太钢尖山铁矿选矿药剂厂。其中以 MH-80 铁矿石浮选药剂为主要内容的太钢（集团）尖山铁矿铁精矿提铁降硅选矿新技术研究已于 2005 年 11 月通过中国矿协组织的专家鉴定，其技术水平处于国内首创，国际领先，年创直接经济效益 1.5 亿元。目前两药剂厂年直接销售额在 2000 余万元，间接效益数以亿计。新研制的 MD 系列高效铁矿石浮选捕收剂，在矿浆温度大于 15℃时，用其选别鞍钢齐大山混合磁精矿，浮精品位不小于 68.0%，作业回收率不小于 88.0%，选别山东淄博华联矿业公司铁矿，浮精品位不小于 66.0%，作业回收率不小于 96.0%，每吨精矿浮选药剂费用降低 5%~10%。从选矿指标及经济效益来看，MD 系列阴离子浮选药剂在耐低温性及选择性方面已处于国内先进水平。

我国铁矿资源中有百亿吨储量的复杂难选铁矿石，而浮选是最有效的选别方法之一，因此新型高效铁矿石浮选捕收剂具有广阔的推广应用前景。

3.3.3　铁精矿高效脱硫技术

目前，用于铁精矿脱硫的活化剂主要是硫酸铜，但是，实践表明，对于含有磁黄铁矿的铁精矿，其脱硫效果很不理想，且硫酸铜价格较高，磁黄铁矿属于磁性较强、可浮性较差的一种铁矿物，广泛产于内生矿床，我国新疆、安徽、湖北、江苏等地的大部分铁矿石中都不同程度地含有磁黄铁矿。另外，我国从国外进口的部分铁矿石中磁黄铁矿含量也较高，为充分利用该部分资源，必须进行脱硫处理，由于磁黄铁矿磁性较强且可浮性较差，且不同矿点的磁黄铁矿性质差异较大，目前国内尚无较成熟的工艺和药剂能很好地将其与磁铁矿分离。

中钢集团马鞍山矿山研究院选矿所经过长期的试验研究，在对国内、国外两种磁黄铁矿含量较高的磁铁矿脱硫试验研究后表明：在采用新型活化剂 MHH-1 后，取得了良好的脱硫效果，在原矿含硫量波动较大的情况下，最终铁精矿中的硫含量均达到了 0.3% 以下，满足了后续工艺对铁精矿质量的要求。

新疆某矿铁矿石全铁含量为 50.76%，硫含量为 10.07%；江苏镇江某进口高硫铁矿石全铁品位为 60.97%，硫含量 2.5% 左右，上述两种矿石中铁矿物以磁铁矿为主，硫化矿主要以磁黄铁矿、黄铁矿为主，且磁黄铁矿含量较高，经采用新型活化剂 MHH-1 后，最终铁精矿中的硫含量均降到了 0.3% 以下。该项研究成果可以普遍应用于国内外高硫铁矿选矿厂，具有广阔的应用前景。

3.3.4 选矿厂"管、控一体化"控制新技术

经过多年探索、实践，中钢集团马鞍山矿山研究院研发出了选矿厂"管、控一体化"控制系统（以下简称一体化系统），2004 年成功应用于"鞍钢大孤山选矿厂总体工艺改造工程"，2005 年又成功应用于"鞍千矿业采选联合企业工程"。

一体化系统采用具有顺序控制，过程控制，传动控制功能的 PLC 设备组成单环节控制系统，采用 OPC、DP、CONTROLNET、DEVICENET、485、工业以太网 MAC 协议、IP 协议等多项网络通讯与控制技术组成全厂控制网络，实现了全厂集中控制、监视、管理、调度。

一体化系统由破碎筛分、磨矿、浮选、精矿浓缩与过滤、尾矿输送、供排水及水处理、锅炉供热、网络通信、集中控制与管理、工程师站等十大部分组成。它既有程序控制，又有过程控制，还有传动控制。它既包含生产工艺流程的监测与控制，又包含供配电系统的监测与控制，还包含工厂的智能化管理。

一体化系统的重点是磨矿自动化。磨矿自动化系统是由球磨机自动给矿；球磨机内浓度、负荷判别；旋流器给矿浓度、流量、压力调节；旋流器给矿箱液位控制；球磨机入口、出口加水量调节等多个环节构成，各环节的变量参数对旋流器溢流浓度、粒度都将产生影响。如何协调控制各环节的变量参数，最终在确保溢流浓度、粒度指标的前提下，实现球磨机台时量最大化，就成为自动控制成功与否的关键。在吸收了各选矿厂作业经验的基础上，主要采用预测控制和解耦控制等技术，建立了磨矿优化控制模型，并根据实际运转状况，工艺指标，随时进行修正、完善，最终形成不同选矿工艺流程，不同原矿性质的磨矿控制专家系统。

一体化系统的特点是"管、控一体化"。传统的控制系统仅具有集中监视与控制功能，而一体化系统是管、控结合，控制中有管理，管理中有控制。它不仅具有集中监视与控制功能，还具有记录、存储、分析、判别各种状态信息的功能。它是一种可根据不同的外界条件，在变化中寻求最优控制的现代化控制方式。

一体化系统通过对大量的历史数据的分析、判别，给出控制调整策略，又通过新的控制模式，给计划、调度、设备、质量、成本等各项管理提供一组新的数据信息，最终使工厂效益最大化。

一体化系统通过各种仪器仪表，现场智能设备，采集现场各种状态信息。这些信息给系统集中控制与管理提供了安全、可靠的保障。从而，实现了全流程生产线机旁无岗位操作工，使工人远离粉尘与噪声，改善了工人作业环境和劳动强度；实现了用定期巡检代替岗位值守，用预警、报警信号代替人工检查，使人身事故和设备事故大大降低，提高了设备作业率和劳动生产率。

我国现有大中型选矿厂几百个，采用自动控制技术的寥寥无几。若能全部采用"管、控一体化"控制技术，必将使我国选矿业有一个质的飞跃，无论从能源消耗，管理水平，全员劳动生产率都会达到国际先进水平。

3.3.5 WDPF 微机多道、多探头在线品位分析系统

WDPF 微机多道、多探头在线品位分析系统是马鞍山矿山研究院在推广应用达十余年

的 X 荧光在线品位分析仪的基础上，采用先进的多道能谱分析技术和标准样品的自校正装置开发研制成功的新一代产品。它主要由引流取样装置、同位素源、正比探测器、电子谱仪、多道分析仪、标样自校正装置、工业控制机等组成。其主要特点是：

（1）用多道分析仪代替以往硬件的单道分析器，能谱的信息量从 3 ~ 4 个增至 512 个，结合先进的谱分析软件，极大地提高了各探测点矿浆元素的准确性。

（2）每个测点的各个探头都装了一套标准样品的自校正装置，通过计算机通信控制，可根据各检测点的差异随机设定自校正的周期间隔及其标准样品的采样时间，从而自动修正各检测点的含量计算模型。

（3）每个探头是一个独立的实体，全密封安装在金属壳体内，从而适应环境相对恶劣的工业现场。

（4）该系统可实现一机多探头、多元素的在线检测，目前最大扩展能力达 16 个检测点。

（5）分析准确度（相对标准误差）：原矿类：2% ~ 8%；精矿类：0.6% ~ 5%；尾矿类：5% ~ 20%。

该仪器系统已经在浙江、铜陵有色公司、南京锌阳公司等选矿厂推广应用。

仪器在平水铜矿选矿厂原矿、总铜精、一次铜精、锌精四个测量点安装后的考核运行及测量准确度如下：

（1）原矿：铜相对标准误差小于 10%，锌（1.0% ~ 4.0%）作为参考；

（2）总铜：铜相对标准误差小于 4%；

（3）一次铜：铜相对标准误差小于 4%；

（4）锌精矿：锌相对标准误差 2% ~ 2.5%。

仪器在安庆铜矿选矿厂原、精、尾三个测量点安装后，对该三个测点作了采样标定。原、精、尾矿流中 Cu 的测量准确度分别为 7.63%、3.34%、13%。

选矿产品的质量与选矿生产工艺流程中的三大参数——粒度、浓度、品位有直接关系。在线 X 荧光品位分析仪被誉为选矿厂的"眼睛"，它可以实时连续地同时测量出矿浆品位和浓度这两个参数。根据品位的测量结果调节浮选槽液位、药剂添加量，就可以在保证产品质量合格的前提下，提高矿石处理量、金属回收率和产品合格率，对提高选矿厂技术经济指标和选矿厂自动化水平、减轻工人劳动强度具有重要意义。同时，我国有各类矿山企业十多万个，其中全民矿山企业近 8000 个，仪器市场容量很大，产业化前景广阔。另外它还可以拓展出测定水泥、金银饰品、磨料合金及其他新材料的系列仪器。且价格仅为国外同类仪器的 1/3，因此在市场上具有很强的竞争力，可以取代进口仪器，进而出口创汇。

4 尾矿综合利用技术

尾矿，就是选矿厂在特定技术经济条件下，将矿石磨细、选取"有用组分"后所排放的废弃物，也就是矿石经选别出精矿后剩余的固体废料。一般是由选矿厂排放的尾矿矿浆经自然脱水后所形成的固体矿业废料，是固体工业废料的主要组成部分，其中含有一定数量的有用金属和矿物，可视为一种"复合"的硅酸盐、碳酸盐等矿物材料，并具有粒度细、数量大、成本低、可利用性大的特点。通常尾矿作为固体废料排入河沟或抛置于矿山附近筑有堤坝的尾矿库里，因此，尾矿是矿业开发、特别是金属矿业开发造成环境污染的重要来源；同时，因受选矿技术水平、生产设备的制约，也是矿业开发造成资源损失的常见途径。换言之，尾矿具有二次资源与环境污染双重特性。

大量的尾矿已成为制约矿业持续发展，危及矿区及周边生态环境的重要因素。纵观矿业发展所遇到的严峻挑战，在矿石日趋贫化、资源日渐枯竭、环境意识日益增强的今天，解决困扰的根本出路在于二次资源的开发利用。因此，尾矿综合利用是矿业持续发展的必然选择。

当前科学技术的进步，尤其是选矿、冶金及非金属矿在各个领域广泛应用等技术的进步，都为尾矿利用奠定了坚实的技术基础。尾矿的综合利用主要包括两方面的内容，一是尾矿作为二次资源再选，再回收有用矿物，精矿作为冶金原料；二是尾矿的直接利用，是指未经过再选的尾矿原矿的直接利用，即将尾矿按其成分归类为某一类或几类非金属矿来进行利用。如利用尾矿筑路、制备建筑材料、作采空区填料，甚至作为硅铝质、硅钙质、钙镁质等重要非金属矿用于生产高新制品。尾矿利用的这两个途径是紧密相关的，矿山可根据自身条件选择其一优先发展，也可两者结合共同开发，即先综合地回收尾矿中的有价组分，再将余下的尾矿直接利用，以实现尾矿的整体综合利用。

4.1 尾矿中有用金属与矿物回收技术

尾矿中有用金属与矿物回收即尾矿再选包括老尾矿及新产生尾矿的再选，还包括改进现行技术减少新尾矿的产生量。尾矿再选使其成为二次资源，可减少尾矿坝建坝及维护费，节省破磨、开采、运输等费用，还可节省设备及新工艺研制的更大投资，因此受到越来越多的重视。

4.1.1 铁尾矿再选技术

铁尾矿再选的难题在于弱磁性铁矿物、共伴生金属矿物和非金属矿物的回收。弱磁性铁矿物、共伴生金属矿物的回收，除少数可用重选方法实现外，多数要靠强磁、浮选及重磁浮组成的联合流程，需要解决的关键问题是有效的设备和药剂。采用磁—浮联合流程回收弱磁性铁矿物，磁选的目的主要是进行有用矿物的预富集，以提高入选品位，减少入浮矿量并兼脱除微细矿泥的作用。为了降低基建和生产成本，要求采用的磁选设备最好具有处理量大且造价低的特点。用浮选法回收共生、伴生金属矿物，由于目的矿物含量低，为获得合格精矿和降低药剂消耗，除采用预富集作业外，也要求药剂本身具有较强的捕收能力和较高的选择性。因此今后的方向是在研究新型高效捕收剂的同时，可在已有的脂肪酸类、磺酸类药剂的配合使用上开展一些研究工作，以便取长补短，兼顾精矿品位和回收率。对于尾矿中非金属矿物的回收，多采用重浮或重磁浮联合流程，因此，研究具有低成本、大处理量、适应性强的选矿工艺、设备及药剂就更为重要。

我国铁矿选矿厂尾矿具有数量大、粒度细、类型繁多、性质复杂的特点，每选出 1t 铁精矿要排出 2.5~3t 尾矿。目前，我国堆存的铁尾矿量高达十几亿吨，占全部尾矿堆存总量的近 1/3。因此，铁尾矿再选已引起钢铁企业重视，并已采用磁选、浮选、酸浸、絮凝等工艺从铁尾矿中再回收铁，有的还补充回收金、铜等有色金属，经济效益更高。

4.1.1.1 铁尾矿中铁矿物回收技术

A 基本原理

(1) 磁选。将需回收的尾矿先经磁选机回收粗精矿，粗精矿汇集后由渣浆泵给入原选矿厂主流程即可；再选后的尾矿经原有尾矿溜槽进入浓缩池，浓缩后的尾矿输送到尾矿库。

(2) 重选。回收的尾矿经浓缩或脱泥后，采用跳汰机或螺旋溜槽等重选设备，选出合格的铁精矿进入磁精矿池，再选后的尾矿输送到尾矿库或风干用作建筑材料。

(3) 磁选—浮选联合选别。有些铁尾矿中的碳酸铁矿物及硫化矿单独用磁选或重选的方法不能够达到有效回收，因此需要采用磁浮联合工艺。选矿厂可根据矿石中铁矿物的组成及所需回收铁矿物的特点，采用阶段磨矿再分级，先浮选后磁选或先磁选再浮选的工艺流程。

B 工程实例

a 采用磁选回收铁矿物的应用实例

(1) 武钢程潮铁矿选矿厂。武钢程潮铁矿属大冶式热液交代矽卡岩型磁铁矿床，选矿厂年处理矿石 2000kt，生产铁精矿 851.1kt，排放尾矿的含铁品位一般在 8%~9%，尾矿排放浓度 20%~30%，尾矿中的金属矿物主要有磁铁矿、赤铁矿（镜铁矿、针铁矿）；次为菱铁矿、黄铁矿；少量及微量矿物有黄铜矿、磁黄铁矿等。脉石矿物主要有绿泥石、金云母、方解石、白云石、石膏、钠长石及绿帘石、透辉石等。其中磁性铁矿物中含铁为 1.75%，占全铁的 24.37%；赤褐铁矿中含铁为 3.75%，占全铁的 52.23%；而磁铁矿多为单体，其解离度大于 85%，极少与黄铁矿、赤褐铁矿及脉石连生；赤褐铁矿多为富连生体，与脉石连生，其次是与磁铁矿连生。

程潮铁矿选矿厂选用一台 JHC120-40-12 型矩环式永磁磁选机作为尾矿再选设备进行尾矿中铁的回收。选矿厂利用现有的尾矿输送溜槽，在尾矿进入浓缩池前的尾矿溜槽上，将 2 节金属溜槽拆下来，以此为场地设计为 JHC 永磁磁选机槽体，安装一台 JHC 型矩环式永磁磁选机，使选矿厂的全部尾矿进行再选，再选后的粗精矿用渣浆泵输送到现有的选别系统继续进行选别，经过细筛、再磨、磁选作业程序，获得合格的铁精矿；再选后的尾矿经原有尾矿溜槽进入浓缩池，浓缩后的尾矿输送到尾矿库。尾矿再选工艺流程如图

4-1所示。程潮铁矿选矿厂尾矿再选工程于1997年2月正式投入生产，取样考查结果表明，选矿厂尾矿再选后可使最终尾矿品位降低1%左右，金属理论回收率可达20.23%，每月可创经济效益10.8万元，年经济效益可达124.32万元。所选用的JHC型矩环式永磁磁选机具有处理能力大、磁性铁回收率高、无接触磨损的冲洗水卸矿、结构简单、运行可靠、作业率高、成本造价低及使用寿命长等优点。

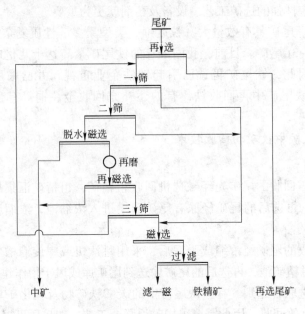

图4-1　尾矿再选工艺流程

（2）冯家峪铁矿。冯家峪铁矿属鞍山式沉积变质矿床，选矿厂设计年处理原矿800kt，选矿厂采用阶段磨矿磁选工艺流程。尾矿含铁品位一般在7%~8%，排放浓度5%~6%，尾矿中的铁矿物为单一的磁铁矿，脉石矿物主要为石英、云母、角闪石及斜长石等。

为完善工艺流程，充分利用铁矿资源，选矿厂采用HS-ϕ1600×8盘式磁选机直接从尾矿中回收粗精矿。将原ϕ426铸铁管改为明槽，利用厂房现有尾矿排放高差，使再选后的粗精矿自流至细筛筛上泵池，给入二段ϕ2.7×3.6m球磨机进行再磨。磨矿、选别及过滤作业均利用原工艺流程的设备。尾矿再选工艺仅增加一台HS-ϕ1600×8盘式磁选机及60m²厂房，增加尾矿再选后的工艺流程如图4-2所示。生产实践表明，尾矿再选可使选矿厂最终尾矿品位降低0.81%，每年可从排放的尾矿中多回收合格精矿约7200t。

（3）本钢南芬选矿厂。选矿厂设计年处理原矿石10000kt，尾矿含铁品位一般在7%~9%，设计总尾矿排放浓度12%左右。尾矿中的铁矿物主要为磁铁矿，其次为黄铁矿、赤铁矿，脉石矿物主要为石英、角闪石、透闪石、绿帘石、云母、方解石等。南芬尾矿再选厂选用HS回收磁选机和再磨再选加细筛自循环弱磁选流程回收尾矿中的铁矿物，工艺流程如图4-3所示。目前尾矿再选厂每年大约可生产品位在60%~65%的低品位铁精矿100kt左右，年创效益500万元以上。

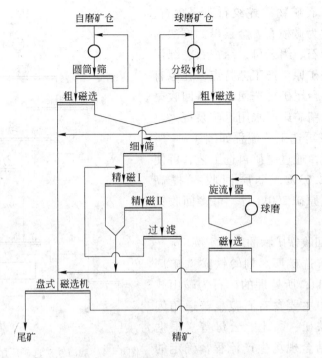

图 4-2 增加尾矿再选工艺流程

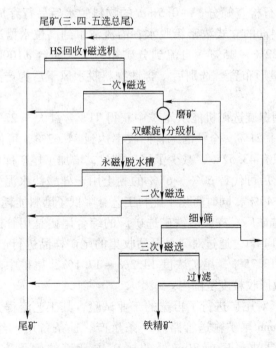

图 4-3 本钢南芬选矿厂再选厂工艺流程

（4）威海铁矿选矿厂。威海铁矿选矿厂年处理原矿 250 ~ 300kt，年产铁精矿 80 ~ 100kt，每年向尾矿库排放尾矿 120kt 以上。经取样分析结果表明，尾矿品位为 5.92%，主要金属矿物为磁铁矿，其次为黄铁矿、磁黄铁矿，再次为赤铁矿、褐铁矿、闪锌矿、黄铜矿、辉铜矿；脉石矿物以蛇纹石、透辉石、透闪石为主，其次为橄榄石、金云母，再次为斜长石、石英、滑石、绢云母、绿帘石、绿泥石。选矿厂根据铁矿原生产工艺特点，在原有尾矿输送前增设一台尾矿再选回收设备回收尾矿中的铁，同时把精矿厂回水用返矿泵打入尾矿再选设备。尾矿再选工艺流程如图4-4所示。实际生产表明，通过尾矿再选工艺，可使尾矿品位降低2.63%，金属回收率提高5.63%。按年处理原矿200kt计，可多回收铁精矿4931t。

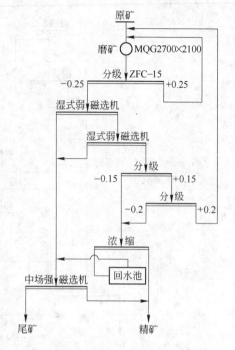

图4-4　威海铁矿选矿厂尾矿再选工艺流程

b　采用重选回收铁矿物的应用实例

(1) 刘岭铁矿选矿厂。刘岭铁矿选矿厂年处理能力达300kt，所处理的矿石为鞍山式贫磁铁矿。尾矿中主要含有石英、普通角闪石、铁闪石、褐铁矿、黏土、云母等。根据小型试验结果及结合现场生产流程，确定的尾矿综合回收的工艺流程为：将原流程的尾矿经0.5mm的筛子进行检查筛分，+0.5mm的物料脱水后另行存放，-0.5mm的矿浆由泵输送到φ2m、高4m的立式浓密箱脱水，溢流清水到高位水槽进入厂房为磁选冲洗水；底流浓度控制在22%~25%，自流到分矿箱，给入9台φ1000mm的螺旋选矿机，螺旋选矿机分3组为星形布置。选别后，含铁物料脱水风干后为产品，送水泥厂，尾矿泵至尾矿坝。

生产结果表明，用螺旋选矿机能从尾矿中获得TFe含量大于22%的含铁物料，含铁物料的平均回收率为11.21%，全铁的综合回收率达到84.62%，可使近30%的尾矿得到利用；最终尾矿产率只有43.52%，减少了尾矿排放，增加了尾矿库的服务年限。生产所得的含铁物料脱水风干后可代替60%~65%的黏土用于硅酸盐水泥生料配料，能节省铁粉（TFe=50%）用量40%，同时简化了配料工艺，降低了磨料能耗。

(2) 齐大山铁矿选矿厂。齐大山铁矿选矿厂的综合尾矿是用管道输送到周家沟尾矿坝堆存，日排放尾矿约14kt，通过对2号泵站收集的尾矿样品进行产品粒度化学分析知，尾矿中含铁11.47%~13.75%，尾矿浓度14.2%~17.1%，尾矿中尚有数量可观的铁矿物处在螺旋溜槽的有效回收粒度范围内。

齐大山铁矿选矿厂对尾矿进行了再选的工业试验，其工艺流程为：选矿厂排放的尾矿浆，通过两条φ800mm尾矿输送管路（一条生产、一条备用）经泵站加压后，扬送到尾矿坝内，再从二泵站泵房前30m处的尾矿主管道的侧下方，分别引出直径为108mm的尾矿分管路，经技术处理后，利用矿浆余压和助推力，把矿浆送至距地面7m高的矩形矿浆分配器中，矿浆经螺旋溜槽浓缩和脱泥后，再进行两段重选，选别设备分别为φ1200mm四节距和五节距的螺旋溜槽，最后分离出三种产品，精矿和中矿自流到各自的泵池，自然脱水后再运到料场待售。尾矿用4PNJ胶泵强制送入后面的尾矿总管路中。考虑连续运转的必要性，线流管路、三段矿浆泵均有备用设备。为了保证连续排矿，修建了容积为17m³的5个高位储矿槽，分别堆存精矿和中矿，并修建了面积约400m²的露天料场。

通过一年多的工业试验表明，尾矿经再选后可获得含铁57%～62%的冶金用铁精矿和含铁35%～45%的建材工业用水泥熔剂，最终综合尾矿品位为9.52%～12.47%。

c 采用磁浮联合工艺回收铁矿物的应用实例

太钢峨口铁矿属鞍山式条带状大型贫磁铁矿床，矿石中的铁矿物虽然以磁铁矿为主，但含有一定数量的碳酸铁矿物（约占全铁的20%左右）。目前，选矿厂年处理原矿近400Mt，采用阶段磨矿—三段弱磁选工艺，只能回收强磁性铁矿物，碳酸铁矿物等弱磁性矿物流失在尾矿中，因此铁回收率低（60%左右），造成大量资源的浪费。马鞍山矿山研究院针对该尾矿的特点，提出了细筛—强磁—浮选工艺回收尾矿中的碳酸铁，扩大连选试验取得了较好的效果。碳酸铁回收工业实施的推荐工艺如图4-5所示。

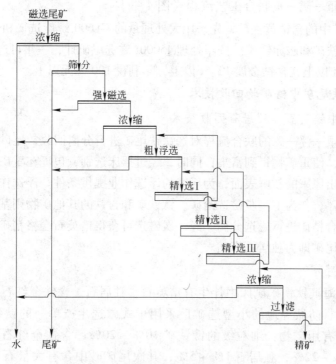

图4-5 碳酸铁回收工业实施的推荐工艺

试验结果表明，可以获得铁品位35%以上（烧后52%以上）、SiO_2含量小于5%、碱比大于3的铁精矿，总的铁回收率可提高15个百分点以上，经初步技术经济分析，该矿年处理原料3800kt，原产含铁64.5%的精矿980kt，排尾矿2820kt，尾矿经再选可增产含铁35.3%的超高碱度铁精矿530kt，可使选矿厂年增产值约为8662.38万元，年增效益额约为4018.59万元。

4.1.1.2 铁尾矿中钴矿物回收技术

A 基本原理

采用重—磁—重联合工艺流程回收磁选尾矿中的含钴黄铁矿，可先采用大处理量的螺旋选矿机丢尾，再用磁选除去磁铁矿和磁赤铁矿，最后采用摇床重选回收磁选尾矿中的含钴黄铁矿。

　　B　应用实例

　　铁山河铁矿为白云岩水热交代磁铁矿床，可回收利用的矿物除磁铁矿外，还有含钴黄铁矿，由于建厂时伴生的含钴黄铁矿未考虑回收，选矿厂的磁选尾矿中含硫 3.6%、含钴 0.065%，钴绝大多数以类质同象形式存在于黄铁矿中，另一部分存在于褐铁矿、赤铁矿、磁赤铁矿中。黄铁矿中的钴约占 60%，铁矿物中的钴约占 15%，其他脉石中的钴约占 25%。纯黄铁矿单体中，钴含量最高为 0.79%。一部分黄铁矿氧化为褐铁矿，在褐铁矿中尚有黄铁矿的残余。采用重—磁—重联合工艺流程（图 4 –

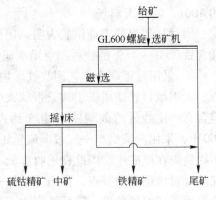

图 4 – 6　重—磁—重联合工艺流程

6）回收磁选尾矿中的含钴黄铁矿，先采用大处理量的 GL600 螺旋选矿机丢尾，再用磁选除去带磁性的磁铁矿和磁赤铁矿。按年处理 45000t 磁选尾矿计，一年可产含钴大于 0.5% 的硫钴精矿 2500t 以上，含钴金属 12.5t 以上，年利税 100 万元以上。

4.1.1.3　铁尾矿中锆矿物回收技术

　　A　铁尾矿中锆英石和独居石回收技术

　　选矿厂采用重—浮—磁的联合流程对选钛铁尾矿进行分离回收，尾砂经摇床选别抛掉大部分脉石矿物，使重矿物得到富集；同时，经过摇床选别，包裹在重矿物上的黏土被排除，让矿物暴露出原来的新鲜表面，为后续的浮选作业提供条件。浮选作业将锆英石和独居石矿物一同混浮，作为下一步磁选给矿，钛铁矿和含铁的其他矿物则基本被留在浮选尾矿中，浮选的混合精矿进行磁选分离，经一次磁选可获得锆英石合格精矿，所得磁性产品经再一次磁选，尾矿即为独居石产品。

　　B　应用实例

　　广西北部湾海滨钛铁矿矿床中伴生有锆英石、独居石、含铁金红石等可综合利用的有用矿物。钦州、防城等地的小型选矿厂采用干式磁选生产单一的钛铁矿产品，尾矿中仍含有大量的有用矿物：细粒级的钛铁矿 10% ~20%，含铁金红石与锐钛矿 1% ~3%，锆英石 7% ~22%，独居石 1% ~5%；其次尾矿砂中含有大量石英砂，极少量的电气石、白钛石、石榴子石、黑云母等矿物。对尾矿砂进行筛析表明，粒度大都在 −0.2 +0.05mm 之间，矿物的单体解离度十分理想，连生体仅偶见。选厂采用了重—浮—磁的联合生产工艺流程对选钛尾矿进行分离回收，只在选矿厂原有的 PC3 ×600 型干式磁选机基础上，增加一台 6 – S 型细砂摇床及一台 3A 单槽浮选机。选矿厂生产工艺流程如图 4 – 7 所示。

　　尾砂经摇床选别抛掉大部分脉石矿物，再进行浮选作业。浮选作业将锆英石、独居石一同混浮，作为下一步磁选给矿，钛铁矿和含铁金红石则基本被留在浮选尾矿中，入浮的粗精矿在粒度在 0.2mm 以下，矿浆浓度按入浮品位高低控制在 50% 左右，浮选在常温下即可进行，正常的药剂制度为：pH 值调整剂碳酸钠 0.31kg/t、市售肥皂（配制成 20% 的

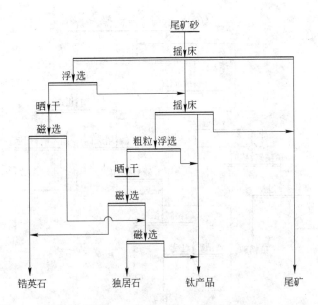

图4-7 选矿厂生产工艺流程

溶液）0.15～0.03kg/t、捕收剂煤油0.05～0.01kg/t；浮选时间：搅拌7min、粗选12min、扫选5min。浮选尾矿与摇床中矿合并，进行第二次摇床选别，回收较粗粒的锆英石、独居石。

晒干的混合精矿进入 PC3×600 型干式三盘磁选机进行磁选分离，经一次磁选可获得 $(ZrHf)O_2$ 大于60%的锆英石合格精矿，而磁性产品经再一次磁选尾矿即为独居石产品（TR51%）。利用该工艺选别民采尾矿选钛后尾砂中的重矿物，在获得合格锆英石精矿产品同时，产出含钛产品和独居石两种副产品，而且锆英石精矿回收率高，技术指标较好，提高了矿石的综合利用率，明显地提高了选矿厂的经济效益。

4.1.1.4 铁尾矿中硫、磷回收技术

A 基本原理

将选铁尾矿经浓缩—脱渣—分级—磨矿—再分级—再浓缩制备成浮选矿浆，选磷工艺为一粗二精一扫，选硫工艺为一粗二精。

B 应用实例

马钢南山铁矿属高温热液型矿床，矿石自然类型复杂，各类型矿石中含有不同程度的磷灰石、黄铁矿。凹山选矿厂生产能力为年处理原矿量5000kt，每年尾矿排放量2900000m³，选矿厂建立了选磷厂，采用浮选工艺回收尾矿中的硫磷资源。其矿浆准备工艺流程及浮选工艺流程分别如图4-8、图4-9所示，其中选磷工艺所得磷精矿含磷14%～15%，选硫工艺所得硫精矿含硫33%～34%。每年可从尾矿中回收磷精矿300kt，硫精

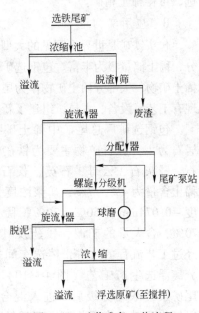

图4-8 矿浆准备工艺流程

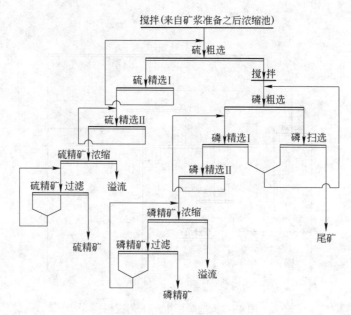

图 4-9　选别工艺流程

矿 90kt，相当于一个中型的磷、硫选矿厂的精矿产量。

4.1.1.5　铁尾矿中稀土回收技术

A　基本原理

尾矿槽吸取的矿浆经浓缩分级后，进入混合浮选选别作业，使萤石、重晶石、磷灰石等含钙、钡矿物及稀土矿物与铁硅酸盐矿物分离，经过一粗多扫作业获得萤石、稀土混合泡沫产品；混合泡沫经脱泥脱药后进入稀土粗选作业，将粗选作业得到的泡沫再进行精选，可得稀土精矿。

B　应用实例

包头铁矿是世界上罕见的大型多金属共生矿床，富含铁、稀土、铌、萤石等多种有价成分，稀土储量极为丰富。包钢选矿厂自投产以来主要回收该矿石中的铁矿物，其次回收部分稀土矿物，大部分稀土矿物作为尾矿排入尾矿坝中，为了加强稀土回收，包钢稀土三厂利用现有工艺、设备、人员，组建了新选矿车间从包钢选矿厂总尾矿溜槽中回收稀土精矿。

包钢选矿厂总尾矿中稀土矿物以氟碳铈及独居石为主，脉石矿物主要为铁矿物、萤石、重晶石、磷灰石、云母、石英、长石以及碳酸盐等。稀土含量为 4%～7%，矿浆浓度为 2%～5%，粒度 -0.074mm 占 50%～70%，稀土单体为 50%～70%，含大量的矿泥、残药及其他混入的杂质。经过工艺流程的改进，精选车间采用混合浮选和分离浮选生产工艺（图 4-10）回收稀土精矿，尾矿浆经浓缩分级后，进入混合浮选选别作业，以氧化石蜡皂作捕收剂，碳酸钠、水玻璃作调整

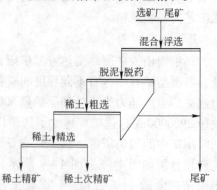

图 4-10　回收稀土矿物原则流程

剂和抑制剂，在 pH 值为 9 ~ 10 的碱性介质中进行浮选，使萤石、重晶石、磷灰石等含钙、钡矿物及稀土矿物与铁硅酸盐矿物分离，经过一粗多扫作业获得萤石、稀土混合泡沫产品；混合泡沫经脱泥脱药后进入稀土粗选作业，稀土粗选以 C5 ~ C6 烷基异羟肟酸作稀土矿物的捕收剂，碳酸钠为 pH 值调整剂，氟硅酸钠为稀土矿物的活化剂以及作为某些脉石矿物的抑制剂，在 pH 值为 9 ~ 9.5 时浮选稀土矿物，稀土粗选泡沫加入上述药剂后直接进入精选。生产操作稳定，流程结构简单紧凑，适应性强，分选效果好，选别指标高，经济效益显著。在原料可选性较差的情况下，最终仍可获得含 REO ≥50% 的合格稀土精矿，使稀土精矿产率平均提高 2% ~3%，回收率增加 15% ~ 20%。

4.1.1.6 铁尾矿中钛、钼回收技术

A 基本原理

一般选用浮选，采用一粗一扫多次精选作业获得合格精矿。

B 应用实例

四川攀枝花密地选矿厂每年可处理钒钛磁铁矿 13500kt，年产钒钛铁精矿 588.30kt。磁选尾矿中还含有有价元素铁 13.82%、TiO_2 8.63%、硫 0.609%、钴 0.016%。为了综合回收利用磁选尾矿中的钛铁和硫钴，采用粗选（包括隔渣筛分、水力分级、重选、浮选、弱磁选、脱水过滤等作业）、精选（包括干燥分级、粗粒电选、细粒电选、包装等作业）处理加工磁选尾矿，每年可获得钛精矿（TiO_2 46% ~ 48%）50kt，以及副产品硫钴精矿（硫品位 30%，钴品位 0.306%）6400t。

潘洛铁矿为矽卡岩型铁矿床，矿石成分较为复杂。选铁尾矿含钼 0.006% ~ 0.02%，分别于 2006 年 1 月、8 月开始投产采用浮选流程（图 4 – 11）回收尾矿中的钼、锌、硫，年产 42% 钼精矿 45t，年产值 567 万元；年产锌精矿 1800t，年产值 1160 万元；年硫精矿产量增加 15.3kt，可增加利润 30 万元。

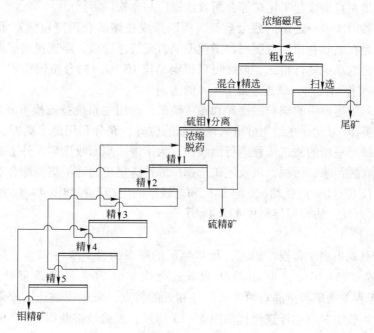

图 4 – 11 磁选尾矿中钼回收工艺流程

4.1.2 铜尾矿再选技术

铜矿石品位日益降低，每产出 1t 铜就会有 100t 废石和尾矿产生，从数量庞大而含铜低下的选铜尾矿中回收铜及其他有用矿物既有重要的经济和环境意义，又有不少困难。根据尾矿成分，从铜尾矿中可以选出铜、金、银、铁、硫、萤石、硅灰石、重晶石等多种有用成分。

4.1.2.1 铜尾矿中铜、铁及金等伴生矿物回收技术

A 基本原理

铜在矿床中主要呈硫化物存在，并与磁铁矿、黄铁矿、金等伴生，因此常选用联合选别工艺流程。有些选矿厂采用磁浮联合作业，磁粗精矿浮选脱硫后的脱硫尾矿（浮选粗精）中会含有部分铁、铜、硫，可对该部分尾矿（浮选粗精矿）再磨后，经一粗二精三扫的浮选得到铜精矿；尾矿中的铁可采用磁选法回收。有些选矿厂对含金、银等的矿物采用常规的浮—重—磁联合工艺流程综合回收。对于伴生矿物菱铁矿可采用强磁法回收，伴生矿物重晶石可采用浮选方法回收。各选矿厂一般根据各自矿石的特点采用不同的工艺流程来回收有利用价值的金属矿物。

B 应用实例

a 安庆铜矿

该厂矿石类型分为闪长岩型铜矿、矽卡岩型铜矿、磁铁矿型铜矿及矽卡岩型铁矿等四类，矿石的组成矿物皆为内生矿物。主要金属矿物为黄铜矿、磁铁矿、磁黄铁矿、黄铁矿，经浮选、磁选回收铜、铁、硫后，仍有少量未单体解离的黄铜矿进入总尾矿；磁黄铁矿含铁和硫，磁性仅次于磁铁矿，在磁粗精矿浮选脱硫时，因其磁性较强，不可避免地夹带一些细粒磁铁矿进入尾矿。选矿厂的总尾矿经分级后，+20μm 粒级的送到井下填储砂仓；−20μm 粒级的给入尾矿库。为了从尾矿中综合回收铜、铁资源，安庆铜矿充分利用闲置设备，因地制宜地建起了尾矿综合回收选铜厂和选铁厂。

选矿厂尾砂因携带一定量的残余药剂，所以造成在储矿仓顶部自然富集含 Cu、S 的泡沫。选铜厂是在储砂仓顶部自制一台工业型强力充气浮选机，浮选粗精矿再磨后，经一粗二精三扫的精选系统进行精选，最终可获得铜品位 16.94% 的合格铜精矿。因此，投资 30 万元在充填搅拌站院内，就近建成 25t/d 的选铜厂。

选铁厂针对细尾砂中的细粒磁铁矿和磁黄铁矿，利用主系统技改换下来的 CTB718 型弱磁选机，投资 10 万元，在细尾砂进入浓缩前的位置，充分利用地形高差，建立了尾矿选铁厂，采用一粗一精的磁选流程进行回收铁。为了进一步回收选矿厂外溢的铁资源，又将矿区内各种含铁污水、污泥，以及尾矿选铜厂的精选尾矿通通汇集到综合选铁厂来。最终可获得铁品位 63.00% 的铁精矿。选铜厂和选铁厂的生产流程如图 4-12 所示。两厂年创产值 491.95 万元，估算每年利税 421.45 万元。

b 观山铜矿

江苏溧水县观山铜矿自投产以来，历年尾矿的产率约为 90%~95%，尾矿的主要矿物含量为菱铁矿 54.61%、重晶石 9.32%、黄铁矿 3.26%、赤铁矿 1.04%、石英 30.99%。考虑到菱铁矿和重晶石两者可浮性相近的特点，采用强磁选回收菱铁矿和浮选回收重晶石，回收重晶石的浮选流程如图 4-13 所示，试验最终获得 $BaSO_4$ 95.3%、回收率 77.48% 的优质重晶石精矿。

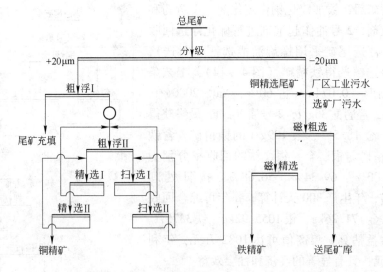

图 4-12 尾矿综合回收选铜厂和选铁厂的生产流程

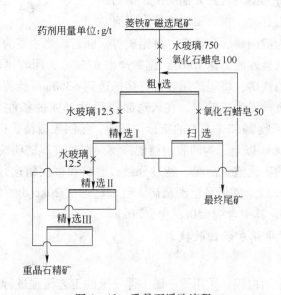

图 4-13 重晶石浮选流程

c 铜绿山铜矿

铜绿山铜矿是大型的矽卡岩型铜铁共生矿床，铜铁品位高，储量大，并伴生金、银。矿石分氧化铜铁矿和硫化铜铁矿，两种类型的矿石进入选矿厂，分两大系统进行选别，选矿厂采用浮选—弱磁选—强磁选的工艺流程生产出铜精矿和铁精矿，产出的强磁尾矿总量约 3000kt，铜金属量 25kt，铁 1320kt。强磁尾矿中铜矿物有孔雀石、假孔雀石、黄铜矿，少量自然铜、辉铜矿、斑铜矿，极少量蓝铜矿和铜蓝；铁矿物主要有磁铁矿、赤铁矿、褐铁矿和菱铁矿，非金属矿物主要有方解石、玉髓、石英、云母和绢云母，其次有少量石榴子石、绿帘石、透辉石、磷灰石和黄玉。在试验的基础上，选矿厂设计建立了日处理 1kt 的强磁尾矿综合利用厂，采用常规的浮—重—磁联合工艺流程综合回收铜、金、银和铁。

强磁尾矿经磨矿后，添加硫化钠作硫化剂，丁黄药和羟肟酸作捕收剂，2 号油作起泡剂进行硫化浮选回收铜、金、银，浮选尾矿采用螺旋溜槽选铁（粗选），铁粗精矿用磁选精选得铁精矿（图 4 – 14），工艺条件为：磨矿细度 – 0.074mm 占 60%，Na_2S 2000g/t，丁黄药 175g/t，羟肟酸 36g/t，2 号油 20g/t。最终获得含铜 15.4%、金 18.5%、银 109g/t 的铜精矿，含铁 55.24% 的铁精矿，铜、金、银、铁的回收率分别为 70.56%、79.33%、69.34%、56.68%。按日处理 900t 强磁尾矿，年生产 300 天计算，每年可综合回收铜 1435.75t、金 171.26kg、银 1055.92kg、铁 33757t。经初步经济效益估算，年产值可达 1082 万元，年利润约 1000 万元，具有显著的经济和社会效益。

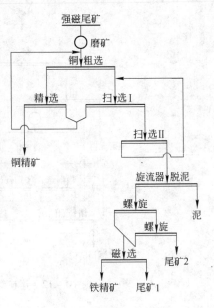

图 4 – 14　工艺流程

d　德兴铜矿

德兴铜矿是我国特大型斑岩露天铜矿山，矿石中除主金属铜外，还伴生有金、银、钼、硫等许多有益组分。矿石矿物主要为黄铜矿、黄铁矿、辉钼矿等，脉石矿物主要为石英、绢云母、绿泥石、黑云母等。日采选处理能力达 100kt，尾矿产率 97%。为回收尾矿中的有用组分，采用重选法旋流器回收硫铁矿，将尾矿用砂泵直接扬送到 ϕ350mm 旋流器，硫铁矿因其密度大、粒度偏粗富集到沉砂成为硫精矿。在入选品位超过 25% 的条件下，可获得硫精矿品位 35%~40%、作业回收率 60% 左右的指标。目前，年回收硫精矿折合量超过 300kt，每年减少固体排放物 1000kt 以上。为回收铜精矿，德兴铜矿在尾矿明渠中设置泡沫汇集板，将尾矿中粗粒级含铜的矿化泡沫刮起，经过分级、磨矿和多次精选，适量添加黄药、111 号起泡剂，可获得 13% 以上的低品位铜精矿。目前已形成 20kt/d 的处理能力，每年可获得低品位铜精矿 5000t，其中含铜 650t，含金 30kg。

4.1.2.2　铜尾矿中钨矿物回收技术

A　基本原理

为综合回收尾矿中的白钨，采用重—磁—浮—重的工艺流程进行尾矿的再选，即首先采用高效的螺旋溜槽作为粗选段主要抛尾设备，抛尾后进一步采用高效磁选设备脱除磁性矿物，再进入摇床选别得钨精矿。

B　应用实例

永平铜矿属含铜、硫为主，并伴生有钨、银及其他元素的多金属矿床。目前永平铜矿选矿厂尾矿日排出量约 7000t，对尾矿中 WO_3 及 S 含量分析，月平均品位为 0.064% 及 2.28%，其 WO_3 含量波动范围为 0.041%~0.093%，每年约有 2000 多吨氧化钨损失于尾矿。

永平铜矿选铜尾矿中的钨主要呈白钨产出，其次为含钨褐铁矿，钨华甚微，白钨矿相含钨占总量的 82.05%，褐铁矿物含钨在 0.14%~0.18% 之间。白钨矿主要与石榴石、透辉石、褐（赤）铁矿、石英连生，粒度 0.076~0.25mm，石榴石中有小于 6μm 的白钨，褐铁矿含钨是高度分散相钨。主要脉石矿物是石榴石和石英，矿物量分别占 32% 和 36%，此外还含有重晶石和磷灰石，这两种矿物的可浮性与白钨矿相似，增加了浮选中分离的难度。白钨矿粒度细，单体分离较晚。呈粗细不均匀分布。0.076～0.04mm 粒级解离率才达69%，连生体中80%以上是贫连生体。

为综合回收尾矿中的白钨，采用重—磁—重—浮—重的工艺流程（图4-15）进行尾矿的再选，即首先采用高效的螺旋溜槽作为粗选段主要抛尾设备，抛弃91.25%的尾矿，

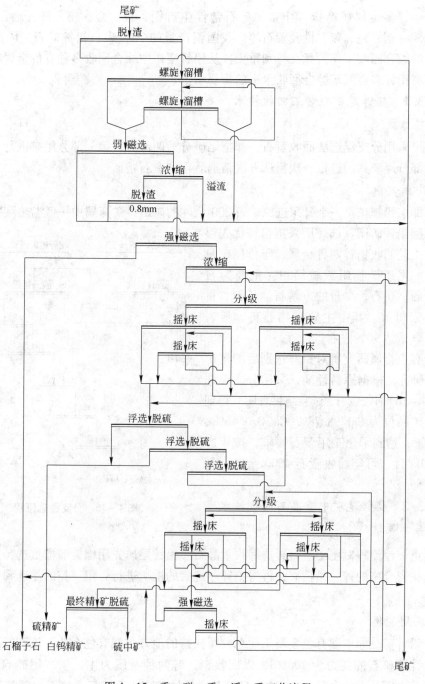

图4-15　重—磁—重—浮—重工艺流程

进一步采用高效磁选设备脱除磁性矿物和石榴子石，使入选摇床尾矿量降至 4% ~ 5%，最大限度节省摇床台数。通过摇床只剩 1% 左右尾矿进入精选脱硫作业，最终获得 WO_3 含量 66.83%、回收率 18.01% 的钨精矿，含硫 42%、回收率 15% 的硫精矿以及石榴子石、重晶石等产品，按日处理 7000t，年 330 天计，年利润总额可达 130 万元。

4.1.3　铅锌尾矿再选技术

我国铅锌多金属矿产资源丰富，矿石常伴生有铜、银、金、铋、锑、硒、碲、钨、钼、锗、镓、铟、铊、硫、铁及萤石等。我国银产量的 70% 来自铅锌矿石。因此铅锌多金属矿石的综合回收工作，意义特别重大。从铅锌尾矿中综合回收多种有价金属和有用矿物，是提高铅锌多金属矿综合回收水平的重要举措。

4.1.3.1　铅锌尾矿中萤石回收技术

A　基本原理

选矿厂采用分支浮选法回收萤石，即把尾矿分为两部分，第一部分尾矿进行一次粗选再同第二部分尾矿共同进行一次粗选五次精选后得到萤石精矿。

B　应用实例

湖南邵东铅锌矿是一个日采选原矿石 200 余吨的矿山，矿床属中—低温热液裂隙萤石—石英脉型铅锌矿床。选矿厂采用铅锌优先浮选的选矿工艺回收铅锌两种金属，年排尾矿量 60 ~ 63kt，尾矿矿物组成较简单，主要为石英、板岩屑、萤石，少量的方解石、长石、重晶石、白云母等，其中主要矿物石英、板岩屑、萤石含量达 90% 左右。

长沙有色金属研究所对铅锌选别后的尾矿进行利用研究，根据原料性质，采用分支浮选流程(图 4 - 16)回收萤石，试验结果表明，得到的萤石精矿品位为 $CaF_2$98.78%、$CaCO_3$0.46%、$SiO_2$0.64%，达到了化工用萤石要求，按年产尾矿量 60kt 计，可年回收萤石 4500 余吨，利润 60 余万元。

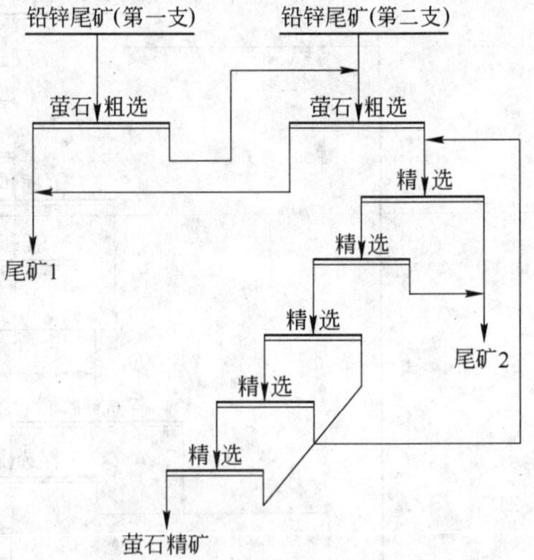

图 4 - 16　分支浮选流程

4.1.3.2　铅锌尾矿中重晶石回收技术

A　基本原理

采用重、浮流程对尾矿进行再选回收重晶石。铅锌尾矿先用螺旋溜槽重选，重选精矿进行浮选获得合格的锌、铅精矿，再将铅锌浮选后的尾矿进行一粗一扫的浮选到合格的重晶石精矿。

B　应用实例

高桥铅锌矿是原中国有色金属工业总公司扶持的地方小型有色企业，该矿经改建，目前采选铅锌原矿石的能力为 200t/d，以回收铅、锌两种金属为主，年产尾砂 60kt 左右。经考查尾矿中重晶石的含量为 7.4%，且已基本单体解离。选矿厂采用重、浮流程对尾矿进行再选回收重晶石，同时，铅锌在重晶石精矿中也有明显富集，故通过二次回收，达到了资源综合利用的目的。回收重晶石的生产流程如图 4 - 17 所示。通过再选高桥铅锌矿每年可从尾矿砂中获重晶石精矿约 3000t，年利润约 30 万元，回收的重晶石精矿含 $BaSO_4$ 为 97.8%，符合橡胶填料 II 级产品要求。

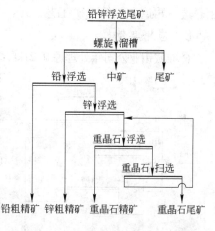

图 4 - 17　回收重晶石的生产流程

4.1.3.3　铅锌尾矿中钨回收技术

A　基本原理

可用旋流器、螺旋溜槽及摇床富集浮选尾矿中的钨矿物，即尾矿先用水力旋流器分级，分级后的粗粒级采用一粗三扫的螺旋溜槽重选后，得到的粗精矿进入摇床，用摇床选出黑钨矿精矿；分级后的细粒级用螺旋溜槽得到粗精矿后采用浮选得到白钨矿精矿。

B　应用实例

宝山铅锌银矿为一综合矿床，选矿厂处理的矿石分别来自原生矿体和风化矿体。矿石中的主要有用矿物为黄铜矿、辉钼矿、方铅矿、闪锌矿、辉铋矿、黄铁矿、白钨矿、黑钨矿等，主要脉石矿物为钙铝榴石、钙铁榴石、石英、方解石、辉石、角闪石、高岭土等。选矿厂硫化矿浮选尾矿中含有低品位钨矿物，主要是白钨矿。原生浮选铅锌后的尾矿中含 0.127% 的 WO_3，其中白钨矿约占 81%，黑钨矿占 16%，钨华占 3%。白钨矿的粒度 80% 集中在 -0.074 ~ +0.037mm 内，黑钨矿的粒度 65% 集中在 -0.037 ~ +0.019mm 内。

风化矿石浮选尾矿的性质与原生矿类似，WO_3 含量为 0.134%，但黑钨矿的含量比原生矿稍高，约占 25%。白钨矿的粒度较细，大部分集中在 -0.074 ~ +0.019mm 之间。脉石矿物以钙铁辉石为主并有较多的长石和铁矿物。

试验研究表明，选用旋流器、螺旋溜槽及摇床富集浮选尾矿中的钨矿物（图 4 - 18），可获得 WO_3 含量为 47.29% ~ 50.56%、回收率为 18.62% ~ 20.18% 的精矿，同时选出产率为 26.95% ~ 34.027% 的需再进行白钨浮选的粗精矿，与单一浮选相比，浮选白钨的矿量减少了 73.05% ~ 65.97%，从而可大量节省药剂用量，降低选矿成本。

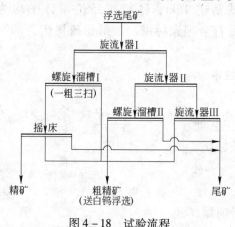

图 4 - 18　试验流程

4.1.4　钼尾矿再选技术

4.1.4.1　钼尾矿中铁回收技术

A　基本原理

选矿厂选钼都采用浮选法经多次精选得到精矿产品，要充分回收尾矿中的磁铁矿可采用磁选—再磨—细筛选矿工艺。

B　应用实例

金堆城钼业公司年处理原矿21kt，采用优先浮钼、再浮硫、后丢尾，钼精矿集中再磨、多次精选，钼精选尾矿再选铜后再丢尾的原则流程，共有钼精矿、硫精矿、铜精矿三种产品，其中钼硫尾矿占原矿总量的95%，矿浆浓度28%～32%，－0.074mm含量50%～60%。含铁品位5.7%～8.3%，MFe平均为0.8%，硫品位0.4%～0.6%。

为综合回收磁铁矿，金堆城钼业公司与鞍钢矿山研究所合作，采用磁选—再磨—细筛选矿工艺，成功地回收了钼硫尾矿中的磁铁矿，生产工艺流程如图4-19所示。采取的技术措施为：

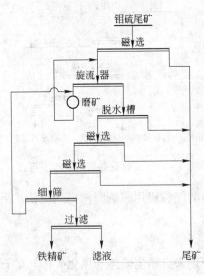

图4-19　铁精矿生产工艺流程

（1）利用生产厂房场地空隙，将一段磁选机配置在选硫浮选机和尾矿溜槽之间，利用高差使钼硫尾矿自流给入磁选机选别，磁选尾矿再自流到尾矿溜槽，而将产率不到2%的磁选粗精矿用砂泵扬送到另一厂房再磨再选，可节省磁选原矿、尾矿流量约3000m³/h的扬送费用。

（2）借用闲置的ϕ2.1m×4.5m球磨机及厂房作为磁铁矿的再磨再选厂厂房，可节省投资70万元，缩短工期6个月，工程总投资仅230万元。

（3）为了减少中间产品砂泵扬送，将细筛改为选别的最后一道工序，安装在较高的位置，实现筛上、筛下产品自流，确保最终精矿品位。

从1993年10月到1994年底，累计生产铁精矿15kt，铁精矿品位累计平均为63.70%，回收率为50%～55%，其他各项含杂量符合国家标准。如果钼硫尾矿全部回收，年可产铁精矿40kt，创效益200万元左右。

4.1.4.2　钼尾矿中钨及其他非金属矿回收技术

A　基本原理

尾矿经脱泥后，在酸性介质中采用优先浮选工艺处理，选出伴生的长石及石英，得到的长石精矿及石英精矿，再分别采用磁选除铁。

B　应用实例

河南栾川某钼矿属斑状花岗岩型，浮选钼后的尾矿还含有白钨矿和其他非金属矿，用磁—重流程再选，获得品位71.25%、回收率98.47%的钨精矿；再选钨后的尾矿中主要含钾长石和石英，它们分别占尾矿量的40%和33%，经脱泥后，在酸性介质中采用优先浮选工艺（图4-20）处理浮选尾矿，选出产率为45%的长石精矿和产率为33%的石英精矿，再分别采用磁选除铁。

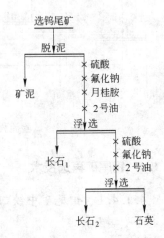

图4-20　长石石英分选流程

4.1.5 锡尾矿再选技术

4.1.5.1 基本原理

采用重浮联合工艺流程对锡尾矿进行回收，即先磨矿分级，再用螺旋溜槽或摇床将锡和砷进行富集，得混合精矿，丢掉大量的尾矿，然后再进行浮选，选出砷精矿，浮选尾矿再用摇床选别得出锡精矿和锡富中矿。

4.1.5.2 应用实例

云南云龙锡矿所处理的矿石为锡石—石英脉硫化矿，尾矿矿物组分较简单，以石英为主，其次为褐铁矿、黄铁矿、电气石、少量的锡石、毒砂、黄铜矿等。尾矿含锡品位 0.45%，全锡中氧化锡中锡占 96.26%、硫化锡中锡占 3.74%，铁 3.71%，其他含量较低，锌 0.051%、铜 0.08%、锰 0.068%，影响精矿质量的硫、砷含量较高，硫 1.88%、砷 0.1%。

云龙锡矿在原生矿资源已日趋枯竭的情况下，在 100t/d 老选矿厂基础上改扩建为 200t/d，采用重选—浮选流程处理老尾矿，其生产工艺如图 4-21 所示。

为适应生产，其中筛分所用筛面前半部分为 0.8mm，后半部为 1mm。分泥斗为 φ2500mm 分泥斗，利用该工艺可获得含锡 56.266%、含硫 0.742%、含砷 0.223%、锡回收率 68.3% 的锡精矿和含硫 47.48%、含锡 0.233%、含砷 4.63% 的硫精矿。

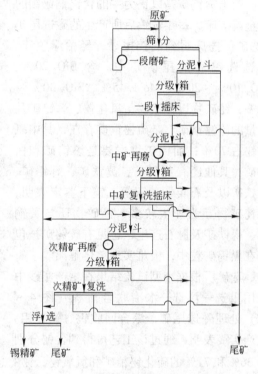

图 4-21 云龙锡矿尾矿选矿生产流程

4.1.6 钨尾矿再选技术

钨经常与许多金属矿和非金属矿共生，因此选钨尾矿再选，可以回收某些金属矿或非金属矿。我国作为主要的产钨国，已有多个钨选矿厂从选钨尾矿中回收钼、铜等有用成分。如漂塘钨矿重选尾矿含 0.0992% MoO_3，磨矿后浮选获得含 47.83% MoO_3 的钼精矿，回收率 83%，回收钼的产值占选矿厂总产值的 18%；再选铋的回收率达 34.46%。湘东钨矿选钨尾矿含 0.18% Cu，再磨后浮选铜获得含 Cu14% ~ 15% 的精矿。

我国石英脉黑钨矿中伴生银品位很低，一般为 1~2g/t，高者也只有 10g/t 多，虽品位很低，但大部分银随硫化矿物进入混合硫化矿精矿中，分离时有近 50% 的银丢失于硫化矿浮选尾矿中。铁山垅钨矿对这部分硫化矿尾矿进行浮选回收银试验，可获得含银品位 808g/t、回收率为 76.05% 的含铋银精矿，采用三氯化铁酸溶液浸出，最终获得海绵铋和富银渣。

4.1.6.1　钨尾矿中钨、铋、钼回收技术

A　基本原理

选铋作业前先用摇床重选脱硅，重选精矿经磨矿分级后，进入浮选作业，先浮易浮的钼和硫化铋，后浮难浮的氧化铋；为进一步回收浮选尾矿中的微细粒铋矿物及铋的连生矿物，在常温下对得到的浮选尾矿（钨粗精矿）进行浸出，再通过置换而得到合格的铋产品和剩下的钨粗精矿产品。

B　应用实例

棉土窝钨矿是以钨为主的含钨铜铋钼的多金属矿床，每年选钨后所产生的磁选尾矿（选矿厂摇床得到的钨尾砂，经枱浮脱硫、磁选选钨后的尾矿）中，含 BiO_2 20%、WO_3 10%~20%、Mo 1.45%、SiO_2 30%~40%，铋矿物以自然铋、氧化铋、辉铋矿及少量的硫铋铜矿、杂硫铋铜矿存在，其中氧化铋占70%；而钨矿物主要是黑钨矿和白钨矿；其他还有黄铜矿、黄铁矿、辉钼矿、褐铁矿以及石英、黄玉等。镜下鉴定表明，钨铋矿物互为连生较多，钨矿物还与黄铜矿、褐铁矿及脉石连生，也见有辉铋矿被包裹在黑钨矿粒中，极难实现单体解离。

选矿厂根据小型试验结果在生产实践中采用重选—浮选—水冶联合流程（图4-22）处理磁选尾矿，综合回收钨、铋、钼。生产实践表明，通过该工艺可得到含铋分别

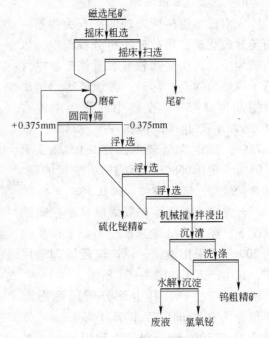

图4-22　铋钨综合回收流程

为36%和71%的硫化铋精矿和氯氧铋，铋的总回收率高达95%，还得到了含钨36%、回收率90%的钨粗精矿，使选钨厂的总回收率提高了2%。

4.1.6.2　钨尾矿中铜、钼回收技术

A　基本原理

尾矿再选的生产流程为尾矿进行脱渣脱药后进入磨矿分级，浮选中采用一粗二扫三精得出铜精矿，浮选尾矿经摇床丢弃石英等脉石后经弱磁除铁再送湿式强磁选机选别选出黑钨细泥精矿和白钨锡石中矿。

B　应用实例

赣州有色金属冶炼厂钨精选车间主要采用干式磁选、重力枱浮、白钨枱浮、浮选和电选加工处理江西南部中小型钨矿及全省民窿生产的钨锡粗精矿、中矿，回收钨、锡、钼、铋、铜五种金属。产生的尾矿中主要金属矿物有黄铜矿、辉铜矿、辉铋矿、黑钨矿、白钨矿、辉钼矿、黄铁矿、毒砂、磁黄铁矿等，非金属矿物有石英、方解石、云母、萤石等；而且尾矿含泥较多，矿物表面有轻微氧化。各矿物间铜铋连生且可浮性相近，黑钨和锡石、石英连生，贵金属银伴生在铅铋硫等矿物中。铜矿物以黄铜矿为主，呈致密状，部分解离。

在小型试验和工业试验的基础上，确定尾矿再选的生产流程如图4-23所示，选出钨细泥精矿、白钨锡石中矿、黑钨细泥送本厂钨水冶车间生产APT，铜精矿外销。

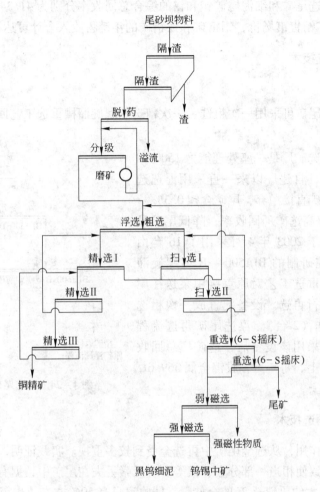

图4-23 尾矿再选生产实践流程

由统计财务报表查得，自1994年7月~1996年7月两年时间共回收铜金属56.2t，钨细泥金属47.6t，银292kg，价值138.32万元，取得效益52.96万元。

4.1.6.3 钨尾矿中钼铋回收技术

A 基本原理

为有效回收钨重选尾矿中的钼铋，根据重选尾矿和细泥尾矿的性质，可采用普通浮选机直接从重选尾矿中浮选回收钼铋。

B 应用实例

江西下垄钨业有限公司选矿厂处理的原矿为高温热液充填石英脉型钨矿床，主要金属矿物为黑钨矿，伴生金属矿物为黄铁矿、白钨矿、辉钼矿、辉铋矿、自然铋、磁黄铁矿、黄铜矿、锡石、方铅矿、闪锌矿、毒砂、磷钇矿等，脉石矿物主要为石英，其次为长石、萤石、方解石、绿柱石、磷灰石、云母、电气石等。为有效回收钨重选尾矿中的钼铋，根据重选尾矿和细泥尾矿的性质，结合现场条件，选矿厂采用普通 XJK 型浮选机直接从重选尾矿中浮选回收钼铋。

生产表明，重选尾矿和细泥尾矿钼和铋的综合总回收率分别为 41.34% 和 32.5%。按照 2006 年钼铋精矿销售市场价，钼精矿和铋精矿的年销售收入合计可达 383.468 万元。

4.1.7　镍尾矿再选技术

A　基本原理

选镍后的浮选尾矿可采用一次粗选、一次精选的螺旋溜槽重选工艺回收镍。

B　应用实例

吉林镍业公司选矿厂是一座处理能力 1500t/d 的中型有色选矿厂，自建厂以来一直采用浮选选别镍精矿，浮选尾矿直接抛弃，尾矿含镍 0.3% ~ 0.5%。为进一步提高选矿厂回收率，降低尾矿最终抛除品位，该厂于 2003 年 4 月采用了 16 台由北京矿冶研究总院研制的 BL1500 - B 型螺旋溜槽，通过增加一段重选工艺对原直接用泵送往尾矿坝的浮选尾矿进行再选。设备配置成一次粗选（14 台）、一次精选（2 台）。浮选尾矿再选流程如图 4 - 24 所示。采用该设备后，选矿厂总回收率可提高 1.37% 以上，每年可多收镍金属 369.6t，获利 108 万元以上。

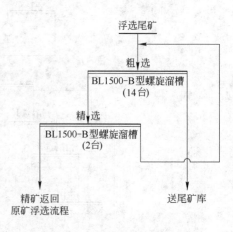

图 4 - 24　浮选尾矿再选流程

4.1.8　金矿尾矿再选技术

由于金的特殊作用，从选金尾矿中再选金受到较多重视。实践证明，由于过去的采金及选冶技术落后，致使相当一部分金、银等有价元素丢失在尾矿中，据有关资料报道，我国每生产 1t 黄金，大约要消耗 2t 的金储量，回收率只有 50% 左右。也就是说，大约还有一半的金储量留在尾矿、矿渣中，国外的实践证明，金尾矿中有 50% 左右的金都是可以设法回收的。

在我国 20 世纪 70 年代前建成的黄金生产矿山，选矿厂大多采用浮选、重选、混汞、混汞 + 浮选或重选 + 浮选等传统工艺，技术装备水平低，生产指标差，金的回收率低。尾矿中金的品位多数在 1g/t 以上，有些矿山甚至达到 2 ~ 3g/t；少数矿物物质组分较杂的矿山或高品位矿山，尾矿中的金品位达 3g/t 以上。随着近年来选冶技术水平的提高，特别是在国内引进并推广了全泥氰化炭浆提金生产工艺后，这部分老尾矿再次成为黄金矿山的重要资源。选矿成本如按照全泥氰化炭浆生产工艺计算，在尾矿输送距离小于 1km 的条件下，一般盈亏平衡点品位为 0.8g/t。因此尾矿金品位大于 0.8g/t 者，均可再次回收。同时，金尾矿中的伴生组分，如铅、锌、铜、硫等的回收也应得到重视。

4.1.8.1　金矿尾矿中铁回收技术

A　基本原理

（1）磁—重联合回收工艺。用两段干式磁选顺次从尾矿中分选磁铁矿、赤铁矿及钛铁矿与石榴石连生体，磁选尾矿再经摇床分选出金精矿和二次尾矿。根据选别效果可以增加或减少磁选和摇床的段数。

（2）磁选—焙烧—磁选回收工艺。用湿式磁选机从尾矿中分选铁精矿，分选铁精矿后的尾矿再采用焙烧—磁选的工艺分选出钛铁矿和石榴石精矿，分选的尾矿可经摇床再分选出金精矿和二次尾矿。

B　应用实例

a　磁—重联合回收工艺

陕南月河横贯安康—汉阴两市县，尚河有五里、安康、恒口、汉阴4座砂金矿山，9条采金船，3个岸上选矿厂。月河砂金矿经采金船和岸上选矿厂处理后所得尾矿中共有21种矿物，矿物以强磁性矿物为主，弱磁性矿物为辅，夹杂有微量的非磁性矿物，目前可利用的只有4种：磁铁矿（42%）、赤铁矿（18%）、钛铁矿（18%）、石榴石（17%），其中石榴石以铁铝石榴石为主。以磁铁矿为主的强磁性矿物在砂金尾矿中含量最多，一般为60%；小于1mm粒级中含量达90%以上。

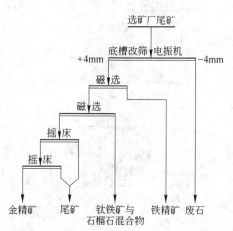

图4-25　安康金矿分选铁精矿工艺

安康金矿根据选矿厂尾矿特性，通过实践，采用 φ600×600（214.97kA/m）永磁单辊干选机和CGR-54型（1592.36kA/m）永磁对辊强磁干选机顺次从尾矿中分选磁铁矿、赤铁矿（合称铁精矿）及钛铁矿与石榴石连生体的两段干式磁选工艺（图4-25），在流程末还增加了两台XZY2100×1050型摇床，用来分离泥砂废石中的金。利用该工艺，安康金矿每年可从选矿厂尾矿中获得铁精矿1700t，回收砂金2.187kg，铁精矿以当时保守价136元/t、黄金以96元/g计算，年共创产值44.12万元。

陕南恒口金矿采用单一的 φ600×600（87.58kA/m）永磁单辊干选机从选矿厂尾矿中分选铁精矿，精矿产率达31.2%，选得铁精矿的品位为65%~68%，从尾矿中可产铁精矿1100t/a，借助摇床从中可选砂金1.5309kg，共创产值近30万元。

b　磁选—焙烧—磁选回收工艺

汉阴金矿依照尾矿性质，选择场强为135.35kA/m的湿式磁选机从尾矿中分选铁精矿，分选铁精矿后的尾矿再采用焙烧—磁选的工艺分选出钛铁矿和石榴石（图4-26）。据初步估算，可年产铁精矿1700t、钛铁矿360t、石榴石468t和选铁时未选净的磁铁矿216t，从中分选金屑1.218kg，共创产值可达170万元。

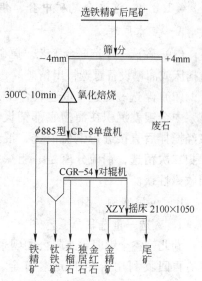

图4-26　汉阴金矿分选钛铁矿及石榴石等工艺

4.1.8.2　金尾矿中金银回收技术

A　基本原理

从金尾矿中回收金银现在主要用浮选尾矿全泥氰化炭浆法，将尾矿经分级再磨泥化（－0.074mm 占 90%～95%），先用氰化法浸出再用活性炭直接从矿浆中吸附已经溶解的金银，用电解法分离活性炭和金银泥即为全泥氰化炭浆法。

B　应用实例

河南省银洞坡金矿是一座 1000t/d 生产能力的大型矿山，随着矿石性质由原来的氧化矿逐渐变成混合矿—原生矿，选矿工艺也由建矿初期单一浮选到 1988 年后的全泥氰化炭浆法。通过对不同时期尾矿物质组分的综合分析和深入研究发现，早期的浮选尾矿中含金量较高，有很高的再利用价值。这部分尾矿约有 900kt，其中含金大约 1.5t、含银约 1.7t，主要堆存于老尾矿库。

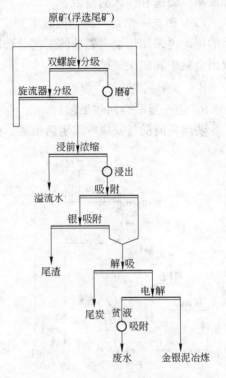

图 4-27　浮选尾矿全泥氰化炭浆法提金工艺流程

根据尾矿性质特点，结合矿山实际情况，选矿厂于 1996 年开始采用全泥氰化炭浆提金工艺回收老尾矿中的金、银，生产工艺流程如图 4-27 所示。投产后三年内从老尾矿中回收黄金共计 260.26kg，白银 1562kg，创利润 639.43 万元。

4.1.8.3　浮选金尾矿中金、铜、铁、硫回收技术

A　基本原理

（1）磁选—重选联合工艺。尾矿经过中磁粗选、弱磁精选得出铁精矿，磁选尾矿经过摇床或溜槽设备重选得出精矿。

（2）浮选—磁选—重选联合工艺。先由渣浆泵抽取尾矿进入水泥斜面溜槽，尾矿矿浆中金银就沉积在溜槽底部铺设的腈纶毛毯上。由斜面溜槽重选部分金后流出的矿浆经搅拌后直接进行铜硫混选，混选精矿再磨后进行铜硫分离。其中铜硫混选是一粗二扫二次精选，铜硫分离是一粗一扫二次精选。铜硫混选后的尾矿矿浆进入磁选工艺回收磁性铁。

B　应用实例

a　磁选—重选联合工艺

湖北三鑫金铜股份有限公司现采选总生产规模为 1800t/d。年产尾矿量约 528kt，其中具有再回收利用价值的元素有金、铜及铁，品位分别为 Au 0.41g/t、Cu 0.15%、Fe 25.10%、MFe 6.50%。经过细致的前期试验及论证，于 2002 年 10 月建成了三鑫公司尾矿综合回收车间，采用图 4-28 所示的工艺流程从尾矿中综合回收金、铁等有价元素。按

公司每年选矿处理矿石量 600kt 计，该尾矿回收车间每年可回收金 8928g、铜 3.72t、银 6510g、铁精矿 12480t 及硫 65.1t，可创产值约 582 万元。

　　b　浮选—磁选—重选联合工艺

　　鸡笼山金矿是以矽卡岩型矿石为主，金铜共生的大型金矿床。现生产的尾矿和矿山多年积存的尾矿含铜、金、银、铁、硫等元素，具有综合回收价值。为了再利用尾矿，于 2001 年建成了一座处理能力达 1000t/d 的尾矿选矿厂。采用常规浮选—磁选—重选联合工艺综合回收尾矿中的铜、金、银、硫和铁等多种元素。通过该工艺可获得含 Cu 9%、Au 18g/t 的铜精矿，含硫 33% 的硫精矿及含 TFe 62.5% 的铁精矿。

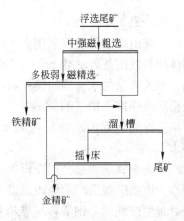

图 4-28　尾矿回收有价元素工艺流程

4.2　尾矿生产建筑材料技术

　　金属矿山尾矿的物质组成虽千差万别，但其中基本的组分及开发利用途径是有规律可循的。矿物成分、化学成分及其工艺性能这三大要素构成了尾矿利用可行性的基础。磨细的尾矿构成了一种复合矿物原料，加上其中微量元素的作用，具有许多鲜为人知的工艺特点。研究表明，尾矿在资源特征上与传统的建材、陶瓷、玻璃原料基本相近，实际上是已加工成细粒的不完备混合料，加以调配即可用于生产，因此可以考虑进行整体利用。由于不需对这些原料再作粉碎和其他处理，制造出的产品往往节省能耗，成本较低，一些新型产品往往价值较高、经济效益十分显著。工艺试验表明，大多数尾矿可以成为传统原料的代用品，乃至成为别具特色的新型原料。如高硅尾矿（$SiO_2 > 60\%$）可用作建筑材料、公路用砂、陶瓷、玻璃、微晶玻璃花岗岩及硅酸盐新材料原料，高铁（$Fe_2O_3 > 15\%$）或含多种金属尾矿可作色瓷、色釉、水泥配料及新型材料原料等。

　　目前，我国建筑业仍处于不断发展之中，对建材的需求量有增无减，这无疑为利用尾矿生产建材提供了一个良好契机。

4.2.1　尾矿生产建筑用砖技术

4.2.1.1　免烧砖

　　A　制作工艺流程

尾矿制作免烧砖工艺流程如图 4-29 所示。

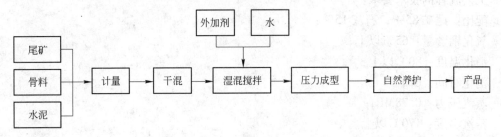

图 4-29　尾矿制作免烧砖工艺流程

B　应用实例

马鞍山矿山研究院采用齐大山、歪头山铁矿的尾矿，成功地制成了免烧砖。这种免烧墙体砖是以细尾砂（含 $SiO_2 > 70\%$）为主要原料，配入少量骨料、钙质胶凝材料及外加剂，加入适量的水，均匀搅拌后在 60t 的压力机上以 $19.6 \sim 114.7$MPa 的压力下模压成型，脱模后经标准养护（自然养护）28 天，成为成品。齐大山、歪头山两种尾矿砖经测试，各项指标均达到国家建材局颁布的《非烧结黏土砖技术条件》规定的 100 号标准砖的要求。

济南钢铁集团总公司投资 30 万元建成了尾矿免烧砖生产线，设计生产能力为 500 万块/a。该生产线所产免烧砖是以郭店铁矿选矿后的废弃尾矿为主要原料，并配以该公司钢渣处理生产线所产钢渣粉（铁渣粉、矿渣）及少量的水泥为辅料，自 1993 年 6 月投产后所生产的免烧砖质量达到了标准要求，不仅做到了废物的合理利用，同时每年可节省尾矿倒运费用近 10 万元。

4.2.1.2　蒸压砖

A　尾矿蒸压砖制作工艺流程

尾矿蒸压砖制作工艺流程如图 4-30 所示。

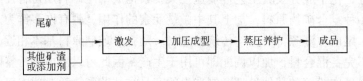

图 4-30　尾矿制作蒸压砖工艺流程

B　应用实例

江西铜业公司下属的银山铅锌矿已建成一个年产 1000 万块的尾矿砖厂，利用尾矿生产蒸压硅酸盐砖，其具体生产工艺流程如图 4-31 所示。

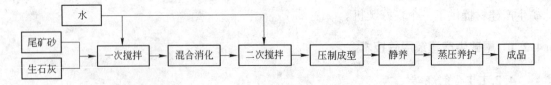

图 4-31　银山铅锌矿蒸压硅酸盐砖生产工艺流程

工艺流程的技术要求：

配比：尾矿 85%，石灰 15%；

氧化钙含量：65% 以上；

消化温度：80℃ 以上；

消化时间：6h；

蒸汽压力：0.78MPa；

蒸汽温度：170℃ 以上。

生产的成品砖强度高，色泽美观。经检测，其抗压强度为 18 ~ 21MPa，抗折强度为

3.7~5.5MPa, 抗冻性能良好 (17 次冻融合格), 其他物理力学性能全部满足使用要求, 测定结果为国标 150 号砖, 比普通黏土砖标号要高, 可在一般工业与民用建筑中广泛使用。

北京科技大学赵风清等利用铜尾矿、磨细矿渣、粉煤灰, 在碱性复合激发剂存在的情况下, 经过加压成型、蒸压养护制成承重标准砖, 尾矿用量占到固体原料总质量的 85%。通过正交试验分析得到的优化参数为: 胶凝材料 (组成为粉煤灰: 矿渣: 激发剂 = 2: 7: 1) 用量 15%、釜内养护压力 1.2MPa、成型压力 20MPa、蒸压时间 6h (升降温时间均为 2h)。按优化参数进行工业化应用后, 经国家建筑材料测试中心检测产品抗压强度 16.1MPa, 抗折强度 3.8MPa, 干燥收缩性能和冻融性合格。

4.2.1.3 墙、地面装饰砖

A 制作工艺流程

尾矿制作装饰砖工艺流程一、流程二分别如图 4-32、图 4-33 所示。

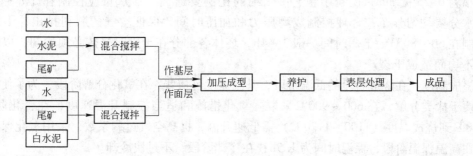

图 4-32 尾矿制作装饰砖工艺流程一

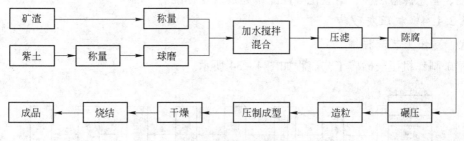

图 4-33 尾矿制作装饰砖工艺流程二

B 应用实例

马鞍山矿山研究院利用齐大山和歪头山铁矿的细粒尾矿, 加入少量的无机胶凝材料、普通硅酸盐水泥、白色硅酸盐水泥和适量的水, 经均匀混合、搅拌后, 采用两层做法 (基层、面层), 加工成装饰面砖。产品经测试证明, 其抗压强度平均为 19.6MPa, 抗折强度为 5.0MPa, 耐碱性、耐腐蚀性均较强。铁尾矿制作装饰面砖, 工艺简单, 原料成本低, 物理性能好, 表面光洁、美观, 装饰效果相当于其他各类装饰面砖 (如水泥地面砖、陶瓷釉面砖)。

同济大学与马钢姑山铁矿合作, 以粒度 -0.15mm 的尾矿粉为主要原料, 掺入 10%~15% 的生石灰粉, 压制成各种规格和外形的砌墙砖、地面砖。生产的砖块在不加任何颜料的条件下为褐色, 色彩均匀, 且不褪色, 适宜于砌筑清水墙。如采用硅酸盐水泥作胶合料生产的装饰面砖，更适合作外墙贴面砖。还可在已制成砖的表面采用不饱和聚酯树脂处理，调入不同色彩的颜料，做成单色或仿天然大理石花纹的彩色光滑面砖，也可不加任何颜料，单用树脂或其他涂料做成深褐色的光面砖，可代替普通瓷砖、人造大理石等作室内装饰用。采用常压蒸汽养护处理的尾矿砖，测其抗压强度为 12.4MPa；抗折强度为 3.0MPa。当混合料中加入适量的粉煤灰及少量石膏后，强度可提高到 20.0MPa 以上。

丹东市建材研究所利用金矿矿渣为主要原料，加入部分塑性较好且显示颜色的黏土（紫土）原料，经烧结而制成一种新型建筑装饰材料——废矿渣饰面砖。这种面砖可用于外墙和地面装饰，具有吸水率低、强度高、耐酸碱度、耐急冷急热性能和抗冻性能优良等特点，经小试产品性能达到并优于饰面砖的技术标准。废矿渣饰面砖的原材料配方为：废矿渣：紫土 = （60 ~ 65）：（40 ~ 35）；采用上述工艺流程，其工艺条件为：颗粒细度控制在 - 0.074mm 占 97% ~ 98%，陈腐好的坯料经碾压后过筛，形成团粒，其大小为 0.25 ~ 2mm，团粒中粗、中、细的比例要适当；加水量应控制在 5% ~ 7%，并且水分要均匀分布；合理控制成型压力和加压时间，保证空气的顺利排出；干燥温度控制在 60 ~ 80℃，干燥时间一般 3 ~ 4h，坯体各部分在干燥时受热必须均匀，以防止收缩不均而造成干裂。

烧成制度：在烧成阶段的低温阶段，升温速度可快些；在氧化分解阶段，为了使碳氧化和便于盐类分解，在 600 ~ 900℃采取强氧化措施和适当控制升温速度；在瓷化阶段，从 900℃到烧成温度（1100 ~ 1120℃）需低速升温，提高空气过剩系数，采用氧化保温措施；在高温保温阶段，保温时间为 1.5h；在冷却阶段，不过快冷却。

经烧结制成的饰面砖，表观密度 2.19g/cm³，吸水率 6.07%，抗折强度 26.85MPa，抗冻性、耐急冷急热性、耐老化等性能都超过规定标准。

4.2.1.4　机压灰砂砖

A　制作工艺流程

尾矿制作机压灰砂砖工艺流程如图 4 - 34 所示。

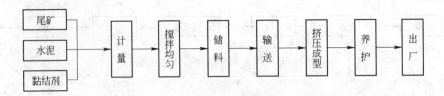

图 4 - 34　尾矿制作机压灰砂砖工艺流程

B　应用实例

金岭铁矿选矿厂结合矿山的特点，利用尾矿生产机压灰砂砖。该砖是以铁尾矿为主，加入适量水泥，经干搅拌均匀，再加入少量胶结材料进行碾压，提高其表面活性，经压力机压制成型后，自然养护而成。该工艺流程简单，不用火烧，不用蒸养，即节约能源（每万块砖比黏土砖节约标煤约 16t），又无污染；所生产灰砂砖尺寸准确，棱角分明，外观齐整，砖体平直，可节省抹面灰浆用量，提高工效，降低造价。该矿于 1989 年 10 月建成生产线，所生产的灰砂砖经测试，其各项物理性能指标均达到机压类砂砖 100 号标准的技术要求。

4.2.1.5　碳化尾矿砖

A　制砖工艺流程

尾矿制作碳化尾矿砖工艺流程如图 4 - 35 所示。

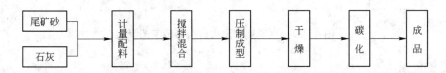

图 4 - 35　尾矿制作碳化尾矿砖工艺流程

B　应用实例

玉泉岭铁矿从 1986 年研制利用尾矿做碳化砖，已经取得成果。碳化尾矿砖，是以尾矿砂和石灰为原料，经坯料制备，压制成型，利用石灰窑废气二氧化碳（CO_2）进行碳化而成的砌体材料。生产工艺为将 80% ~85% 尾矿砂与 20% ~15% 石灰粉按比例配合，加水 9% 左右搅拌溶解，然后用八孔压砖机成型，入窑前烘干或自然干燥至含水率 4% 以下，再进入隧道进行碳化，碳化的二氧化碳含量 20% ~40%，碳化的深度 60% 以上，出窑后即可得成品。这种砖生产工艺简单，机器设备土洋皆可，不存在操作等技术问题，凡是有尾矿砂和石灰岩处，均可大量生产。

4.2.1.6　三免尾矿砖

A　制作工艺流程

尾矿制作三免尾矿砖工艺流程如图 4 - 36 所示。

图 4 - 36　尾矿制作三免尾矿砖工艺流程

B　应用实例

鞍钢以铁矿尾矿粉为主要原料制作出了免压、免蒸、免烧的三免尾矿砖，这种砖经测试完全符合 IC153—75MU10 标准的要求，已通过省级技术鉴定。该砖的主要原料除铁尾矿外，有石灰（固化剂，掺量为 10% ~20%）、水泥（黏结剂，其掺量由造价控制，一般水泥掺量不大于 15%）及粉煤灰（掺和料，掺量为 15% 左右），另外，激发剂为半水石膏（$CaSO_4 \cdot 1/2H_2O$），复合外加剂为自配的 K 剂，两者掺量为 0.5% ~1.0%。

按尾矿粉：水泥：粉煤灰：石灰 =6：1.5：1.5：1 或 7：1：1：1 的比例配料，再加入激发剂（石膏），干拌均匀。将水和 K 剂加入，人工搅拌均匀。其中用水量一般为尾矿粉质量的 20% ~30%。搅拌后静置 20 ~30min，成型后装入模具，抹平表面，24h 后拆模，在空气或水中养护一个月即可。在水中其强度要比在空气中高约 20% ~30%。利用该工艺制砖可大量应用工业废渣，有利于开辟材料资源、节约能源，成本比灰渣砖降低近 10%。

4.2.1.7　耐火砖与红砖

A　制作工艺流程

尾矿制作耐火砖与红砖工艺流程如图 4 - 37 所示。

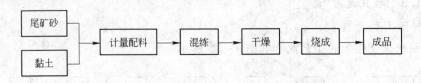

图 4-37　尾矿制作耐火砖与红砖工艺流程

B　应用实例

湖南邵东铅锌选矿厂尾矿在利用分支浮选回收萤石的生产流程中,第一支浮选尾矿经水力旋流器分级的部分溢流的主要成分为二氧化硅和三氧化二铝,其耐火度为 1680℃。利用该溢流产品,再配加部分 2.316mm 黏土熟料和夹泥,经混炼成型后自然风干,在 80℃和 120℃条件下烘干,然后在重烧炉中烧成即得到最终产品,经测试其性能可达到国家高炉用耐火砖标准。在回收萤石的浮选流程中精选产生的部分尾矿富含二氧化硅和氟化钙,若返回萤石浮选回路将会影响萤石精矿质量,故作为一部分单独尾矿产出。为使该部分尾矿得到合理应用,进行了烧制红砖试验。将尾矿与黏土按 3:2 的比例进行混合,然后经烘干(120℃,4h)、烧成(1000℃,3h),即可得成品。

4.2.1.8　陶瓷墙地砖

A　制作工艺流程

尾矿制作陶瓷墙地砖工艺流程如图 4-38 所示。

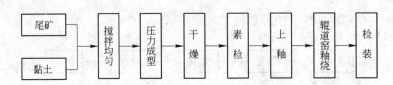

图 4-38　尾矿制作陶瓷墙地砖工艺流程

B　应用实例

山东建材学院利用焦家金矿尾砂,添加少量当地的廉价黏土研制出符合国家标准的陶瓷墙地砖制品。配料中坊子土(为当地的一种黏土,如其来源有困难时,可用其他同类黏土代替)占 18%,尾砂含水量约为 8%~17%,生产中可根据实际调整加水量。素烧与釉烧均采用 50m 煤烧辊道窑,烧成周期均为 90min,烧成温度为 1140~1180℃。釉料配方见表 4-1。

表 4-1　釉料配方　　　　　　　　　　　　　　　　　(%)

名称	长石	石英	高岭土	石灰石	萤石	烧 ZnO	锆英砂	熔块	烧滑石
底釉	40	21	12	4	5	4	5	3	6
面釉	46	11	5	5	3	3	10	11	6

在实际生产过程中,厂方可根据市场现状及用户的要求而选择不同的彩色釉和艺术釉,从而提高产品的附加值。

烧成的制品经测试，其物理力学性能、外形尺寸及外观质量符合有关的国家标准。

4.2.2 尾矿生产水泥技术

众所周知，水泥是经过二磨一烧工艺（配料 $\xrightarrow{\text{粉磨}}$ 生料 $\xrightarrow{\text{煅烧}}$ 熟料 $\xrightarrow{\text{粉磨}}$ 水泥）制成的，水泥强度的高低取决于熟料烧成情况及熟料中的矿物组成。熟料一般由硅酸三钙（Ca_3Si）、硅酸二钙（Ca_2Si）、铝酸三钙（Ca_3Al）和铁铝酸四钙（Ca_4AlFe）四种矿物组成，其中对水泥早期强度起作用的是 Ca_3Si、Ca_3Al，后期强度起作用的是 Ca_2Si、Ca_4AlFe 和 Ca_3Si。Ca_3Si 是水泥熟料中的主要矿物（约占 40% ~ 60%）。尾矿用于生产水泥，就是利用尾矿中的某些微量元素影响熟料的形成和矿物的组成。

4.2.2.1 钼铁矿尾矿生产水泥技术

A 作用机理

钼铁尾矿中含有一定比例的微量元素钼，在用该尾矿配料烧制水泥时，引入的微量元素钼促进了水泥熟料的形成，能促进碳酸钙分解，使碳酸钙开始分解温度和吸热谷温度分别提前了 10℃和 20℃；通过改变熔体中的质点迁移速度，促进 Ca_3Al 形成及 Ca_2Si 吸收游离二氧化钙（F_{CaO}）生成 Ca_3Si 的反应，使熟料易于形成；对水泥熟料矿物组成无不利影响，并可降低熟料中的 F_{CaO}，提高熟料的早期强度。

B 应用实例

杭州市闲林埠钼铁矿研究了用钼铁尾矿代替部分水泥原料烧制水泥的生产技术，并在余杭县和睦水泥厂的工业性生产中一次试验成功，收到了明显的经济效益。按该厂年产水泥 35kt 计，每年仅降低生产成本一项就可节约资金 24.8 万元，还可多增产水泥 4600 多吨。

4.2.2.2 铜、铅锌尾矿生产水泥技术

A 作用机理

掺加铜、铅锌尾矿煅烧水泥，主要是利用尾矿中的微量元素来改善熟料煅烧过程中硅酸盐矿物及熔剂矿物的形成条件，加快硅酸三钙的晶体发育成长，稳定硅酸二钙八型晶体的结构转型，从而降低液相产生的温度，形成少量早强矿物，致使熟料质量尤其是早期强度的明显提高。

B 尾矿矿物成分要求

对于铜、铅锌尾矿，当尾矿中 CaO 含量较高，而 MgO 含量又较低时，则可用作水泥的原料，具体要求为：当尾矿的矿物成分主要是由石英、方解石组成，钙硅比 CaO/SiO_2 > 0.5 ~ 0.7，其中 CaO > 18% ~ 25%、Al_2O_3 > 5%、MgO < 3%、S < 1.5% ~ 3% 时，可烧制低标水泥；当 CaO < 18% 且 CaO/SiO_2 < 0.5 时，可采用外配石灰或加石灰石的方案，以调节生料中 CaO 含量，满足上述技术要求。

尾矿中氧化铁 Fe_2O_3 是水泥的有益成分，适量的 Fe_2O_3 能降低熟料的烧制温度，而 MgO、TiO_2、K_2O、Na_2O、S 等成分则是水泥原料中的有害成分，其含量应控制在 MgO < 3%、TiO_2 < 3%、$K_2O + Na_2O$ < 4%、S < 1%。

经试验，对满足上述技术要求的尾矿用来作水泥的混合材料时，其用量可达 15% ~ 55%。当掺入 15% 的尾矿熟料作混合材料时，水泥标号可达 600 号；掺入 30% 时，水泥

标号可达 500 号；掺入 50% 时，水泥标号可达 400 号，且水泥性能良好，凝结、安全性正常。

C　应用实例

山东省乐县特种水泥厂利用铜尾矿进行配料后，不仅熟料质量能够满足高标号水泥生产要求，而且吨熟料煤耗比标定指标降低 15.7%，生产成本降低 12%。利用铅锌尾矿代替部分原料生产水泥成功的例子有河北省涞源县水泥厂、广西玉林市环江水泥厂及辽宁省葫芦岛市林业水泥厂等。生产实践证明，一个年产 100kt 的机立窑厂，每年可利用铅锌尾矿一万多吨，经济效益在 100 万元以上。

4.2.3　尾矿生产陶瓷材料技术

据有关资料介绍，陶瓷瓷坯的化学成分：SiO_2 59.57%～72.5%、Al_2O_3 21.5%～32.53%、CaO 0.18%～1.98%、MgO 1.16%～1.89%、Fe_2O_3 0.11%～1.11%、TiO_2 0.01%～0.11%、K_2O 1.21%～3.78%、Na_2O 0.47%～2.04%。利用化学成分与陶瓷瓷坯化学成分相近的尾矿就可烧制陶瓷。

南方冶金学院（今江西理工大学）进行了用稀土尾矿配以钨尾矿制作陶瓷的试验，所用钨尾矿为赣南某尾矿，尾矿中钨金属矿物占的比例很少，大部分为非金属矿物，主要为石英、长石，还有萤石、石榴石等，SiO_2 含量较高。

4.2.3.1　试验配方

配方试验表明，以稀土尾矿 65%～70%，钨尾矿 30%～35% 的配方较佳。

4.2.3.2　制作工艺

尾矿生产陶瓷材料工艺流程如图 4-39 所示。

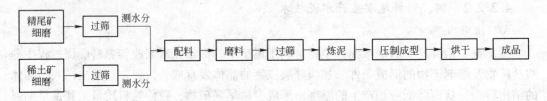

图 4-39　尾矿生产陶瓷材料工艺流程

工艺中的烧成温度为 1100～1130℃，烧成率在 90% 以上，烧制成的瓷坯坯体产品表面光滑，有较强的玻璃光泽，颜色为暗红色，声音清脆，强度较大，充分利用了钨尾矿及稀土尾矿在成分上的互补性及稀土尾矿中某种元素的着色效果，烧成率也较高。该工艺为尾矿的开发和利用提供了一条有效的途径。

4.2.4　尾矿制取建筑微晶玻璃技术

微晶玻璃是由基础玻璃经控制晶化行为而制成的微晶体和玻璃相均匀分布的材料，具有较低的热膨胀系数、较高的机械强度、显著的耐腐蚀、抗风化能力和良好的抗振性能，广泛地应用于建筑、生物医学、机械工程、电磁等应用领域。建筑微晶玻璃最主要的组分是 SiO_2，而金属尾矿中 SiO_2 的含量一般都在 60% 以上，其他成分也都在玻璃形成范围内，均能满足化学成分的要求。

尾矿微晶玻璃的开发应用研究在国外早在20世纪20年代就已开始,50~60年代以来,成功地实现了尾矿在玻璃工业中的广泛应用。我国在这方面的研究工作尽管已有20~30年,但目前研究成功尾矿微晶玻璃并已建厂的单位只有中国建材工业研究院、清华大学、北京科技大学、东北大学、武汉理工大学等,生产企业只有天津标准国际建材工业公司、广东茂名中辰建材工业有限公司等。

尾矿微晶玻璃生产工艺有熔融法和烧结法,国内较多采用成熟度较高的烧结法,将玻璃、陶瓷、石材工艺相结合。烧结法制备微晶玻璃不需经过玻璃成形阶段,可不使用晶核剂,生产的产品成品率高、晶化时间短、节能、产品厚度可调,可方便地生产出异型板材和各种曲面板,并具有类似天然石材的花纹,更适于工业化生产。具体工艺流程为:原料加工→配料混匀→熔制玻璃→水淬成粒→过筛→铺料装模→烧结→晶化成型→抛磨→切割→成品检验。熔制工艺与玻璃熔制相似;水淬、晶化是借鉴陶瓷的工艺方法;研磨抛光和切割与石材工艺相同。助熔剂、着色剂、烧结剂等辅助化工原料,均采用化学纯试剂,直接使用。尾矿微晶玻璃常用晶核剂,为 ZnO、TiO_2、Cr_2O_3 等;碱金属氧化物 Na_2O、K_2O、Li_2O 是十分有效的助熔剂,有些晶核剂本身也具有助熔作用,如 TiO_2 等;着色剂可根据所需颜色选用不同的无机物或金属氧化物;为提高烧结速度、降低烧结温度,亦可适当添加少量卤化物或多种无机混合物等作为烧结剂。

4.2.4.1 钨尾矿微晶玻璃生产技术

中南工业大学与中国地质科学院合作,经试验研制出了一种新型钨尾矿微晶玻璃,工艺简单,成本低廉。主要原料为钨尾矿,另外采用长石和石灰石作为辅助原料。将配料混合均匀装入玉坩埚,在硅钼棒电阻炉中进行熔制。采用1% Sb_2O_3(质量分数,下同)和4% NH_4NO_3 作为澄清剂,加料温度1200℃,熔制温度1550℃,保温2.5h后1580℃澄清1.5h。玻璃液淬入水中制成玻璃粒料,然后在耐火材料模具中自然摊平。为了易于脱模,模具内表面涂有石英砂和高岭土泥浆,装模成型后送入炉中微晶化。

按以上工艺可制得 100mm×100mm×10mm 的淡黄色微晶玻璃样品,其结构较致密均匀,且气孔极少,外观平整光亮无变形现象,表面呈现出类似天然大理石的花纹。经检测,该微晶玻璃的抗折、抗压、抗冲击强度以及抗化学腐蚀等性能指标均好,优于天然大理石和花岗岩。

4.2.4.2 铁尾矿微晶玻璃生产技术

根据铁尾矿成分,研制的尾矿微晶玻璃一般属于 $CaO - MgO - Al_2O_3 - SiO_2$(简称 CMAS)和 $CaO - Al_2O_3 - SO_2$(简称 CAS)体系。为了使铁尾矿制备的微晶玻璃具有较高的机械强度、良好的耐磨性、化学稳定性和热稳定性,一般选择透辉石 [$CaMg(SiO_3)_2$] 或硅灰石($\beta - CaSiO_3$)为所研制的微晶玻璃的主晶相。如刘军等以歪头山铁矿为原料、田英夏等人以北京密云铁矿为原料均是采用 CMAS 体系制成以透辉石为主晶相的耐磨、耐腐蚀及抗冲击性好的微晶玻璃。张伟达等人以 DBS 铁矿为原料,采用 CAS 体系制成了硅灰石为主晶相的化学性能、机械性能剂耐热性能优良的微晶玻璃。

我国目前对于铁尾矿只能制成深颜色的微晶玻璃,限制了使用范围;对于高铁含量的铁尾矿微晶玻璃的研究开发还处于实验室开发阶段,只有建筑装饰用铁尾矿装饰玻璃进入工业性试验;对铁尾矿的研究范围也很有限,基本上停留在高硅区,应该拓宽到中低硅区，以期开拓新的应用领域。

4.2.4.3　铜尾矿微晶玻璃生产技术

同济大学与上海玻璃器皿二厂合作，以安徽琅琊山铜矿尾矿为主要原料，以硅砂、方解石为辅助原料（配料比为铜尾矿 60% 左右、辅助料 40% 左右），经过工业性试验，已研制出可代替大理石、花岗岩和陶瓷面砖等，具有高强、耐磨和耐蚀的铜尾矿微晶玻璃材料。刘维平等用铜尾矿研制的微晶玻璃板材和彩色石英砂具有较好的理化性能，与天然石材理化性能相当。

4.2.4.4　金尾矿微晶玻璃生产技术

山东省地质科学实验研究院刘瑄等研究利用焦家金矿尾矿、石灰石粉、石英砂为主要骨料（尾矿 60% 左右），采用 $CaO-Al_2O_3-SiO_2$ 三元系统为基础玻璃，制得规格为 60mm×90mm 的微晶玻璃。其外观颜色显色正常、花纹明显、呈浅黄色，样品表面无密集开口气孔，经理化性能及耐酸、碱等检测，样品各项指标均符合《建筑装饰用微晶玻璃》行业标准。

4.2.5　尾矿生产加气混凝土技术

4.2.5.1　铁尾矿生产加气混凝土技术

A　原料配比

当生石灰有效氧化钙不小于 65% 时，配比如下：尾矿 66%，生石灰 25%，水泥 8%，石膏 1%，铝膏 0.08% ~ 0.12%。

B　生产工艺

加气混凝土砌块工艺流程如图 4-40 所示。

C　应用实例

鞍钢矿渣砖厂利用大孤山选矿厂尾矿配入水泥、石灰等原料，制成加气混凝土，其产品重量轻、保湿性能好，该厂年产 100000m³ 的加气混凝土车间，尾矿用量约 30kt/a。

4.2.5.2　金尾矿生产加气混凝土技术

青岛理工大学夏荣华等利用山东某金矿自然粒级的尾矿制作加气混凝土，确定的最佳配比为尾矿 63%、石灰 25%、水泥 10%、石膏 2%，外加剂最佳掺量为 40g/m³，最佳水料比为 0.58；尾矿最佳细度为 0.074mm 筛余 1.75%；最佳蒸压制度为升温时间 3h，恒温时间 8h，最高蒸压温度 205℃，降温时间 2.5h。所制备出的尾矿加气混凝土平均密度为 697.8kg/m³，平均出釜抗压强度为 6.32MPa，符合 A5.0、B07 级加气混凝土合格品的要求。

山东焦家金矿投资 1700 多万元建成年产 300000m³ 的加气混凝土生产线，该生产线采用国内先进的加气混凝土砌块切割机和先进的蒸压釜，其配料系统采用微机控制程序。产品采用先进的水泥—石灰—砂加气混凝土砌块技术，以尾矿砂、水泥、石灰、磷石膏和铝粉为主要原料，按一定比例经自动配料、搅拌、浇注、成型、切割、高温高压养护而成。生产的加气混凝土砌块具有质轻、保温、隔热、隔声、防水、阻燃、无放射、施工便捷等特点，是民用和公共建筑物的首选建筑材料。

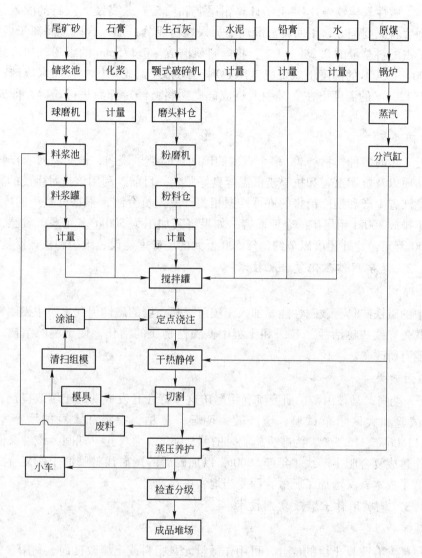

图 4-40 加气混凝土砌块工艺流程

4.3 尾矿在其他领域的应用技术

4.3.1 尾矿在农业领域的应用技术

4.3.1.1 钼尾矿生产多元素矿质肥技术

A 生产工艺

通过类似于水泥生产的简单工艺，将钼尾矿加工为含有对农作物生长所必需的钾、硅等多元素矿质肥。

以钼尾矿和白云石或高镁石灰石为原料，在立窑或回转窑中煅烧生产，具体生产方法为：检验并计算出钼尾矿、白云石或高镁石灰石和无烟煤或白煤中酸性氧化物和碱性氧化物各自的总当量数；按照立窑水泥配热方法计算出不小于1200℃窑温所需的配煤量；按酸性氧化物：碱性氧化物≈1.1~1.2 计算钼尾矿和白云石或高镁石灰石的配入量，与煤混合，得到生料原则配方，用回转窑煅烧不加入煤粉成分；加入含碱金属离子煅烧助剂，碱金属离子占配料总量的 0.2%~1%；将配料研磨成 +0.175mm 的细粉，加入到回转窑中，在 1200~1350℃的温度下煅烧成硅肥熟料；或加入到成球机中，加水成球；成球物料在不小于1200℃的温度下在立窑中煅烧成硅肥熟料；经冷淬后进行粉碎，即成为多元素硅肥。

B 应用效果

经过近 3 年的多种作物、300 多个点次的田间试验结果表明，该肥料对农作物具备增产、提高品质以及抗病虫害和抗旱涝低温等良好肥效。目前，利用该技术生产的肥料还取得了在黑龙江省生产和推广销售的许可。据相关开发人员介绍，根据试生产的成本核算，对于一个年排放 300kt 钼尾矿的企业而言，如果将其加工为 500kt 多元素矿质肥，可实现年利润 5000 万元，此外还可以节约每年 500 万元的尾矿库建设、维护和植被修复等费用。

4.3.1.2 尾矿用作磁化复合肥技术

A 原理

尾矿中的磁铁矿具有载磁性能，加入土壤可提高土壤的磁性引起土壤中磁团粒结构的活化，尤其是导致"磁活性"粒级和土壤中铁磁性物质的活化，使土壤的结构、孔隙度和透气性能有所改善。

B 应用效果

"七五"期间，马鞍山矿山研究院利用尾矿这一特性开发成功的土壤改良剂，经小区种植对比试验和大区示范试验，增产效果明显，早稻、中稻和大豆的增产率分别为 12.63%、11.06%、15.5%，为减少施肥时的劳动强度，"八五"期间，该院又同当涂县太仓村合作建成复合肥生产线，年产 5000t，以加磁后的尾矿代替膨润土作复合肥的黏结剂，既降低了成本，又增加了肥效，深受当地农民欢迎。

4.3.1.3 尾矿用作土壤改良剂技术

A 原理

有些尾矿含有改良土壤的成分，可用作微量元素肥料或土壤改良剂。利用含钙尾矿作土壤改良剂，施于酸性土壤中，可起到中和酸性，达到改良土壤的目的；含有钙、镁和硅的氧化物尾矿，可用作农业肥料对酸性土壤进行钙化中和处理。目前用作肥料添加剂的矿物或岩石主要有膨润土、沸石、硅藻土、蛇纹岩、珍珠岩等。

B 应用效果

中科院地质与地球物理所的科研人员经过十多年的努力，自主研制出了一种能有效提高土壤综合肥力的新型微孔矿物肥料，其普适性和低成本使得大面积改善我国土壤肥力成为可能。邵玉翠等人利用 10 种不同天然矿物作为土壤改良剂，对矿化度 4~5g/L 的微咸水灌溉农田土壤进行改良效果试验。试验结果表明，改良剂 1（即 100%膨润土）施用量 2500kg/hm²，能够降低土壤表观密度 12.23%，提高土壤肥力 12.28%；参试的改良剂均能够降低 0~5cm 土壤全盐量，最大降幅 72.5%，并能降低 0~40cm 土壤 CO_3^{2-} 和 HCO_3^- 离子，最大降幅达 100%；改良剂 4（即 100%磷石膏）施用量 2250kg/hm²，能够增加土壤中的 Ca^{2+}、Mg^{2+} 离子、降低土壤中的 K^+、Na^+ 离子。

4.3.2 尾矿在污水处理中的应用技术

4.3.2.1 钨尾矿制备生物陶粒技术

A 制备工艺

生物陶粒制备工艺流程如图4-41所示。用20%的盐酸溶液对尾砂进行改性处理，使其具有大量的孔洞。将改性尾砂与炉渣、粉煤灰、黏土按一定比例混合搅拌均匀并添加少量造孔材料和黏结剂，在造粒机上制成球形陶粒生料。将陶粒生料放入电热恒温干燥箱于120℃下烘1h，然后转入马弗炉，在1h内逐渐升温至500℃，恒温10min，再将温度调至800~1200℃焙烧30min，出炉自然冷却至常温。将焙烧产品置于球磨机中以自磨方式打磨表面后，用喷枪喷涂经二甲苯稀释的丙烯酸酯型白色涂料，常温干燥后即得最终产物陶粒产品。

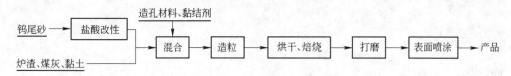

图4-41 生物陶粒制备工艺流程

B 应用效果

试验结果表明，在钨尾砂、炉渣、粉煤灰、黏土的体积比为4:1.5:1.5:1、焙烧温度为1100℃条件下，制备出的生物陶粒粒子密度为1.61g/cm³、堆积密度为1.10g/cm³、比表面积为9.7m²/g、酸可溶率为0.17%、碱可溶率为0.33%、筒压强度为8.1MPa。用该生物陶粒处理COD为817mg/L的实际污水，挂膜速度快，微生物附着量大，易反冲洗，20天COD下降率达到93%以上。

4.3.2.2 硫铁尾矿制备聚合氯化铝铁（PAFC）混合净水剂技术研究

A 工艺流程

以选除硫铁矿后的尾矿高岭土为原料，进行煅烧后，再用酸溶出原高岭石结构内的Fe_2O_3和Al_2O_3，从溶液中回收铝盐和铁盐，通过聚合反应可制得聚合氯化铝铁混合净水剂，而铁含量大大降低了的滤渣则可作为制造微晶玻璃的原料。硫铁尾矿的资源化工艺流程如图4-42所示。

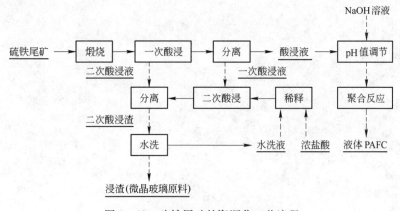

图4-42 硫铁尾矿的资源化工艺流程

B 应用效果

与絮凝剂 PAC 相比，PAFC 在凝聚—絮凝净水过程中，具有絮凝体形成快、致密、絮团粗大，而且沉降速度快的特点。水中的泥沙及其他物质被粗大的絮凝体吸附而一起沉降，使水质立即澄清，特别适用于高浊度原水快速除浊应用。

PAFC 应用于处理废水，不但处理效果好，易于操作，而且用药量少，絮体沉降性能好，净水中残余铝的比率低，是一种优越的无机高分子絮凝剂。

5 采矿迹地生态重建技术

5.1 土壤环境重建技术

土壤是生态系统的基质与生物多样性的载体。因此，重建过程中首先要解决的问题是如何将废渣或废弃地上所形成的恶劣基质转变成植物能够生长的土壤。正如著名生态恢复专家 Bradshaw 所说："要想获得恢复、重建的成功，首先必需要解决土壤问题，否则是不可能成功的"。下面介绍几种主要的土壤环境重建技术。

5.1.1 土壤环境化学重建技术

许多矿山的研究表明，矿山尾矿及废弃物中均缺少植被生长所必需的有机质、氮、磷、钾等物质，因此对矿山土壤进行化学改良是必要的。对于不适宜植物生长的过酸或过碱的土壤，应该因地制宜地采取适当措施，进行改良和调节，使其适合植物生长发育的需要。例如，对富含碳酸钙及 pH 值高的矿山废弃物，可利用适当的煤炭腐殖酸物质进行改良。研究表明，施用低热值煤炭腐殖酸物质，仅仅依靠干湿交替的土壤热化过程，是可以提高石灰性土壤中磷供应水平，从而达到对土壤的改良作用。采矿迹地土壤有的呈酸性，但呈碱性的很少，因此在此主要介绍酸性土壤的改良技术。

采矿迹地土壤酸度主要有活性酸、交换性酸、潜性酸等三类。活性酸是自由扩散于溶液中的氢离子浓度直接反映出来的酸度；交换性酸是由土壤胶粒上吸附着氢离子和铝离子造成的，这些致酸离子只有在通过交换作用进入土壤溶液时，产生了氢离子，才显示出酸性，所以称交换性酸；潜性酸是指未氧化黄铁矿以后氧化所形成的酸。

现在以 $Ca(OH)_2$ 为例，用化学反应式来表明中和土壤酸度的过程。

(1) 中和土壤活性酸。

$$2H^+ + Ca(OH)_2 =\!\!=\!\!= Ca^{2+} + 2H_2O \qquad (5-1)$$

(2) 中和交换性酸。

$$2H^+ + Ca(OH)_2 =\!\!=\!\!= Ca^{2+} + 2H_2O \qquad (5-2)$$

$$2Al^{3+} + 3Ca(OH)_2 =\!\!=\!\!= 3Ca^{2+} + 2Al(OH)_3 \qquad (5-3)$$

(3) 施入的石灰在中和胶体上的 H^+、Al^{3+} 等离子的同时，还与溶液中的碳酸反应，中和酸性土的酸源。反应式如下：

$$Ca(OH)_2 + 2H_2CO_3 \longrightarrow Ca(HCO_3)_2 + 2H_2O \qquad (5-4)$$

$Ca(HCO_3)_2$ 中的 Ca^{2+} 也可取代胶体上的 $2H^+$ 而中和交换性酸。其反应如下：

$$2H^+ + Ca(HCO_3)_2 =\!\!=\!\!= Ca^{2+} + 2H_2O + 2CO_2 \qquad (5-5)$$

随着上述一系列反应的进行，胶体上的酸基离子不断被取代，胶体的盐基饱和度不断增高，二氧化碳不断释放出来，土壤溶液的 pH 也相应提高。除中和酸度，促进微生物活动以外，施用石灰还增加了钙，有利于改善土壤结构，并减少磷被活性铁、铝离子的固定。

把酸性土壤调节到要求的 pH 范围所需要的石灰量称为石灰用量。通常没有必要把 pH 值调整到中性，一般认为土壤 pH 值为 6 左右不必使用石灰，pH 值 4.5～5.5 需要适量施用，pH 值小于 4.5 时需大量使用。石灰施用量主要取决于土壤交换性酸和潜性酸，活性酸量是微不足道的，可忽略不计。某种酸性土壤的石灰用量，一般根据试验确定，在理论上也可根据土壤的交换量及盐基饱和度数据计算交换性酸的石灰用量，以及根据未氧化黄铁矿数量，由化学方程式计算潜性酸的石灰用量。但由于在后者的理论计算中，常因未氧化黄铁矿数量不准，土壤的中和拌入深度不同，石灰材料及粒度差别较大，使理论计算结果与实际相差较大。

据国外资料介绍，施用石灰的细度决定其反应速度，使用 0.246～0.3mm 的石灰，要达到土壤最高 pH 值需要 12 个月的时间，石灰粒度大于 0.3mm 时，要达到土壤最高 pH 值至少需要 18 个月，而 +0.833mm 的石灰颗粒，不管其反应时间多长，对中和酸性的作用都很小。国外数据得出的结论是：－0.246mm 的石灰颗粒效率为 100%，0.246～0.833mm 的石灰颗粒效率为 60%，0.833～1.651mm 的石灰颗粒效率为 20%，+1.651mm 的石灰颗粒的效率为零。

5.1.2　土壤环境植物修复技术

土壤环境植物修复技术是以植物忍耐和超量积累某种或某些污染物的理论为基础，利用植物及其共存微生物体系清除环境中的污染物的一门环境污染治理技术。广义的植物修复技术包括利用植物固定或修复重金属污染土壤、利用植物净化水体和空气、利用植物清除放射性核素和利用植物及其根际微生物共存体系净化环境中有机污染物等方面。狭义的植物修复技术主要指利用植物清洁污染土壤中的重金属。

5.1.2.1　重金属污染土壤的植物修复

重金属污染土壤的植物修复是以植物忍耐和超量积累某种或某些化学元素的理论为基础，利用植物及其共存微生物体系，清除土壤环境中污染物的环境污染的技术，植物修复是一种对环境友好的清除土壤中有毒痕量元素的廉价新方法，其对重金属污染土壤的修复主要体现在植物固定、植物挥发、植物吸收 3 个方面。

（1）植物固定（phytostabilization）是利用植物降低重金属的生物可利用性或毒性，减少其在土体中通过淋滤进入地下水或通过其他途径进一步扩散。Cunningham 研究发现，一些植物可降低铅的生物可利用性，缓解铅对环境中生物的毒害作用。

根分泌的有机物质在土壤中金属离子的可溶性与有效性方面扮演着重要角色。根分泌物与金属形成稳定的金属螯合物可降低或提高金属离子的活性。根系分泌的粘胶状物质与 Pb^{2+}、Cu^{2+} 和 Cd^{2+} 等金属离子竞争性结合，使其在植物根外沉淀下来，同时也影响其在土壤中的迁移性。但是，植物固定可能是植物对重金属毒害抗性的一种表现，并未使土壤中的重金属去除，环境条件的改变仍可使它的生物有效性发生变化。

（2）植物挥发（phytovolatilization）是指植物将吸收到体内的污染物转化为气态物质，释放到大气环境中。研究表明，将细菌体内的 Hg 还原酶基因转入芥子科植物 *Arabidopsis*，植物可将从环境中吸收的 Hg 还原为 Hg(O)，并使其成为气体而挥发。也有研究发现植物可将环境中的 Se 转化成二甲基硒和二甲基二硒等气态形式。植物挥发只适用于具有挥发性的金属污染物，应用范围较小。此外，将污染物转移到大气环境中对人类和生物有一定的风险，因而它的应用受到一定程度的限制。

（3）植物吸收（phytoextraction）是利用能超量积累金属的植物吸收环境中的金属离子，将它们输送并储存在植物体的地上部分，这是当前研究较多并且认为是最有发展前景的修复方法。能用于植物修复的植物应具有以下几个特性：在污染物浓度较低时具有较高的积累速率；体内具有积累高浓度的污染物的能力；能同时积累几种金属；具有生长快与生物量大的特点；抗虫抗病能力强。在此方面，寻找能吸收不同重金属的植物种类及调控植物吸收性能的方法是污染土壤植物修复技术商业化的重要前提。Kumar 等发现将芥子草（*Brassica juncea L.*）培养在含有高浓度可溶性 Pb 的营养液中时，可使茎中 Pb 含量达到 1.5%。美国的一家植物修复技术公司已用芥子草进行野外修复试验。增强植物叶片的蒸腾强度可提高其对土壤中重金属的吸收及向地上运输。

超富集植物是指能超量吸收土壤重金属并将其运移到地上的植物，是植物修复的核心和基础。对于不同重金属，其超富集植物富集浓度界限也不同。目前，采用较多的是由 Baker 等提出的富集浓度参考值，即植物叶片或地上部（干重）中含 Cd 达到 $100\mu g/g$，含 Pb、Co、Cu、Ni 达到 $1000\mu g/g$，Mn、Zn 达到 $10000\mu g/g$ 以上，S（植物地上部重金属含量）/R（根部重金属含量）>1 的植物称为超富集植物。

通常超富集植物需要满足 3 个条件：

（1）植物地上部富集的重金属达到一定的量；

（2）植物地上部的重金属含量应高于其根部；

（3）植物生长没有受到明显抑制。

当前超富集植物中影响较大的是蜈蚣草、天蓝芥蓝菜和布氏香芥等。蜈蚣草是近年来研究较多的一种 As 超富集植物，最早由美国佛罗里达大学的 Ma 等发现。陈同斌等首次在中国找到了砷的超富集植物蜈蚣草，验证了 Ma 的发现。天蓝芥蓝菜是研究最多、公认的 Zn、Cd 超富集植物。布氏香芥主要分布于意大利，是 Ni 的超富集植物。此外，由于超富集植物大多生物量小，大生物量的非超富集植物也应用于土壤重金属的修复，用其地上部可观的生物量补偿其较低的地上部重金属含量。同时，考虑到观赏性，也可采用一些花卉类的植物对土壤重金属污染进行修复。

5.1.2.2 植物修复应用实例

植物修复中较为著名的案例是 1991 年由 Charley、Homer、Brown 和 MelChi 在明尼苏达州圣保罗进行的为期 3 年的植物修复。先前这片土地遭受了 Cd 污染，利用遏蓝菜属、麦瓶草属、长叶莴苣、Cd 累积型玉米近交系 FR237 和 Zn、Cd 抗性紫羊茅进行植物修复。结果表明，遏蓝菜属植物对土壤 Cd、Zn 的富集能力较强，且土壤酸化可提高植物对 Zn、Cd 的吸收能力，施硫可以增加莴苣对 Pb 的吸收能力。

国内也有许多植物修复的成功案例。王伟等在重庆市开县"12·23"特大井喷事故后，利用植物修复技术治理土壤重金属 Zn、Cd 污染。结果表明，利用植物提取技术修复高含硫气井井喷事故对土壤的污染是有效的；首次发现大黄对土壤中硫元素污染的修复效果特别好，使其含量降低了 77%；柳树、杂草等对 Zn、Cd 的修复效果较好，使其含量降低了 70%，而杂草对其他元素也有较好的修复效果；植物修复经过两年左右才能使土壤恢复到正常水平。

5.1.2.3 植物修复的局限性及改进措施

尽管植物修复在重金属污染土壤修复中具有极大的优势，但其本身也有局限性，主要表现在以下几个方面：

（1）因为植物的富集容量是有限的，植物修复只能治理一定污染程度的土壤，如果污染物浓度过高，超积累植物对污染物的积累量是有限的，修复效率不高。此时可结合其他修复方式或采用多次植物修复。

（2）植物根系一般分布在土壤表层，对于深层土壤污染的修复能力较差，可采用一些机械、化学强化措施。

（3）用于植物修复的植物在气候不适宜的地方，生长将受到抑制，常具有个体矮小、生长缓慢、生物量低等特点。因此，应将当地的植物作为研究对象，在适宜本土环境的植物中筛选超富集植物和可积累重金属的植物。

（4）植物修复最大的局限性是植物的生长周期较长而导致修复周期长，难以满足快速修复污染土壤的需求，这种情况下可借助螯合剂等辅助重金属吸收的药剂来加快重金属。

5.1.3 土壤环境微生物修复技术

微生物是利用菌肥或微生物活化药剂改善土壤和作物的生长营养条件。

菌肥是人们利用土壤中有益微生物制成的生物性肥料，包括细菌肥料和抗生菌肥料。菌肥是一种辅助性肥料，它本身并不含有植物所需要的营养元素，而是通过菌肥中的微生物的生命活动；改善作物的营养条件，如固定空气中的氮素，参与养分的转化，促进作物对养分的吸收，分泌激素刺激作物根系发育，抑制有害微生物的活动等。因此，菌肥不能单施，要与化肥和有机肥配合施用，这样才能充分发挥其增产效能。

5.1.3.1 根瘤菌肥料技术

根瘤菌存在于土壤中及豆科植物的根瘤内。将豆科作物根瘤内的根瘤菌分离出来，加以选育繁殖，制成产品，即是根瘤菌剂，或称根瘤菌肥料。

A 根瘤菌的作用和种类

根瘤菌肥料施入土壤之后，遇到相应的豆科植物，即侵入根内，形成根瘤。瘤内的细菌能固定空气中氮素，并转变为植物可利用的氮素化合物。根瘤菌从空气中固定的氮素约有25%用于组成菌体细胞，75%供给寄生植物。一般认为根瘤菌所供氮素2/3来自空气，1/3来自土壤。例如亩产大豆150kg，其植株和根瘤能从空气中固定的氮量约为5kg。紫云英亩产1500kg（按鲜重计），可固定空气中氮素约4.5kg。研究表明，大豆、花生或紫云英，通过接种根瘤菌剂后，平均每亩可多固定氮素1kg。

根瘤菌有3个特性，即专一性、侵染力和有效性。专一性是指某种根瘤菌只能使一定种类的豆科作物形成根瘤。因此，用某一族的根瘤菌制造的根瘤菌肥料，只适用于相应的豆科作物。根瘤菌的侵染力，是指根瘤菌侵入豆科作物根内形成根瘤菌的能力。根瘤菌的有效性，是指它的固氮能力。在土壤中，虽然存在着不同数量的根瘤菌，但不一定是固氮能力和侵染能力都很强的优良菌种，数量也并不一定多。因此，施用经过选育的优良菌种所制成的菌肥，就能更快地使豆科作物形成根瘤，从空气中固定大量氮素。根据浙江农业大学试验，灰色的根瘤和分散的小瘤（一部分为白色）固氮酶的活性很弱，只有红色的瘤才是有效的根瘤。红瘤的红色是由于有大量红色的豆血红朊的存在所致。凡是红瘤多而大的植株，如花生、豌豆、紫云英等，其全株含氮量高，并与产量（包括鲜重和干重）呈正相关。

B　根瘤菌肥料的肥效及影响因素

a　根瘤菌肥料的肥效

根瘤菌肥料是新中国成立后最先使用的一种细菌肥料，其中尤以大豆、花生、紫云英等根瘤菌剂的使用甚为广泛。实践证明，根瘤菌剂只要施用得当，均可有不同程度的增产效果。

b　影响根瘤菌肥料肥效的因素

影响根瘤菌剂增产作用的因素，最主要的有：

（1）菌剂质量。菌剂质量的好坏要视其有效活菌的数量，一般要求每克菌剂含活菌数在1亿~3亿个以上，菌剂水分一般以20%~30%为宜。菌剂要求新鲜，杂菌含量不宜超过10%。

（2）营养条件。根瘤菌与豆科植物共生固氮需要一定的营养条件。在氮素贫瘠的土壤中，在豆科植物生长的初期，施用少量无机氮肥，这有利于植物的生长和根瘤的形成，根瘤菌与豆科植物对磷、钾和钼、硼等营养元素的需要比较敏感。各地试验指出，在播种豆科植物时，配施磷、钾肥和钼硼是提高根瘤菌剂增产效果的重要措施之一。

（3）土壤条件。根瘤菌属于好气而又喜湿的微生物。一般在松软通气较好的土壤上，更能发挥其增产效果。对多数豆科植物根瘤菌来说，适宜的土壤水分，以相当于田间持水量的60%~70%为好。土壤反应对根瘤菌及其共生固氮作用的影响很大。豆科植物生长的pH值范围常宽于结瘤的pH值。例如大豆在pH值为3.9~9.6范围内能够生长，而良好的结瘤仅在4.6~8.0之间。根瘤菌在pH值为6.7~7.5范围生长良好，在pH值为4.0~5.3和pH值为8.0以上生长停止。詹森（Jensen）指出，土壤中的根瘤菌比根瘤内的根瘤菌对酸碱度更敏感。因此，在土壤过酸时，在施用根瘤菌剂后都可获得好的增产效果。即使在高产田块，使用高效根瘤剂，一般也能取得良好效果。

（4）施用方式和时间。试验证明，根瘤菌剂作种肥比追肥好，早施比晚施效果好。施用时间宜早，以拌种效果最佳。若来不及作种肥时，早期追肥也有一定的补救效果。

c　根瘤菌肥料的施用方法

根瘤菌肥料的最好使用方法是作拌种剂，在播种前将菌剂，加少许清水或新鲜米汤，搅拌成糊状，再与豆科拌匀，置于阴凉处，稍干后拌上少量泥浆裹种，最后拌以磷钾肥，或添加少量钼、硼微量元素肥料，立即播种。磷钾肥用量一般每亩用过磷酸钙2.5kg，草木灰5kg左右。由于过磷酸钙中含有游离酸，因此要注意预先将过磷酸钙与适量草木灰拌匀，以消除游离酸的不良影响。

根瘤菌肥的施用量，视作物种类、种子大小、施用时期与菌肥质量的不同而异。以大豆为例，在理想条件下，一般每亩所用菌剂含有250亿~1000亿个活的根瘤菌。菌剂质量好的，每亩用150g左右。

菌肥不能与杀菌农药一起使用，应在利用农药对种子消毒后两星期再拌用菌肥，以免影响根瘤菌的活性。

5.1.3.2　固氮菌肥料技术

固氮菌肥料是指含有大量好气性自生固氮菌的细菌肥料，又称为固氮菌剂。

A　固氮菌的特性和特征

自生固氮菌不与高等植物共生，它独立生存于土壤中，能固定空气中的分子态氮素，并将其转化成植物可利用的化合态氮素。这是它与共生固氮菌（即根瘤菌）的根本区别。

固氮菌在土壤中分布很广，但不是所有土壤都有固氮菌。影响土壤固氮菌分布的主要因素是土壤有机质含量、土壤酸碱反应、土壤湿度、土壤熟化程度以及磷、钾含量等。固氮菌对土壤酸碱反应很敏感，适宜的 pH 值为 7.4～7.6。实验表明，当酸度增加，其固氮能力降低。固氮菌对土壤湿度的要求是在田间持水量的 25%～40% 时，才开始生育，60% 时生育最旺盛。固氮菌属于中温性细菌，一般在 25～30℃时生长最好，低于 10℃或高于 40℃时，则生长受到抑制。

固氮菌在生育初期为短杆状，后期呈椭圆形或近似球形。固氮菌体形较大，（2～3）$\mu m \times 3\mu m$，无芽孢，周生鞭毛，能运动，显革兰氏阴性，胞壁外有厚荚膜。发育后期，固氮菌常成对排列，呈"8"字形，偶成单个或成串。培养较久时，多数菌种能产生色素，使菌落变色。

B　固氮菌肥料的肥效

合理施用固氮菌剂，对各种作物都有一定的增产效果，它特适用于禾木科作物和蔬菜中的叶菜类。固氮菌接种后，作物根系发育一般较好，这说明固氮菌对于植物根系发育有一定的良好作用。因此，固氮菌肥料的效果不如根瘤菌肥料的肥效稳定，一般可增产10% 左右；条件良好时可增产 20% 以上，但有时也有效果不显著的。土壤施用固氮菌肥料后，一般每年每亩可以固定 1～3kg 氮素。固氮菌还可以分泌维生素一类物质，刺激作物的生长发育。

C　固氮菌肥料的施用方法

厂制固氮菌肥料可按说明书使用。一般的使用方法为：在用作基肥时，应与有机肥配合施用，沟施或穴施，施后要立即复土；在用作追肥时，可把菌肥用水调成稀泥浆状，施于作物根部，随即覆土；在用作种肥时，在菌肥中加适量水，混匀后与种子混拌，稍干后即可播种。

过酸或过碱的肥料或有杀菌作用的农药，都不宜与固氮菌肥混施，以免发生抑制作用。

固氮菌肥与有机肥，磷、钾肥及微量元素肥料配合施用，则对固氮菌的活性有促进作用，在贫瘠土壤上尤其重要。

固氮菌适宜在中性或微碱性中生长繁育，因此，在酸性土施用菌肥前要结合施用石灰调节土壤酸度。

5.1.3.3　微生物快速改良技术

微生物快速改良方法（微生物复垦）是利用微生物活化药剂将煤矸石、露天矿剥离物、黏土、页岩及灰沙地等快速形成耕质土壤的新的生物改良方法。

匈牙利在 70 年代后期研制成功微生物快速改良方法，取得了 BRP（生物复田工艺）

专利之后，成功地应用于匈牙利马特劳山露天矿及美国、巴西等地，在复垦土地上栽培了约 50 多类 100 种农作物，长势良好。

近年来人们开始研究采用表面活性剂作为重金属的去除剂的技术。然而表面活性剂虽然能去除重金属，但其自身容易给环境带来污染，所以有必要采用易降解和无毒性的生物表面活性剂。生物表面活性剂可通过两种方式解析与土壤结合的重金属，一是与土壤液相中的金属离子配合，二是通过降低界面张力使土壤中重金属离子与生物表面活性剂直接接触。

近年来，植物根际促生菌（PGPR）也被应用于环境污染治理。PGPR 可以改变植物的特征，如生物量、污染物摄取能力和植物营养状况。在营养缺乏和重金属污染的土壤中，外生菌根通过有效增加营养和水分刺激植物生长。外生菌根将土壤与根直接联系起来，影响重金属的效力和毒性。这些真菌对重金属有很强的耐受性，并且可以积累很高的浓度。Kozdroj 等发现，从严重污染的土壤中分离的真菌比从未污染土壤分离的相同真菌能够积累更高浓度的 Pb（Ⅱ）和 Zn（Ⅱ）。同时有几种不同的机制与真菌对重金属的耐受性有关，如通过细胞壁上的负电荷、黑色素或菌丝外的黏液固定重金属，也可以通过金属硫蛋白或多聚磷酸盐进行细胞内固定，或将重金属储存在液泡中。

微生物快速改良的工艺过程是：平整煤矸石、露天矿剥离物等固体废物复垦场区，疏松表层，施加煤泥、城市生活垃圾、谷物秸、锯末、含生物元素的工业废料等有机物质，播撒微生物活化药剂，当播撒微生物与有机物混合制剂时，不需预先施加煤泥等有机质。后翻耕并播种一年生或多年生豆科 – 禾木科混合草本。微生物活化药剂能提高混合土的生物活性，从而提高岩石的生物活性及有益微生物的数量。这些微生物能促进土层发挥其潜在肥力，并使有机物和营养元素以植物生长可吸收的形态在土中积累，经一个植物生长周期（6 个月左右），就会迅速形成熟化土壤。由于参加熟化土壤形成的微生物数量不断增加，在微生物代谢作用影响下，岩石加速分化，其理化性质不断改进，游离磷钾和腐殖质不断增加，酸性废弃物的 pH 值达到适合作物生长水平，使废弃物快速增加肥力，最终形成适于耕作的土壤。

采用微生物快速改良方法，在煤矸石、露天矿剥离物等固体废物复垦场地上，不用覆盖表土，经一个植物生长周期，就能建立稳定的活性土壤微生物群落，形成植物生长、发育所必需的条件，并维持数年不衰减。该方法也能使其他类型贫瘠土壤或酸性土壤复垦成良田，对种植品种没有任何限制，而且只需要普通材料和机具。在复垦过程中，土壤的形成是在自然条件下进行的，因未采用化学土壤改良剂及催化剂，所以对地表、地下水均没有危害。在复垦的土地耕种期间，由于微生物的作用，无需使用大量化肥，也减少了对土壤、水体的污染。

微生物修复技术利用天然生物活性使污染物失去毒性，由于其成本低，对土壤肥力和代谢活性没有影响，可以避免污染物转移而产生对人类健康和环境的影响。当然微生物修复技术也有一定的缺陷，比如有时污染物降解后产生了毒性更强的衍生物，同时微生物修复需要特定的微生物群落，这与土壤中的营养物以及污染物的水平有一定关系。总之微生物修复技术是一种比较好的生态恢复技术，该领域的逐渐成为一个研究热点，但其广泛应用仍需分子工程技术的改进，使其能适应各种不同的土壤、气候环境，从而能得到更广泛地应用。

5.1.4　土壤环境绿肥修复技术

凡是以植物的绿色部分当作肥料的称为绿肥。作为肥料利用而栽培的作物，称为绿肥作物。翻压绿肥的措施叫"压青"。种植绿肥是改良复垦土壤、增加土壤有机质和氮、磷、钾等多种营养成分的最有效方法之一。

5.1.4.1　绿肥的改良作用

A　增加土壤养分

绿肥作物多为豆科植物，含有丰富的有机质和氮、磷、钾等营养元素，其中有机质约占15%左右，氮（N）0.3% ~ 0.6%，磷（P_2O_5）0.1% ~ 0.2%，钾（K_2O）0.3% ~ 0.5%，详见表5 - 1。

表5 - 1　主要绿肥作物的养分含量

绿肥种类	鲜草成分（占绿色体的比例）/%				干草成分（占干物重的比例）/%		
	水分	N	P_2O_5	K_2O	N	P_2O_5	K_2O
紫云英	88.0	0.33	0.08	0.23	2.75	0.66	1.91
嘉鱼苕子	82.6	0.57	0.11	0.24	3.28	0.66	1.40
光叶紫花苕子	84.4	0.50	0.13	0.42	3.12	0.83	2.60
普通紫花苕子	82.0	0.56	0.13	0.43	3.11	0.72	2.38
毛叶苕子	—	0.47	0.09	0.45	2.35	0.48	2.25
黄花苜蓿	83.3	0.54	0.14	0.40	3.23	0.81	2.38
蚕　豆	80.0	0.55	0.12	0.45	2.75	0.60	2.25
紫花豌豆	81.5	0.51	0.15	0.52	2.76	0.82	2.81
箭舌豌豆	—	0.54	0.06	0.32	—	—	—
萝卜青	9	0.29	0.20	0.26	1.89	0.64	3.66
油菜	82.84	0.43	0.26	0.44	2.52	1.53	2.57
田菁	80.0	0.52	0.07	0.15	2.60	0.54	1.68
柽麻	82.7	0.56	0.11	0.45	3.25	0.48	1.37
草木樨	80.0	0.48	0.13	0.4	2.82	0.92	2.40
绿豆	85.6	0.60	0.12	0.58	4.17	0.83	4.03
黄豆	78.4	0.76	0.18	0.73	3.51	0.83	3.38
中南豇豆	86.8	0.47	0.12	0.32	3.54	0.87	2.41
马料豆	—	0.62	0.11	0.30	2.57	0.46	1.25
泥豆	80.0	0.62	0.08	0.72	—	—	—
大叶猪屎豆	80.5	0.57	0.07	0.17	2.71	0.31	0.82
三急尖叶猪屎豆	75.8	0.53	0.18	0.40	2.18	0.71	1.64
紫穗槐（嫩茎）	60.9	1.32	0.30	0.79	3.36	0.76	2.01
紫花苜蓿	—	0.56	0.18	0.31	2.15	0.53	1.49
红三叶	73.0	0.36	0.06	0.24	2.10	0.34	1.40
沙打旺	—	—	—	—	1.80	0.22	2.53
绿萍	94.0	0.24	0.02	0.12	2.77	0.35	1.18
水花生	—	0.15	0.09	0.57	2.15	0.84	3.39
水葫芦	—	0.24	0.07	0.11	—	—	—
水浮莲	—	0.22	0.06	0.10	—	—	—

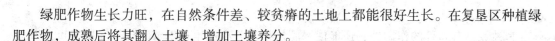

绿肥作物生长力旺，在自然条件差、较贫瘠的土地上都能很好生长。在复垦区种植绿肥作物，成熟后将其翻入土壤，增加土壤养分。

B 改善土壤理化性状

种植绿肥作物可以提供土壤有机质和有效养分数量。绿肥在土壤微生物作用下，除释放大量养分外，还可以合成一定数量的腐殖质，改良土壤性状有明显作用。

豆科绿肥作物的根系发达，主根入土较深，一般根长2~3m，能吸收深层土壤中的养分，待绿肥作物翻压后，可使耕层的土壤养分丰富起来，为后茬作物所吸收。绿肥作物的根系还有较强的穿透能力，绿肥腐烂后，有胶结和团聚土粒的作用，从而改善土壤理化性状。绿肥还对改良红黄壤、盐碱土具有显著的效果。不少绿肥作物耐酸耐盐、抗逆性强，随着栽培和生长，土壤得到了改良。

C 覆盖地面、固沙护坡

绿肥作物有茂盛的茎叶，覆盖地面可减少水、土、肥的流失，尤其在复垦土地边坡种植绿肥作物，由于茎叶的覆盖和强大的根系作用，减少了雨水对地表的侵蚀和冲刷，增强了固土护坡作用，减弱或防止水土流失。种植绿肥作物，还有抑制杂草生长的作用，避免水分、有效养分的消耗。

5.1.4.2 绿肥作物的种植方式

A 单种

单种又称主作，是在复垦后的土地上仅播种绿肥作物，在生长成熟后直接翻入土壤。这种方式一般都占用一定的生长季节，常种植一年生豆科绿肥作物，或在轮作制度中安排一定季节播种某种绿肥作物，也常在复垦土地边坡地带种植多年生绿肥作物，不仅可增加土壤肥力，还可防止水土流失。

B 混种

将不同的绿肥种类，按一定的比例混合或相间播种在同一田里，以后都作绿肥用。如采用紫云英、油菜、萝卜青、麦类等混播，一般比单播能大幅度增产。其原因是混播多采用豆科与非豆科混合、直生与匍匐生混合、高秆与矮秆混合、宽叶与窄叶混合、深根与浅根混合等，采取这样的植株搭配，可更充分利用光、热、水、肥、气等自然条件，故能增产。

C 间种

在主作物的行株里，播种一定数量的绿肥作物，以后都作为主作物的肥料。通过间种，能充分利用光能，除了做到养地用地结合外，还可以发挥种间互助作用。据测定，小麦间种蚕豆、黄花苜蓿后，小麦的植株或叶片的含氮量增加。此外，间种还可减轻绿肥作物的冻害和病害，减少杂草对主作物的危害。

D 套种

在不改变主作物种植方式的情况下，将绿肥作物套种在主作物行株之间。套种可分两种：若在主作物播种前，先把绿肥作物种子播在预留的主作物行间，以后用作主作物追肥的称为前套，如棉田前套箭舌豌豆，以后播种棉花，当绿肥作物生长到要影响棉花生长时，就压青作追肥；若在主作物生长中后期，在其行间种绿肥，待主作物收获后，让绿肥作物继续生长，以后用作下季作物的肥料，称为后套，如麦田套种草木樨、棉田套种苕子等。

套种除具有间种的作用外，还能使绿肥作物充分利用生长季节，延长生长时间，提高绿肥产量。

5.1.4.3 主要绿肥作物的栽培和利用

我国幅员辽阔，绿肥作物种类很多，要使绿肥作物获得高产，必须抓好全苗（苗足）和壮苗（茎叶粗大），同时还要做好留种，以保证绿肥面积不断发展。现将我国主要绿肥作物的栽培和利用要点阐述于下。

A 草木樨

草木樨是一年生或两年生豆科草本植物。在东北、华北、西北地区广泛栽培的是两年生白花草木樨，其次是一年生黄花草木樨。草木樨耐旱、耐寒、耐瘠、耐盐力强，表土溶盐量 0.25% 以下可出苗生长。草木樨对土壤要求不严，除低洼渍水、重盐碱地和酸性土壤不利生长外，砂土、陡坡、沟壑、砂荒等瘠薄地都可栽培。

草木樨的栽培要点如下：

（1）播种、施肥。草木樨种子的硬籽多，不利吸水发芽，在播种前应作擦种处理，即在种子中加一定比例的细砂，放在石臼中捣种或用碾米机碾 2 ~ 3 次，以种皮"起毛"为度。北方地区四季都可播种，但以春、秋播较为普遍，一般适时早播均能提高鲜草产量和有利于越冬。播种量一般压青田为 1.5 ~ 2.5kg/亩，留种田 0.5 ~ 1kg/亩。草木樨种子小，顶土力弱，播种深度一般不宜超过 3cm，播前应耕耙松土无杂草。草木樨对磷肥反应较敏感，在播前每亩施过磷酸钙 10 ~ 20kg 或磷矿粉 30 ~ 50kg 作基肥。

（2）田间管理。草木樨的苗期生长缓慢，出苗后应及时中耕除草。在茎叶繁茂生长期间，要遇涝即排，遇旱即灌。如有蚜虫、斜纹夜蛾等害虫，可用 1000 倍 20% 乐果液防治。秋播的幼苗或割后新生的芽，冬前要结合中耕保护越冬芽。

（3）留种。草木樨花期长，种子成熟不一致，且成熟种子易脱落，故应在植株下部有 60% 左右种荚变褐色时收割，以后晒干、脱落、储藏。

B 苕子

苕子又称蓝花草、巢菜和野豌豆等，为越年生豆科植物。它耐旱性、耐酸性、耐盐性较强，而耐湿性较弱。不同品种的苕子耐寒性差异很大，苏、皖、浙等省多栽培光叶紫花苕子，西北、华北和东北多栽培毛叶苕子。

苕子的栽培要点如下：

（1）播种。在播种前可用 60℃ 温水浸种，以利吸水发芽。播种时用磷肥作基肥。苕子在秋季宜早播，使之在越冬前有一定的生长量。北方地区毛叶苕子除秋播外，还可在 3 ~ 4 月间春播。播种方法因不同栽培方式而异，收鲜草的亩播 2.5 ~ 3kg，留种的亩播 1.5 ~ 2.5kg。旱地播种以开沟条播为宜，复土深度 3 ~ 5cm。

（2）排灌。苕子生长忌渍水，要求土壤水分相当于田间持水量的 65% ~ 75% 之间。旱地要有灌水沟，做到能灌能排。在苕子开花结荚期间特别应注意做好防渍工作。

（3）留种。留种田应早播、疏播，使其有效分枝多，春播后早生快发，并减少花蕾期落花落荚，苕子具有攀缘性，可用棉秆、芦苇、油菜秸等作支架，这样有利于群体通风透光，使植株生长健壮，花荚数增加，籽实饱满，产籽量显著提高。因苕子是无限花序，

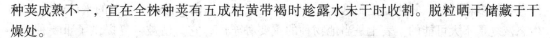

种荚成熟不一，宜在全株种荚有五成枯黄带褐时趁露水未干时收割。脱粒晒干储藏于干燥处。

C 紫花苜蓿

紫花苜蓿又名苜蓿或紫苜蓿，是多年生豆科草本植物，在我国北方地区广泛栽培。

紫花苜蓿的耐旱、耐寒性强，在 -25℃ 低温下还可越冬，幼苗能耐 3~4℃ 的低温。它的根系发达，可利用土壤底层水分，故具有较强的抗旱性。紫花苜蓿适宜在排水良好、土层深厚的石灰性土壤中生长。

紫花苜蓿第一年生长很慢，易受杂草抑制；第二年以后生长加快，以第二三年生长最旺盛；第四年以后生长逐步减弱，鲜草产量降低。

紫花苜蓿栽培要点如下：

（1）播种。紫花苜蓿的种子小、顶土力弱，播前要细致整地，并进行种子处理，在气候较寒冷、生长季节较短的地区宜春播或夏播；气候较暖、生长季节较长的地区宜秋播。播种量一般条播为每亩 0.5~1kg，撒播为 1~1.5kg。播深 3cm 左右。播前最好施用磷钾肥作基肥。

（2）田间管理。苗期生长慢，要勤除草，结合中耕亩施碳铵 2.5~5kg 提苗。春暖解冻时和割后要进行中耕、灌水，并适当追肥。

（3）留种。紫花苜蓿是异花授粉植物，因此发展养蜂有利于提高产种量，待荚果有七成呈深褐色时收割，而后晒干、脱粒、储存。

D 沙打旺

沙打旺又称麻豆秧、直立黄芪、地丁和苦草等，是多年生豆科草本植物，在东北、西北、华北等地均有种植。

沙打旺性喜温暖，在 20~25℃ 的温度下生长最快。耐寒性强，越冬芽可耐 -30℃ 的地表低温。抗旱力也很强，并有较强的抵御风沙的能力，被沙埋后生长点仍能拱出地面而正常生长。它适宜在中性至微碱性的壤质或砂壤质土壤中生长。在全盐量 0.3%~0.4% 的盐碱地上仍能正常生长。在低洼易涝地上沙打旺易烂根死亡。

沙打旺的栽培要点：

（1）播种。沙打旺春、夏、秋三季都可播种。春季在 3 月中旬播种，夏季则看土壤墒情和雨情而定，一般多在立秋前后播种。由于沙打旺多种植在风沙盐碱的沙荒地上，播前要耕松并趁雨季播种，播深为 2cm，每亩播 0.75~1kg。

（2）田间管理。沙打旺苗期生长缓慢，在耕地播种沙打旺时，要在 2~3 片真叶时除草，防止草荒。秋天进行培土有利于翌年返青和生长。对生长 3 年以上的草地，应增加中耕深度，切断部分衰老的侧根，促进再生新根，可延缓沙打旺的衰退，稳定产量。

（3）留种。沙打旺一般在 10 月下旬到 11 月上旬收割。由于沙打旺花期较长，果穗成熟期很不一致，而且成熟的荚果易自行开裂，故采用分期采摘成熟果穗的办法，即在果穗成熟又尚未开裂的时候采摘下来，每 7 天左右采摘 1 次。采下的果穗及时晾晒干燥，用碾米机脱粒，再风净、晒干、储存。

5.1.5 表土覆盖重建技术

回填表土是一种常用且最为有效的措施。很多研究都表明，在无表土回填的采矿迹地，生物多样性的恢复速度受到抑制。因此，要想在短期内将无表土覆盖的采矿迹地实施生态恢复是不大可能的。表土是当地物种的重要种子库，它为植被恢复提供了重要种源。Holmes 研究发现，即使是采取人工播种措施，表土的种子库也能提供 60% 的采矿迹地恢复物种，经过 3 年的恢复后，这一比例上升至 70%。回填表土除了提供土壤储藏的种子库外，也保证了根区土壤的高质量，包括良好的土壤结构，较高的养分与水分含量等，并包含有比废弃地多得多的参与养分循环的微生物与微小动物群落。

表土覆盖的深浅一直是研究人员关注的一个研究课题。覆土太厚无疑会使工作量成倍增加，太浅可能又起不到好的效果。Holmes 的研究表明，覆盖 0.1m 厚的表土能使植物的盖度从 20% 上升至 75%，覆盖 0.3m 则上升到 90%；但这两个深度的表土对提高植物密度没有明显差异，甚至在播种 18 个月后，浅表土（0.1m）比深表土（0.3m）有更高的植物密度。Redente 等在一个煤矿废弃地比较了 4 个厚度（0.15m、0.30m、0.45m 和 0.60m）的表土后，发现覆盖 0.15m 就足以获得满意的恢复效果。因此，表土层的覆盖的确没有必要太厚，0.10～0.15m 就可能产生较好效果。覆土的厚度还应考虑被恢复的植被类型，草本植物根系浅，覆土厚度显然没有必要像恢复木本植物那样厚。

无论所形成的植被如何，回填表土所产生的改土效果与恢复效果都是显而易见的，因此，在采矿前就应将表土挖掘另行堆放，应尽快覆土，避免土壤贫化。如果原地表土无法保留，也可采用客土法，即将别处的表土挖来覆上。但表土回填或客土覆盖措施也存在以下问题：（1）表土或与矿渣之间存在一障碍层，它对根冠的发育会有一定的阻碍；（2）工作量巨大，特别是客土法，可能要从远处将土运来。当采矿迹地矿地面积较大时，无论是表土或客土覆盖几乎都难以实现；（3）有些矿区的采矿时间过长，可能会使得堆置一旁的表土丧失原有的特性，因为表土堆放的时间越长，土壤的优良性状与养分就会损失越多，土体内植物繁殖体的死亡率也越高，结果就可能导致表土失去回填价值；（4）如果表土是覆盖在一定坡度的采矿迹地上，由于质地不连续性与层次的松散性，有可能导致由降雨引起的滑坡，养分流失；（5）掩埋在表土下的盐分与重金属等有害物质有可能通过土壤毛细管作用上升到表土层甚至地表，继续产生危害；（6）另外，客土法有可能携带有毒有害元素，应进行化验分析，进行处理；（7）采用客土法还会造成新的土地破坏现象。

5.2   植被环境重建技术

采矿迹地的生态恢复不仅需要进行土壤环境的重建，更需要进行植被环境的重建。土壤环境重建是植被环境重建的基础，为植被环境的重建提供条件。

5.2.1   适生植物筛选技术

生物复垦技术的研究必须与采矿迹地基质的性质密切相关，而复垦效果的好坏与所应用的植物品种有直接关系，选择适宜的适生植物筛选技术进行采矿迹地适生植物筛选工作，是每一个地区进行采矿迹地生态恢复时要完成的第一项任务。

5.2.1.1   采矿迹地基质性质

采矿迹地基质性质包括：

（1）植物营养素含量低。N、P、K 等营养元素是植物生长的所必需，废石、尾矿砂中都缺乏土壤构造和有机营养物，不能保存养分，影响了植物正常生长。但随着铁尾矿库固体废物堆放时间的加长，固体废物表面层中有机物的含量就会增加，这将有利于植物修复的进行。

（2）理化性状不理想。基质物理结构不好，造成持水保肥能力较差，因此影响植物修复的效果。

（3）采矿迹地表面不稳定。采矿迹地表层松散易流动，易受到风、水和空气的侵蚀，被侵蚀后，固体废物表面层会出现蚀沟、裂缝或破裂，在这个过程中表土稳定性受到影响逐渐降低，对植物的正常生长带来了巨大阻力。

（4）采矿迹地土壤表层温度变化大。废石和尾矿砂中含有大量的二氧化硅，致使其比热值较小，其表层易吸收热辐射，温度高易使植物体干旱而死亡。

5.2.1.2 适生植物筛选条件

用于矿地恢复的植物通常应该是抗逆性强、生长迅速、改土效果好和生态功能明显的种类；禾草与豆科植物往往是首选物种，因为这两类植物大多有顽强的生命力和耐瘠能力，生长迅速，而且后者能固氮。豆科植物宜撒播非入侵性、生长迅速、一年生乡土豆科植物。生态恢复考虑的因素有：

（1）生态适应性。选择乡土树种和适合当地生长的外来植物品种，才能够形成稳定的目标群落，达到植被恢复、生态修复的目的。

（2）先锋性。选择一些适应气候条件、生长迅速、有环境改善力的先锋植物，后期还要能退出主导地位的植物，以培养土壤养分、提高土壤肥力。

（3）和谐性。所选择的植物品种应该与周边的植被群落和谐统一，在群落形态、植物品种构成等方面和周围的植物群落相近。

（4）抗逆性和自我维持性。采矿迹地土壤一般较为贫瘠，因此，应根据具体情况要求植物品种具有一定的抗旱性、抗寒性、耐瘠薄、耐高温等特性，抗病虫害以及具有较高经济价值的树种。以便在后期无人为养护条件下能实现自我维持。

（5）生物多样性。考虑生物品种的多样性，灌木、草本、草花等多层次、多品种组合，形成综合稳定的复合植物生态系统。

（6）特异性。植物有各自的特点，立地类型各异。采矿迹地土壤要求植物出苗快，生长迅速，短暂的适宜条件即可定居生长，寿命短；侧根发达，以须根为主；侧根在土层表面也有分布；根茎部分有较多的不定根；地上部分明显大于地下部分；茎上有不定根。

经现场试验研究筛选出适宜于燕山地区采矿迹地生态恢复用的植物品种见表 5 - 2。

表 5 - 2　适宜于燕山地区采矿迹地生态恢复用的植物品种

类别	品　　种
乔木	赤峰杨、油松、火炬树、刺槐、大叶速生槐
灌木	白柠条、沙棘、沙枣、杨柴、刚毛怪柳、多枝怪柳、胡枝子、紫穗槐、连翘、金叶莸
草本	紫花苜蓿、白三叶草、黑麦草、野燕麦、墨西哥玉米、沙打旺、狗尾草、八宝景天、五芒雀麦草、高羊茅

5.2.2 尾矿库复垦技术

5.2.2.1 尾矿库库面无覆土复垦技术

A 草本植物的播种技术

(1) 土地处理。平整土地，浇水，做畦，依据现场面积以及植物种类确定畦面积，一般以长×宽=3m×3m为宜。

(2) 种子处理。一般草本植物种子无需特殊处理，可直接撒播或沟播即可。

(3) 播后管理。播种初期每天浇透水；出苗后定期浇水，每3~5天浇水一次；当草本植物幼苗形成一定密度时则10天一次透水。

B 乔、灌木等苗木移栽技术

(1) 苗木处理。乔木、灌木最适合带土坨移栽，可缩短植物的缓苗时间；添加一定量的保水剂，每株苗木20~100g，小型灌木20~50g，乔木则可依据其株型或根系状况控制在40~100g，可明显提高植物的成活率。

(2) 施肥技术。现场施肥技术主要播种或移栽前施入有机肥（如蚯蚓粪等），可起到长期供肥效果；且施用方法简便易行；施用量为每穴0.5~1kg或每亩1000~2000kg。

(3) 后期管理。苗木成活后，主要注意水分供应充足，注意防治病虫害，保证当年成活率。

5.2.2.2 尾矿库坡面植物复垦技术

(1) 植物选择。尾矿库坡面结合当地实际主要播种或栽植刺槐，或者播种爬山虎等爬藤植物；

(2) 播后管理。播后或栽植后定期浇水，初期每天浇水，成活后每3~5天浇水一次。

(3) 后期管理。后期需要专人定期负责管理。

5.2.3 排土场坡面复垦技术

从生态学的角度看，园林式边坡绿化方法有品种少、稳定性差的缺点。随着边坡灾害问题的日益突出和护坡技术的发展，出现了工程护坡和生态技术相结合的生态工程护坡技术（bioengineering slop protection）。首先提出此原理和技术的是美国的Grayhe、Leiserf（1982）和Schiechtl（1980）。生态工程护坡即是结合工程将生态技术应用于边坡的防护上，以求达到保持边坡稳定，防止水土流失的目的。覆盖于坡面的植物的茎、枝等提供了第一层次的加固；随着根的不断的纵深生长，又产生了另一层次的加固。同时土石工程本身就起一定护坡作用。土石工程的加固和植物的加固相互结合，相互配合，使加固的效果更加可靠。

最早将生态护坡工程应用于边坡防护的是美国，其用地表编制枝条篱笆的方法来加固南加州沿Angeles Cresk高速公路的陡峭边坡，并获得了成功。这种护坡方式既能很好地起到护坡作用，能做到一些纯工程护坡无法做到的防护，同时又恢复了被破坏的自然生态系统，符合当今世界的发展趋势，也是一种前景非常好的技术。生态护坡技术已有了很大进展，现在国内外广泛采用的方式有：

（1）土工网。植草护坡该技术采用一种通过特殊工艺生产的聚乙烯三维立体网，将其铺设于边坡上，然后播撒草种。随着草种的生长成熟，坡面逐渐被植物覆盖，从而减缓了雨水冲刷和下流速度，其植物根系深入土层固定土壤，防止了边坡侵蚀，这样植物与土工网就共同对边坡起到了长期防护、绿化作用。

（2）铺草皮。铺草皮坡面防护法作用与种草坡面防护一样，适用于需要迅速得到防护或绿化的土质边坡以及严重风化的岩石和严重风化的软质岩土边坡。铺草皮坡面防护需预先备料，草皮一般就近培育，切成整齐块状再自下而上移铺到坡面上。同时坡面要预先整平，必要时还应铺土。

（3）综合生物防护。综合生物防护是指采用混凝土、浆砌片（块）石、浆砌卵（砾）石等做成骨架形成框格，框格内采用种草或铺草皮的防护方法。框格的作用是利用骨架防止边坡受雨水侵蚀而在土质坡面上产生沟槽，同时保护框格内的植物在生长初期不受雨水侵蚀。

（4）植生袋技术。近年来推广使用的一种草坪植草新技术。在暴雨强度较大的地区，可在坡面上铺设草坪植生袋进行种草。植生袋由两层无纺布构成，中间夹有基质、草籽和肥料，使用时将草坪植生袋铺在边坡上，上面盖上细土，浇水后15～30天左右出齐，三个月后可形成草坪。

（5）液压喷播技术。液压喷播技术是欧、美、日本等国家和地区近年来研究开发的一种生物防护生态环境、防止水土流失、稳定边坡的机械化快速种草绿化技术。主要由防护方法的选定、土壤分析、草种选择、液压喷播施工四部分组成。其原理是将草种、化肥、土壤改良剂、土壤稳定剂、辅料和水等充分混合后，用喷射机械均匀地喷射到边坡上，适当洒水使种子发芽、生长。

随着城市工业、山区旅游景点、道路及水电建设的发展，生态环境不断遭到破坏，仅采取简单工程措施进行边坡绿化，容易冲刷造成水土流失和滑坡现象。在采矿迹地边坡、岩壁等生态恢复中可采取植生袋和液压喷播技术。下面就这两种技术的情况进行简单介绍。

5.2.3.1 植生袋技术

植生袋又叫绿网袋、绿化袋，是植生带和绿网袋的有机结合体。植生袋是在植生带的基础上发展而来的一种产品，是由一半播种、另一半留空白（不播种）的植生带缝纫而成的袋子。植生袋共分五层，最外及最内层为尼龙纤维网，次外层为加厚的无纺布，中层为植物种子、有机基质、保水剂，长效肥等混合料，次内层为能在短期内自动分解的无纺棉纤维布。植生袋制作的关键是植物种类的配比，可以任何角度垒起来使近90°的垂直岩面绿化成为可能，多雨季节基质层不会被冲刷和流失，可有效防止山体滑坡和山崩。

A 植生袋工作流程

（1）清理平整边坡，坡脚基础处理。采用人工或机械排除坡面的松动岩石，将坡脚基础平整夯实，不平的地方采用混凝土砂浆垫平，局部沉降段可采用混凝土浇筑。

（2）植生袋装填。植生袋的绿化基质可根据实际情况就地取材，使用山皮土、尾矿砂、有机肥和保水剂等材料配制，可在边坡现场进行装袋。

（3）植生袋回填及锚固。已做好方格网或拱形窗肋式混凝土防护的边坡，或坡度在1∶0.75以下的低缓边坡，回填植生袋时通常可不用再加锚固，但需采取不同规格植生袋进行合理配置。

回填锚固方法：将网格的一端在锚杆上绑扎牢固后摊平，然后在网格上离开坡面一定距离开始码叠植生袋，在植生袋与坡面之间留的空间中回填种植土或渣石土，夯实回填土及植生袋，将网格的另一端从码放的植生袋外侧收起折返固定在坡面上层的锚杆上，让网格兜住回填土和植生袋，从而完成一层的安装。

（4）防渗层铺设。将网格植生袋按层依次由下向上铺设，待一定高度后，铺设一层防渗层，防渗层在两层网格植生袋层之间，从坡边采用混凝土浇筑到植生袋内边缘。

（5）排渗管安装。在铺设网格植生袋和防渗层过程中，排渗管均匀分布安装在网格植生袋层和防渗层之间。

（6）播种与种植。草种等种子可在植生袋装袋时按所需配比加入基质，也可在网格植生袋基础完工后，向其上喷播种子，灌木等可直接在其上移栽种植乔灌苗木。

（7）养护。养护包括两方面：一是对滑落的植生袋及时补填；二是保证边坡植物的水分供应（一般施工后两个月及入冬前各施一次肥）。在草和灌木生长成坪、根系将边坡土层固定之后可不需再进行日常的人工养护。

B　应用前景

采矿迹地面积巨大，仅唐山地区就有12万余亩面积的排土场亟待生态恢复。植生袋绿化法水土保持效果好，绿化快效果好；但实施成本偏高。随着植生袋相关配套技术的发展，成本会越来越低，在资金相对充裕的情况下不失为一种高效快速的绿化技术，具有一定的应用前景。

5.2.3.2　液压喷播技术

"液压喷播"是近年从国外引进的一项建植草坪的新技术，利用机械液压的原理将经过催芽处理后种子加入混合材料等搅拌均匀后，均匀喷射到边坡表面上，喷射厚度2～3cm，从而生草成坪，它具有效率高、经济效益大的特点，得到绿化施工单位的广泛使用。

液压喷播工艺是利用液体播种原理把催芽后的草坪种子装入混有一定比例的水、纤维覆盖物、黏合剂、肥料、染色剂（视情况添加保水剂、泥炭等）的容器内，利用泵将混合浆料由软管输送喷播到待播的土壤上，形成均匀覆盖层保护下的草种层，多余的水分渗入土表。由纤维、胶体形成半渗透的保湿表层，这种保湿表层上面又形成胶体薄膜，从而大大减少水分蒸发，为种子发芽提供水分、养分和遮阴条件，其技术关键是纤维胶体和土表黏合，使得种子在遇风、降雨、浇水等情况下不会流失，产生良好的固种保苗作用。同时喷洒的覆盖物可以染成绿色，喷播后很容易检查是否已播种以及漏播情况，草坪也可立即显示绿色。由于种子经过催芽，播种后2～3天即可生根和长出叶片，可很快郁闭成坪起到快速保持水土的作用并且减少养护管理费用。

A　工艺流程

液压喷播的工艺流程为：坡面修整→覆土或客土吹覆→液压喷播→养护。

B　材料选择

（1）草种。采用狗牙根、高羊茅等适宜于当地种植的草种按照一定的比例进行施工。

（2）纤维。纤维有木纤维和纸浆两种，木纤维是指天然林木的剩余物经特殊处理后的成絮状的短纤维，这种纤维经水混合后成松散状、不结块，为种子发芽提供苗床的作用。水和纤维覆盖物的重量比一般为 30：1，纤维的使用量平均约在 45～60kg/亩，坡地约在 60～75kg/亩，根据地形情况可适当调整，坡度大时可适当加大用量。在实际喷播时为显示成坪效果和指示播种位置一般都染成绿色。

（3）保水剂。保水剂的用量根据气候不同可多可少，雨水多的地方可少放，雨水少的地方可多放，用量一般为 3～5g/m²。有时也可以用木纤维代替保水剂。

（4）黏合剂。黏合剂的用量根据坡度的大小而定，一般为 3～5g/m² 或纤维质量的 3%，坡度较大时可适当加大。黏合剂要求无毒、无害、黏结性好，能反复吸水而不失黏性。

（5）染色剂。染色剂是使水与纤维着色，为了提高喷播时的可见性，易于观察喷播层的厚度和均匀度，检查有无遗漏，一般为绿色，进口的木纤维本身带有绿色，无需添加着色剂，国产纤维一般需另加染色剂，用量为 3g/m²。

（6）肥料。肥料选用以硫酸铵为氮肥的复合肥为好，不宜用以尿素为氮肥的复合肥，因为尿素用量过少达不到施肥效果，超过一定量时前期烧种子，后期烧苗。视土壤的肥力状况，施量为 30～60g/m²。作为公路护坡一般的只要施入早期幼苗所需的肥料即可（含 N、P、K 及微量元素的复合肥）。

（7）泥炭土。泥炭土是一种森林下层的富含有机肥料（腐殖质）的疏松壤土，主要用于采矿迹地改善表层结构有利于草坪的生长。

（8）活性钙。活性钙有利于草种发芽生长的前期土壤 pH 值平衡。

（9）水。水是其他所有材料的溶剂，用量为 3～4L/m²。

C　设备选择

进行喷播绿化的重要设备为喷播机（一般为进口机械），喷播机的性能直接影响喷播的质量和效率。

D　施工中的注意事项

（1）喷播程序。一般先在罐中加入水，然后依次加入：种子、肥料、保水剂、木纤维、黏合剂、染色剂等。配料加进去后需要 5～10min 的充分搅拌后方可喷播，以保证均匀度。每次喷完后须在空罐中加入 1/4 的清水洗罐、泵和管子，对机械进行保养。

（2）水和纤维的用量。水和纤维的用量是影响喷播覆盖面积的主要因素。在用水量一定的条件下，纤维过多，稠度加大，不仅浪费材料，还会给喷播带来不利影响；纤维过少，达不到相应的覆盖面积和效果，满足不了喷播的要求。研究表明，水和纤维用量适宜的质量比为 30：1。

（3）坡面清理。在坡面上进行喷播，喷播前应对坡面进行处理，适当地平整坪床，清除大的石块、树根、塑料等杂物。喷播前最好能喷足底水，以保证植物生长。喷播后，应覆盖遮阳网或无纺布，以便更好地防风、遮阴和保湿。

E　苗期养护管理

（1）喷播后加强坪床管理，根据土壤的水分，适时适度喷水，以促其快速成坪。

（2）在养护期内，根据植物生长情况施 3～6 次复合肥。

（3）加强病虫防治工作，发现病虫害及时灭杀。

（4）当幼苗植株高度达 6～7cm 或出 2～3 片叶时揭掉无纺布；避免无纺布腐烂不及时，以致影响小苗生长。

（5）根据出苗的密度，进行间苗补苗。

F　液压喷播植草的优点

液压喷播植草与传统的种草、铺草皮工艺相比有以下优点：

（1）工艺简单，易操作。

（2）不必覆盖或更换表土，适用范围广。

（3）对土壤平整度没有要求。

（4）覆盖料和土壤稳定剂的共同作用能够有效防止雨水冲刷，避免种子流失，因此所建立的植被均匀整齐。

（5）施工统一，成坪快，较美观，在水分充足的条件下，一般 1 周左右即可出苗，2 个月植被可完全覆盖坡面。

5.2.4　植物优化配置技术

采矿迹地生态恢复最终要实现与周围环境和自然的和谐，不仅仅是绿化环境，还要具有一定的观赏性，美化环境。这就要求必须选择适宜的植物配置方式。

5.2.4.1　优化方法

根据植物生物学特性，按照景观生态学原理和植物配置原则，以防风固坡、防沙滞尘、生态恢复为目标，以植物的生物学特性为基础，选用适生植物，以"人为设计理论"为指导，优化植物配置。

A　优化配置方案

以采矿迹地土壤理化性质为依据，以防风固坡、防沙滞尘、生态恢复为目标，以植物的生物学特性为基础，制订相应植物组合类型。

B　优秀方案评价

一个优秀的生态植物组合不仅具有景观特性，供人们观赏，而且要具备科学的空间结构，体现物种的多样性及种间适应性，实现其生态价值。另外，应还要考虑建设与管理的成本问题，实现组合的经济效益。方案应以定性分析为基础，采用层次分析法进行定量分析。

选择若干对园林植物景观效果贡献较大的定性和定量指标，通过对定性指标的量化，应用综合评价模型对园林植物景观进行评价。

层次分析法又称 AHP（analytical hierarchy process）法，是 20 世纪 70 年代美国运筹学方面的学者 T L Saaty 提出来的。层次分析法的方法与步骤是：在对问题充分了解的基础上，首先分析问题内在因素间的联系与结构，并把这种结构划分目标层、准则层、方案层，把各层间诸要素的联系用线表示出来，接着是同层因素之间对上层某因素重要性进行评价，方法是"两两比较法"，建立判断矩阵，求得权重系数，再进行一致性检验，如通过，则求得的权重系数可以被接受，否则，则被拒绝，再重新评判。在进行单层权重评判的基础上，再进行层间重要性组合权重系数的计算。

a　建立 AHP 层次结构模型

AHP 的层次结构分为三个层次即目标层、准则层、方案层。在进行植物组合选择时，先要考虑物种组成、间间适应性、空间结构，还要考虑植物组合的观赏性，最后是成本问题，为了达到追求的目标，需要一套完整、科学的评价指标体系作为度量目标实现程度优劣的标准与尺度，且各指标间相互独立，无显著相关关系，可建立相应的层次结构模型。

b 建立判断矩阵

运用"两两比较法"建立各层比较矩阵。要反复回答问题，两个因素 i、j 哪一个对上层的某一准则项影响大，大多少，并使用 $1\sim9$ 的比例来赋值。心理学实验表明，多数人对不同事物在相同属性上差别的分辨能力不超过 9 级，$1\sim9$ 级的标度定义见表 5-3。

表 5-3 Matrix 标度说明

第 i 指标与第 j 指标比较结果	标 度 值
i 与 j 同样重要	1
i 与 j 稍重要	3
i 与 j 相当重要	5
i 比 j 非常重要	7
i 比 j 极端重要	9
重要性在上述表述之间	2、4、6、8

两元素相比，若前者对后者取上述值，则后者对前者取其倒数，如 1，1/2，1/3，…，1/9

依据表 5-3 可最终得出比较矩阵，即判断矩阵。在以下各个判断矩阵中最上一行及最左一列的代号是所要比较的因素，矩阵表左上角的代号代表相对于上层评价的某一准则项，矩阵表最右一列是通过计算所得的权重系数 W_i，矩阵表下面是根据判断矩阵所得最大特征根 λ_{max}，一致性指标 CI 值，查表所得 RI 值（表 5-4），以及两者相除所得比值 CR。

表 5-4 平均随机一致性指标 RI

n	1	2	3	4	5	6	7	8	9	10	11	12	13	14	15
RI	0	0	0.52	0.89	1.12	1.26	1.36	1.41	1.46	1.49	1.52	1.54	1.56	1.58	1.59

c 计算单一因素下各指标的相对权重

（1）设判断矩阵为 A，将矩阵的元素按列归一化，计算 $A'_{ij} = a_{ij} / \sum_{i=1}^{n} a_{ij}$。

（2）将按列归一化后的元素按行相加，计算 $A'_i = \sum_{j=1}^{n} A'_{ij}$。

（3）所得到的行和向量归一化，即得权重 W_i，$W_i = A'_i = \sum_{i=1}^{n} A'_i$。

d 进行一致性检验的步骤

（1）计算 $\lambda_{max} = \sum (AW_i)/nW_i$。

（2）计算一致性指标 $CI = (\lambda_{max} - n)/(n-1)$。

（3）查表得 RI 值。

（4）计算相对一致性指标 $CR = CI/RI$。

5.2.4.2 优化配置实例

以迁安马兰庄铁矿土壤理化性质为依据，以防风固坡、防沙滞尘、生态恢复为目标，以植物的生物学特性为基础，制定了9个植物组合类型（表5-5）。

表5-5 生态植物组合优化配置方案

应用地段	序 号	方 案
	1	油松＋刺槐—沙棘—紫花苜蓿
	2	油松＋刺槐—紫穗槐—狗尾草
	3	刺槐＋火炬—柽柳—高羊茅
	4	刺槐＋火炬—紫穗槐＋连翘—狗尾草
排土场	5	火炬＋刺槐＋油松—柽柳—八宝景天＋狗尾草
	6	油松—荆条＋胡枝子—五芒雀麦草
	7	刺槐—狗尾草
	8	火炬—狗尾草
	9	刺槐＋火炬—柽柳—八宝景天—狗尾草

A 评价过程

按照综合评价模型建立的层次结构关系，再由6名专家进行判断比较，分别构成 $A-B$、$B-C$ 判断矩阵。通过上述公式运用层次分析法软件 Yaahp 计算出各评价因子的权重值并对判断矩阵进行一致性检验，计算结果及排序，并再次验证排序结果的一致性（表5-6~表5-11）。

表5-6 $B_1 \sim B_5$ 对 A 的判断矩阵、权重及一致性检验结果

A	B_1	B_2	B_3	B_4	B_5	W_i
B_1	1.0000	0.4493	1.4918	0.6703	3.3201	0.1854
B_2	2.2255	1.0000	3.3201	1.4918	4.0552	0.3660
B_3	0.6703	0.3012	1.0000	0.3679	1.2214	0.2658
B_4	1.4918	0.6703	2.7183	1.0000	3.3201	0.1059
B_5	0.3012	0.2466	0.3012	0.8187	1.0000	0.0769

判断矩阵一致性比例：0.0090；对总目标的权重：1.0000；λ_{max}：5.0402

表5-7 $C_1 \sim C_9$ 对物种组成的判断矩阵、权重及一致性检验结果

物种组成 B_1	C_1	C_2	C_3	C_4	C_5	C_6	C_7	C_8	C_9	W_i
C_1	1	0.6703	0.8187	0.6703	0.2466	0.8187	1.2214	0.8187	0.6703	0.0692
C_2	1.4918	1	1	0.6703	0.3012	0.4493	1.2214	2.2255	0.3012	0.0756
C_3	1.2214	1	1	0.6703	0.2466	0.3012	1.4918	1.4918	0.4493	0.0708
C_4	1.4918	1.4918	1.4918	1	0.6703	1	2.7183	2.2255	0.8187	0.1261

物种组成 B_1	C_1	C_2	C_3	C_4	C_5	C_6	C_7	C_8	C_9	W_i
C_5	4.0552	3.3201	4.0552	1.4918	1	3.3201	4.0552	4.953	1	0.2511
C_6	1.2214	2.2255	3.3201	1	0.3012	1	1.2214	4.953	1	0.1318
C_7	0.8187	0.8187	0.6703	0.3679	0.2466	0.8187	1	1	0.4493	0.0606
C_8	1.2214	0.4493	0.6703	0.4493	0.2019	0.2019	1	1	0.2019	0.0464
C_9	1	3.3201	2.2255	1.2214	1	1	2.2255	4.953	1	0.1683

判断矩阵一致性比例: 0.0326; 对总目标的权重: 0.1854; $\lambda_{\max}$: 9.3809

表 5-8 $C_1 \sim C_9$ 对种间适应性的判断矩阵、权重及一致性检验结果

种间适应性 B_2	C_1	C_2	C_3	C_4	C_5	C_6	C_7	C_8	C_9	W_i
C_1	1	1	1	1.4918	1.4918	1	0.5448	0.4493	1.4918	0.1002
C_2	1	1	1	1.8221	1.8221	1	0.6703	0.6703	1.8221	0.1095
C_3	1	1	1	1.4918	1.4918	1	0.6703	0.6703	1.8221	0.1095
C_4	0.6703	0.8187	0.6703	1	1	0.6703	0.3679	0.3012	1	0.0687
C_5	0.6703	0.5488	0.6703	1	1	0.6703	0.2466	0.2466	1	0.0614
C_6	1	1	1	1.4918	1.4918	1	0.6703	0.6703	1.2214	0.1047
C_7	1.8221	1.4918	1.4918	2.7183	4.0552	1.4918	1	1	3.3201	0.1866
C_8	2.2255	1.4918	1.4918	3.3201	4.0552	1.4918	1	1	3.3201	0.1951
C_9	0.6703	0.5488	0.5488	1	1	0.8187	0.3012	0.3012	1	0.0642

判断矩阵一致性比例: 0.0063; 对总目标的权重: 0.3660; $\lambda_{\max}$: 9.0739

表 5-9 $C_1 \sim C_9$ 对空间结构的判断矩阵、权重及一致性检验结果

空间结构 B_3	C_1	C_2	C_3	C_4	C_5	C_6	C_7	C_8	C_9	W_i
C_1	1	1	1	0.6703	0.4493	1	1.4918	1.4918	0.6703	0.0946
C_2	1	1	1	0.6703	0.5488	1	1.4918	1.4918	0.6703	0.0968
C_3	1	1	1	0.6703	0.5488	1	1.4918	1.4918	0.4493	0.0926
C_4	1.4918	1.4918	1.4918	1	1	1.4918	1.8221	3.3201	1	0.1509
C_5	2.2255	1.8221	1.8221	1	1	1.4918	3.3201	4.0552	1	0.1803
C_6	1	1	1	0.6703	0.6703	1	1.4918	1.8221	0.6703	0.1012
C_7	0.6703	0.6703	0.6703	0.5488	0.3012	0.6703	1	1	0.3012	0.0620
C_8	0.6703	0.6703	0.6703	0.3012	0.2466	0.5488	1	1	0.3679	0.0568
C_9	1.4918	1.4918	2.2255	1	1	1.4918	3.3201	2.7183	1	0.1649

判断矩阵一致性比例: 0.0053; 对总目标的权重: 0.1059; $\lambda_{\max}$: 9.0624

表 5 - 10　$C_1 \sim C_9$ 对观赏性的判断矩阵、权重及一致性检验结果

观赏性 B_4	C_1	C_2	C_3	C_4	C_5	C_6	C_7	C_8	C_9	W_i
C_1	1	1	1	0.6703	0.6703	1.0000	1.4918	1.4918	0.8187	0.1014
C_2	1	1	1.4918	0.6703	0.5488	0.8187	1.4918	1.4918	0.6703	0.0992
C_3	1	0.6703	1	0.6703	0.6703	0.8187	1.4918	1.4918	0.6703	0.0928
C_4	1.4918	1.4918	1.4918	1	0.8187	1.4918	1.8221	2.2255	1.2214	0.1447
C_5	1.4918	1.8221	1.4918	1.2214	1	1.8221	4.0552	4.0552	1.4918	0.1890
C_6	1	1.2214	1.2214	0.6703	0.5488	1	1.8221	2.2255	0.6703	0.1084
C_7	0.6703	0.6703	0.6703	0.5488	0.2466	0.5488	1	0.8187	0.3012	0.0582
C_8	0.6703	0.6703	0.6703	0.4493	0.2466	0.4493	1.2214	1	0.3012	0.0582
C_9	1.2214	1.4918	1.4918	0.8187	0.6703	1.4918	3.3201	3.3201	1	0.1480

判断矩阵一致性比例: 0.0090; 对总目标的权重: 0.2658; $\lambda_{max} = 9.1052$

表 5 - 11　$C_1 \sim C_9$ 对成本的判断矩阵、权重及一致性检验结果

成本 B_5	C_1	C_2	C_3	C_4	C_5	C_6	C_7	C_8	C_9	W_i
C_1	1	0.3012	2.2255	4.0552	1.8221	2.2255	0.5488	0.5488	1.2214	0.1015
C_2	1	1	1.4918	0.5488	1	0.4493	3.3201	1.4918	0.1160
C_3	1.2214	1	1	0.8187	1.4918	1.2214	0.8187	0.4493	0.8187	0.1015
C_4	0.6703	0.6703	1.2214	1	0.6703	0.6703	0.2466	1	0.0795
C_5	0.8187	1.8221	0.6703	1	1	0.6703	0.6703	0.5488	1	0.0929
C_6	1	1	0.8187	1.4918	1.4918	1	0.5488	0.4493	0.6703	0.0950
C_7	1.8221	2.2255	1.2214	1.4918	1.4918	1.8221	1	1	2.2255	0.1656
C_8	1.8221	0.3012	2.2255	4.0552	1.8221	2.2255	1	1	0.5488	0.1417
C_9	0.8187	0.6703	1.2214	1	1	1.4918	0.4493	1.8221	1	0.1062

判断矩阵一致性比例: 0.0639; 对总目标的权重: 0.0769; $\lambda_{max} = 9.7463$

根据表 5 - 6 ~ 表 5 - 11 可知, 5 个植物组合评价因子的重要性是不一致的, 权重确定了各评价因子的重要程度。9 个植物组合的选择, 在马兰庄铁矿排土场生态恢复中, 不仅仅要起到对排土场的生态恢复作用, 发挥植物的生态效益, 改善排土场环境的质量, 丰富生物多样性, 不仅要恢复多元化的生态系统, 还要实现美化环境及节约绿化成本的功能。因此, 从 $A - B$ 层的权重值可以看出的权重值最高的为 0.3660, 最低的权重值为 0.0769, 权重排序为种间适应性 > 空间结构 > 物种组成 > 观赏性 > 成本, 即种间适应性的权重值要远大于植物组合的观赏性和成本的权重值。

B　综合评价结果

通过对迁安马兰庄铁矿排土场推荐植物组合进行综合评价, 其总排序计算方法为: 将准则层 B 对于方案层 A 的权重与方案层 C 对于准则层 B 的权重分别两两乘积之和, 按得分由高到低排序, 并根据评价结果, 对园林植物进行评价分级, 按其权值大小, 划分为 3 个等级, 一级: $I \geqslant 0.12$、二级: $0.1 \leqslant I < 0.12$、三级: $I < 0.1$。不同植物组合综合评价分级见表 5 - 12。

表 5 – 12　不同植物组合综合评价分级

序　号	组　合　名　称	综合评价指数	评价等级
1	火炬 + 刺槐 + 油松—柽柳—八宝景天 + 狗尾草	0.1441	I
2	刺槐 + 火炬—柽柳—八宝景天—狗尾草	0.1224	I
3	刺槐—狗尾草	0.1149	II
4	火炬—狗尾草	0.1122	II
5	刺槐 + 火炬—紫穗槐 + 连翘—狗尾草	0.1101	II
6	油松—荆条 + 胡枝子—无芒雀麦草	0.1084	II
7	油松 + 刺槐—紫穗槐—狗尾草	0.0992	III
8	刺槐 + 火炬—柽柳—高羊茅	0.0954	III
9	油松 + 刺槐—沙棘—紫花苜蓿	0.0932	III

根据表 5 – 12 可以得出，这 9 个植物组合的综合评价结果从高到低依次为：$C_5 > C_9 > C_7 > C_8 > C_4 > C_6 > C_2 > C_3 > C_1$。I 级植物组合构建模式 2 个，占所有评价群落总数的 22%。从这些 I 级的植物组合中可以看出，它们不但植物种类丰富，同时景观效果明显，层次感强，它们自身从景观与生态方面都发挥出较高的效能，形成一个整体后，可以更大地发挥绿地的生态功能，使铁矿排土场的生态环境得到有效改善。II 级植物组合构建模式 4 个，占评价群落景观总数的 44%。评价等级最低的 III 级植物组合构建模式 3 个，占评价群落景观总数的 34%。

5.3　生态重建模式

5.3.1　采矿迹地"再选—回填"生态重建模式

5.3.1.1　基本思路

首先对排土场岩土进行干选，回收有价值的矿石，同时将表土与废石进行分离；再利用排土场干选后的废石回填露天采坑，然后利用表土或干选后的细料集中进行覆土；最后建设成符合农业用地标准的土地。

5.3.1.2　该模式的适用条件

露天开采结束矿山，具备废弃的露天采坑同时拥有高于当地侵蚀基准面的排土场，且排土场岩土中含有一定的有价物质。

5.3.1.3　工艺流程

"再选—回填"生态重建模式工艺流程如图 5 – 1 所示。

排土场开挖如果由下部直接开挖，则存在一些较危险的滑动面，其安全系数大大降低，不能满足规程要求，造成很大的安全隐患。并且如果排土场没有设置平台，或平台宽度过小，其安全系数计算结果也不能满足规程的要求，就会存在安全隐患，因此在排土场施工中还要严格按照由上向下、分台阶开挖，如图 5 – 2 所示。为更有效地利用排土场岩土中矿产资源，多采用单一的磁滚轮干选流程对排土场岩土中有价矿石进行回收，为控制大块，在给矿漏斗处设格筛。排土场岩土干选工艺如图 5 – 3 所示。

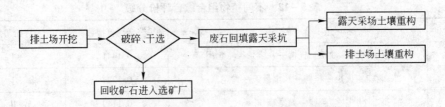

图 5-1　"再选—回填"生态重建模式工艺流程

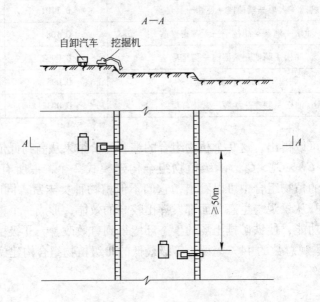

图 5-2　排土场开挖示意图

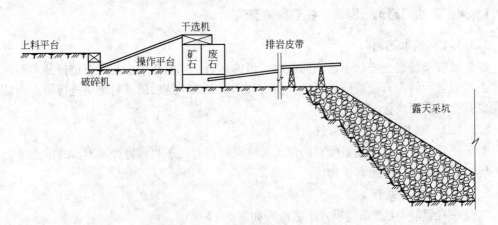

图 5-3　排土场岩土干选工艺流程

5.3.1.4　应用实例分析

A　棒磨山铁矿

棒磨山铁矿是河北钢铁集团矿业有限公司的一家老矿山单位，2009 年该矿原主体资源枯竭，露天开采闭坑。棒磨山铁矿矿山地形为北部略高，南部略低，棒磨山采区已于

2009年开采结束，露天采场为凹陷露天，最低开采标高-124m，封闭圈标高68m，采场总出入沟位于采场南侧，北侧采场最高标高91m。形成了23620000m³的露天采坑，占地490亩。棒磨山铁矿拥有排土场1个，共计堆放岩土量51780kt，排土场最大堆置高度64m，排土场占地面积770亩。排土场位于露天开采境界的西北方向。排土场东北部较低，最高标高为112m；西南部标高较高，最高标高130m；地表标高72m。采用汽车—推土机排土，排土场松散岩土自然安息角33°～38°。排土场底部基本接近露天境界边缘，采场西侧有主运输干线通往排土场最高处。

棒磨山排土场岩土的资源回收及治理的总体技术方案为：排土场开挖装运—破碎—皮带输送—干式磁选—充填露天采坑—排土场复垦。

排土场施工中还要严格按照由上向下、分台阶开挖。选用1.5～2.0m³斗容的挖掘机，台阶高度确定为垂高5m。最小工作平台宽度不小于30m。废石场采用挖掘机装车，以自卸汽车将剥离出的废石（0～1000m）倒入受矿槽（临储仓）。在槽底通过电振给矿机给入颚式破碎机，破碎产品进入磁滑轮干选，实现矿、岩的自动分离。回收的矿石经矿石皮带落至临时堆放点，之后通过有关人员的取样、化验、检查、验收等程序之后对其进行定期回收由自卸汽车拉至选矿厂进入生产工艺流程；磁滑轮抛出的岩石经岩石皮带直接抛至采坑。

为回收岩土中的表土用于后续的排土场覆土复垦，对两条生产线中破碎—干选后的排岩进行筛分，筛下表土回收。即磁滑轮干选后的废石通过皮带进入振动筛，筛上排至采坑，筛下表土运至临时堆放点堆放。

干选场地布置在露天开采境界附近。排土场在露天采场西北方向，确定干选场地在露天采场西北侧，占地17829.5m²。在干选场地内由南向北依次布置5套干选系统，每套由受料仓、给矿机、破碎机、皮带、干选机组成。在南北两侧的两套干选系统中设置表土筛分设备，将含土量较多的岩土经过筛分后将土筛分出来，以备将来土地复垦使用。

干选场地分三层平台，最低一层是落料平台，将选出的矿石落在此平台上，平台标高为68m，废石经皮带直接排运至露天采坑，该平台宽度40m，中间是操作平台，标高为77m，平台宽度14m；上部是受料平台，运输车辆在此平台卸载，卸入料仓，平台标高83m，宽度30m。

由于运输量比较大，因此，需要在干选场地的南北翼各布置一个条通往排土场的运输公路，公路最大坡度8%，用于运输岩土。南侧运输公路与原有的排土场运输公路通过一个回头曲线连接；北侧需要布置一条直接通往北翼排土场的运输公路。相应的在干选场南北侧各布置一个地磅房，用于车辆运载岩土计量使用。

排土场内超过1000mm直接在现场粗碎，然后装车运往露天采坑排弃，不再进入破碎系统。为此，在干选场地的南北翼分别有通向露天采坑的运岩公路，大块岩石经磅房称量后，运输至采坑边缘，由推土机推入露天采坑。封闭圈以上，仅在部分地段有不高的露天开采最终边坡，且多为第四纪，因该露天采坑的回填采用一次回填全高的方式完成，即将排土场干选废石直接利用胶带运输机排弃到露天采坑，等干选废石排弃完毕后，再总体规划露天采坑和排土场占地，统一进行平整覆土，开展土地复垦工程设计。

棒磨山铁矿地处迁安市夏管营镇，采场及排土场周边多为耕地，依据迁安市土地利用总体规划，属于农业种植区，因此，该矿排土场及采场土地复垦方向为农业用地。复垦质量标准为：覆土厚度（表土或干选后的细料）不小于1.0m；复垦后土地统一规划道路，东西向道路三条，南北向道路六条，间距200m，道路宽度4.0m；复垦耕地三年后种植粮食产量达到当地耕地平均水平。

将排土场全部干选后形成的平台，平台规格200m×200m，内倾3%，不过度追求平台的标高，对平台范围内的废渣就近推平。将规划平台内的碎石、山皮土就近消化，或铺平或垫于洼处，并要求将粗粒铺于底部，上部铺垫的弃渣、山皮土厚度可量源而定，应碾压压实，不过度追求台面标高的一致，可以呈漫坡状，坡度小于7%。

露天采坑回填排土场干选后的废料，形成平台，与废石场连接。由于回填后的采坑将会产生土体密实形成的沉降，回填时要求形成中间高，四周低的慢坡状，高差控制在10m。经过两年的快速沉降期后，再进行一次平整，形成最终台面。台面的规划与废石场一致。

田间道路修筑利用废渣填筑，基础厚度0.5m，上部铺设0.2m砂土；填筑时分层填筑，碾压密实，层厚0.3m。简易排水渠设于道路外侧，上口宽1.0m，底宽0.6m，高0.6m，排水渠用黄土或山皮土覆面，水流向尾矿库西部。道路两侧栽植火炬树，株、行距2m，梅花状布置，树苗苗龄为2~3年，植入深度不应小于0.3~0.4m。

该项目实施的生态环境效益主要体现在生态景观的改善、大气环境质量的改善等。目前排土场以及露天采坑彻底破坏了当地的景观，特别是露天采坑的存在以及排土场未经过治理，已成为当地的主要污染源。若采取简单的绿化等方式治理，并不能从根本上解决问题，如在20世纪80年代末90年代初石人沟铁矿排土场复垦是我国先进典型，但由于矿产资源的短缺，导致当地农民的多次翻选，造成了更大的生态破坏。因此，采取该方案的设计将彻底改善其景观生态，同时彻底消除其对大气等环境的污染。通过该项目的实施，通过排土场废石回填露天采坑可永久性解决排土场堆砌废石以及露天采坑的存在，既解决了排土场的无序翻选造成的安全隐患，同时也可消除了露天采坑的存在所引起的安全隐患。

B 首钢矿业公司水厂铁矿

水厂铁矿采用单一的磁滚轮干选流程对排土场废石进行回收，磁滚筒筒表场强为400kA/m，选比20，干选精矿品位达16%左右。为控制大块，在给矿漏斗处设400mm宽格筛，保证入选物料300mm。甩出的废石由矿车直接排弃，干选精矿由矿车拉回选矿厂粗破站入选。2007年，开始实施河东排土场干选回收项目，先后建成投产四条生产线，其中1号、2号、3号、4号干选机分别于2007年1月31日、5月8日、6月10日、12月20日建成投产。2007年，干选机累计上料量完成5097.27kt、回收矿石389.839kt、平均干选比为13.075，回收矿石品位20.73%、矿石可选性64.60%、尾品5.95%，实际选矿比为4.607，生产精矿粉84.6kt。

C 本钢南芬选矿厂

本钢南芬选矿厂也采用干选回收生产线对露天矿排土场中的混矿岩石进行了大规模的干选回收利用，在4号和5号两个土场建了4条干选回收线，干选流程中选用CTDG1216大粒度干选机，筒表场强320kA/m，控制干选机处理粒级为0~400mm，干选精矿品位20%左右，选比20~40。单条干选生产线的年处理废料能力为2760kt，其中3条用于集中处理前50年生产所排弃于土场的混矿岩石，按选比50计算，年回收矿石量约为200kt左右，回收矿石平均品位为17%~20%之间；1条用于集中处理目前生产所排弃于土场固定场地的混矿岩石，按选比 12 计算，年回收矿石量约为 200kt 左右，回收矿石的平均品位在 20% 以上。

D 迁安市磨盘山选矿厂

迁安市磨盘山选矿厂在排土场设置了 7 条生产线采用破碎—干选工艺对矿石进行回收利用。其中 1 条生产线对排出的岩石进行破碎，分成四个粒级用作建筑材料。其中干选前破碎设备选用 PE550×700 颚式破碎机，干选机选用 1000×1500mm 的磁滑轮。为控制过大块，在给矿槽前水平设置 400mm×400mm 的格筛。

5.3.2 生态农业重建模式

采矿迹地生态农业重建实质是在破坏土地的重建利用过程中发展生态农业，目的是建立一种多层次、多结构、多功能集约经营的综合农业生产系统。它是对现有土地复垦技术，按照生态学原理进行的组合与装配；它是利用生物共生关系，通过合理配置农业植物、动物、微生物进行立体种植、养殖业复垦；它是依据能量多级利用与物质循环再生原理，循环利用生产中的农业废物，使农业有机主废弃物资源化，增加产品输出；它充分利用现代科学技术，注重合理规划，以实现经济、社会和生态效益的统一。

生态农业重建模式主要考虑生态综合治理和项目循环效益两大因素，从区域整体性与独特性出发，对矿区农业生态重建的现状、生态修复技术与发展趋势等进行综合研究。通过对其现有生态农业重建模式进行以能量流动和物质循环分析为主的能源利用效率评价分析，依据经济和生态综合指标，反馈修复生态农业重建模式，提出以提高采矿迹地的综合生物生产力，构建社会—经济—自然复合生态系统为目标的采矿迹地生态农业重建模式，为实现采矿迹地高效重建提供科学依据与技术方法。

5.3.2.1 生态农业复垦的基本原理

对采矿破坏土地进行生态农业复垦后，就会形成生态农业系统，它是具有生命的复杂系统，包括人类在内，系统中的生物成员与环境具有内在的和谐性。人既是系统中的消费者，又是生态系统的精心管理者。人类的经济活动直接制约着资源利用、环境保护和社会经济的发展。因此，人类经营的生态农业着眼于系统各组成成分的相互协调和系统内部的最适化，着眼于系统具有最大的稳定性和以最少的人工投入取得最大的生态、经济、社会综合效益，而这一目标和指导思想是以生态学、生态经济学原理为其理论基础建立起来的，主要理论依据包括以下几个方面：

（1）生态位原理。生态位是指一处生物种群所要求的全部生活条件，包括生物和非生物两部分，由空间生态位、时间生态位、营养生态位等组成。生态位和种群一一对应。在达到演替顶级的自然生态系统中，全部的生态位都被各个种群所占据。时间、空间、物质、能量均被充分利用。因此，生态、生态农业复垦可以根据生态位原理，充分利用空间、时间及一切资源，不仅提高了农业生产的经济效益，也减少了生产对环境的污染。

（2）生物与环境的协同进化原理。生态系统中的生物不是孤立存在的，而是与其环境紧密联系，相互作用，共存于统一体中。生物与环境之间存在着复杂的物质、能量交换关系。一方面，生物为了生存与繁衍，必须经常从环境中摄取物质与能量，如空气、水、光、热及营养物质等；另一方面，在生物生存、繁育和活动过程中，也不断地通过释放、排泄及残体归还给环境，使环境得到补充。环境影响生物，生物也影响环境，而受生物影响得到改变的环境反过来又影响生物，使两者处于不断地相互作用、协同进行的过程。就这种关系而言，生物既是环境的占有者，同时又是自身所在环境的组成部分。作为占有者，生物不断地利用环境资源，改造环境；作为环境成员，则又经常对环境资源进行补偿，能够保持一定范围的物质储备，以保证生物再生。生态农业复垦遵循这一原理，因地、因时制宜，合理布局与规划，合理轮作倒茬，种养结合。违背这一原理，就会导致环境质量的下降，甚至使资源枯竭。

（3）生物之间链索式的相互制约原理。生态系统中同时存在着许多种生物，它们之间通过食物营养关系相互依存、相互制约。例如绿色植物是草食性动物的食物，草食性动物又是肉食性动物的食物，通过捕食与被捕食关系构成食物链，多条食物链相互连接构成复杂的食物网，由于它们相互连接，其中任何一个链节的变化，都会影响到相邻链节的改变，甚至使整体食物网改变。

在生物之间的食物链关系中包含着严格的量比关系，处于相邻两个链节上的生物，无论个体数目、生物量或能量均有一定比例。通常是前一营养级生物能量转换成后一营养级的生物能量，大约为10∶1。生态农业复垦遵循这一原理巧接食物链，合理规划和选择复垦途径，以挖掘资源潜力。任意打乱它们的关系，将会使生态平衡遭到破坏。

（4）能量多级利用与物质循环再生原理。生态系统中的食物链，既是一条能量转换链，也是一条物质传递链。从经济上看还是一条价值增值链。根据能量物质在逐级转换传递过程中存在的10∶1的关系，则食物链越短，结构越简单，它的净生产量就越高。但在受人类调节控制的农业生态系统中，由于人类对生物和环境的调控及对产品的期望不同，必然有着不同的表面，并产生不同的效果。例如对秸秆的利用，不经过处理直接返回土壤，需经过长时间的发酵分解，方能发挥肥效，参与再循环。但如果经过糖化或氨化过程使之成为家畜喜食饲料，饲养家畜增加畜产品产出，利用家畜排泄培养食用菌，生产食用菌后的残菌床又用于繁殖蚯蚓，最后将蚯蚓利用后的残余物返回农田作肥料，使食物链中未能参与有效转化的部分得到利用、转化，从而使能量转化效率大大提高。因此，人类根据生态学原理合理设计食物链，多层分级利用，可以使有机废物资源化，使光合产物实现再生增殖，发挥减污补肥的作用。

（5）结构稳定性与功能协调性原理。在自然生态系统中，生物与环境经过长期的相互作用，在生物与生物、生物与环境之间，建立了相对稳定的结构，具有相应的功能。农业生态系统的生物组分是人类按照生产目的而精心安排的，受到人类的调节与控制。生态农业要提供优质高产的农产品，同时创造一个良好的再生产条件与生活环境，必须建立一个稳定的生态系统结构，才能保证功能的正常运行。为此，要遵循以下三条原则：第一，发挥生物共生优势原则，如立体种植、立体养殖等，都可在生产上和经济上起到互补作用；第二，利用生物相克趋利避害的原则，如白僵菌防治措施等；第三，生物相生相养原则，如利用豆科植物的根瘤菌固氮、养地和改良土壤结构等。许多种生物由于对某一、二个环境条件的相近要求，使它们生活在一起。例如森林中不同层次的植物（乔木、灌木、草本）以及依靠这些植物为生的草食性动物，它们虽没有直接相生相克的关系，但对于共同形成的小气候或化学环境则有相互依存的联系。这种生物与生物、生物与环境之间相互协调组合并保持一定比例关系而建成的稳定性结构，有利于系统整体功能的充分发挥。

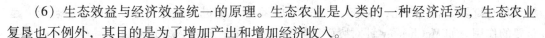

（6）生态效益与经济效益统一的原理。生态农业是人类的一种经济活动，生态农业复垦也不例外，其目的是为了增加产出和增加经济收入。

在生态经济系统中，经济效益与生态效益的关系是多重的。既有同步关系，又有背离关系，也有同步与背离相互结合的复杂关系。在生态农业复垦中，为了在获取高生态效益的同时，求得高经济效益，必须遵循如下原则：

（1）资源合理配置原则。充分和合理地利用土地是生态农业复垦的一项重要任务。

（2）劳动资源充分利用原则。在农业生产劳动力大量过剩的情况下，一部分农民同土地分离，从事农产品加工及农村服务业。

（3）经济结构合理化原则。既要符合生态要求，又要适合经济发展与消费的需要。

（4）专业化、社会化原则。生态农业复垦只有突破了自然经济的束缚，才有可能向专业化、商品化过渡。在遵守生态原则的同时，积极引导农业生产接受市场机制的调节。

5.3.2.2 应用实例分析

以迁安市瑞阳生态农业大观园为例说明采矿迹地生态农业重建模式优化研究。迁安市瑞阳生态农业大观园位于我国三大铁矿基地之一的冀东地区迁安市城北 25km 处的五重安乡，瑞阳生态农业大观园是在由多个地方小矿山开采形成的采矿迹地上建设的。整个农业大观园园址呈南北走向，地势北高南低起伏陡峻，海拔 142~178m。园址所在地西临城市主干道，交通条件便利，区位优势明显且山体地形变化多样，有着相对丰富的可利用资源。

其规划总面积为 53.9hm²，共分为 6 个功能区：名优果品示范采摘区 23.3hm²，在省农科院昌黎果树研究所引进了优质板栗、桃、苹果、梨等 20 余个品种；现代设施农业示范展示区 1.3hm²，建设现代化日光温室 10 个，其中 2 棚由昌黎果树研究所提供成果、具有国内领先水平的春节特供桃，4 棚省农科院经济作物研究所支持的有机无土栽培示范以及 4 棚展示立体水培蔬菜；特色养殖区 8hm²，养殖宫廷皇鸡、原生态野猪、梅花鹿等；农产品精深加工区 1.3hm²，其中包括由省农科院谷子研究所承担的省山区杂粮产业项目，年加工有机杂粮 10000t，由省农科院粮油作物研究所支持的国家花生产业体系项目，年产 3000t 纯物理 5 级压榨有机花生油；年产 2000t 甘薯系列产品，年加工 2000t 果品。采矿迹地生态恢复区 13.3hm²，规划建设水上公园、绿化长廊、品种资源圃、粮油新品种展示区等；休闲服务区 6.7hm²，建有餐饮、住宿、娱乐、垂钓园、体验园等设施。迁安市瑞阳生态农业大观园的农业生态模式定为以农副产品加工和生态旅游为纽带的多元产业生态农业重建模式。

5.3.3 采矿迹地景观生态重建模式

景观生态重建模式是适应于特殊采矿迹地条件的生态重建模式，核心任务是在景观规划和景观生态学理论指导下，完成重建方案与当地生态文化景观等的协调设计，将采矿迹地生态重建与当地的生态文化建设融为一体。

5.3.3.1 采矿迹地景观重建原则

（1）生态安全原则。某些关键点（或称战略点）以及某些特定格局能对景观过程起到潜在的决定性影响，构成了控制景观的安全格局。对其进行控制可以高效维护区域景观生态格局的健康与良好运行。矿山开采破坏对水土流失、污染扩散、诱发灾害以及生境破坏等具有重要影响。因此，对处于战略点的采矿废弃地进行恢复会对维护区域生态安全起首要的作用。如 McChesney 针对废矿地恢复过程，在比较了恢复地和自然景观中幼苗发生后指出在大尺度基质下选取恢复地点的重要性。

（2）持续利用与资源循环原则。采矿废弃地上的各类要素通过设计因地制宜地加以改造利用，使之重新参与生态系统的生产与循环并且塑造新的景观，走"资源再利用"的途径，可以产生新的经济效益。如通过设计，使矿井、迹地以及设施重新发现其审美、生产和生境价值，是一种变废为宝的积极利用的思路。

（3）自然原则。恢复自然生态状况应置于采矿废弃地可持续发展的优先考虑。利用自然过程，采取自然演替方法是重要的手段，包括采用乡土物种，恢复植被群落与演替，改善土壤质量，恢复自然河道与水的自然过程等，以提高自然生态系统生产力和稳定性。

（4）多样性原则。考虑未来发展的多种可能性，采取多样性设计来满足功能的多样化和人的多选择性及不同层次需要。采矿废弃地的可持续利用应遵循这一原则，针对不同景观和用地的基础，采取不同的恢复和利用方式，可以满足景观多样性的要求。

（5）过程原则。应尊重场地的发展过程，在一定程度上保存地段的历史信息。应使采矿以及恢复的历史成为景观演替过程的一部分，而不是完全终结。通过设计提供后来者可以调整与发展的空间。这种过程体现了空间与时间上的脉络。针对人的审美体验，符合生态原理的景观设计也许不是完成的作品，而更多是对"过程"和"中介"的设计，反映多样性关系的产生和网络化、联系及区分。

（6）场所性原则。景观不仅仅作为视觉艺术而存在，还应作为人的活动场所。应强调观者的参与的重要性，考虑其场所环境的使用性质，使人可以产生震撼、凝聚情感、愉悦身心，从而使物质空间具有场所精神。采矿地设计应利用各种资源来提供给人以获得教育、锻炼和愉悦的机会。

5.3.3.2 迁安市灵山铁矿景观生态重建

A 总体规划

根据矿区内景观资源分布情况和总体规划的整体要求，结合环境整治确定开发思路："与灵山风景区相融合，将其设计建设成为适合人们运动、休闲、游乐的活动场所，同时增加一定的人类文化与历史特征，形成一种内涵深厚的人文公园；让生态护坡、健康生活、合理利用、变废为宝的人文生态公园就在家门口"。根据其环境整治后山清水秀的特点要做好山体生态植被修复，创造生态公园景观，做好自然水体的保护与改造以及生态资源的保护和利用。

规划前期必须对用地的安全性进行分析，为生态修复提供技术选择和依据，边坡整治和生态复绿成为该边坡处理的前提。通过边坡护坡，消除可能性的崩塌和滑坡对公路运行和过往车辆构成的安全隐患。通过人的参与，修复生态自然环境，保持水土、疏沟排洪，保障周边人群的生命财产的汛期安全。通过"荒坡治理"，使生态修复工程与地方特色景观发展相结合，与休闲游览相结合，与观光采摘相结合，以生态修复促进人们生活品位的提高。为山疗伤、修山补山、恢复山体沿线秀美风貌。通过山坡断面的生态恢复，可以修建一些建筑，增加生态及文化的积淀。设计时还可以适当考虑娱乐项目的收费，争取用最少的钱获得最大的经济效益；通过公园自己的创收满足公园的日常养护费用并能为当地经济发展作出一定的贡献。

B　灵山铁矿采矿迹地景观再造技术

a　功能分区

根据前面对基地的各项分析，在生态优先理论指导下，将公园规划为"一廊、四区"。在不对当地造成破坏的前提下，安排适当的参观游览活动，突出公园特色。

其中"一廊"和"生态林区"是核心景观区，从生态的游人的安全角度出发，这两片区域以保护为主，"一廊"为"绿色生态廊道"，它是公园典型的景观廊道，以自然布局的植物为主，从灵山景区开始，自北向南，呈半包围状，展示着园内的青山秀水。"生态林区"也是以植物造景为主。"接待服务区"位于公园的入口处，拟建停车场、入口展览馆、管理中心、购物点等。文化娱乐区以儿童游戏区、科普教育展览区、观景平台为主要景点。"水景观赏区"以工农水库为依托，以亲水平台为主要景观形成幽居宿营景区，可建设大型水上娱乐项目，在节假日举办各类娱乐活动如野营、攀岩等活动满足群众娱乐需要。"生态林区"以植物造景为主的自然式布局，由葱郁的密林、宽敞的草坪、弯曲的石径、缓坡小丘、建筑小品及开阔的水面组成。

b　景观结构与景点布置

景点布置时要遵循体现文脉的原则，力求展现采矿开挖形成的岩面景观，提供多角度观景点；矿山旅游产品的科技含量和科普教育价值是主要的吸引力因素，可积极开展教学、科研、科技咨询等活动。因此公园共设有5个主要的生态节点，分布在入口服务区、中部观景亭、展览厅、植物园、眺望亭观览处；5个次要的生态节点分布在生态科普区、中心水景区等处。用生态廊道及景观渗透带将各个节点串联起来。

在入口展览馆游人可以通过实物、图片和标本了解地质发展过程、岩石构造类型和特征。入口景观区及道路两侧坡地分段配植各式灌木和地被植物，植物主要以灌木丛为主。科普馆侧重展现当地社会发展历史，适时举办一些科普知识活动；科普馆可记载迁安灵山从古到今的历史典故、名人传奇、地域文化及改革开放的丰功伟绩。

可通过讲座、报告会、板报、图片展等多种形式，向广大群众普及文化知识，宣传党的农村政策，宣传社会主义荣辱观的深刻内涵，开展普法宣传和法制教育，展现新农村的建设发展历史。"生态林区"不同乔木组合展现不同的季相景观，如水体之处设计成浓荫蔽日景观作为野营之地，周边岩石可适当作壁画处理，供游人欣赏，中间设置不同形式的观景亭。

c　竖向规划设计

场地的改造要尊重场地原貌和历史，注重场所的特性，改造必须要适应周边环境，适应当地经济社会政治发展，适应当地居民的需求。在改造的过程中，要对场地的历史有一个比较深刻的认识，不应盲目地大拆大建，而是将场地作为一个时间、空间相结合的实体，延续历史面貌和记忆。地形改造必须通过理性严谨的数据收集分析，准确地理解环境优劣势，才能建立支持创意的坚实平台。这意味着，有些功能需要扩充，有些地方需要改变，但不是做形象工程，而是寻求最为合适的改造方案，以达到多方面的协调。在考虑边坡稳定性的基础上，边坡处理还要适当考虑到风景园林设计的美学因素及人体工程学原理，运用节奏与韵律、比例尺度、人的视觉关系等原理对地表适当改造，形成高低起伏的坡面，有利于丰富地貌景观满足游人游玩观赏的需要道路交通规划。

根据前面地形分析及各景区功能要求来安排合理的游赏路线。"接待服务区"位于公园的正北入口处，与灵山景区相连。该地段地势平缓，与园外的区级道路直接相连，在此设置停车场，满足对外交通的需要。全园道路系统结合矿区保留的路网设置为三级道路，主干道平行等高线设置构成环形网满足通车的需要，一般为 6m 宽；次干道 4.5m 宽，主要以步行为主；景点之间点缀 1.5~2.0m 的游步小径。

　　d　植被规划设计

　　利用植被能构成功能优美的景观画面，充分体现自然意境，突出景观层次，同时也利于创造良好的自然生态环境。平面布局上要注意疏密相间、错落有致；立面上要注意天际线的高低起伏；季相上要注意常绿与落叶的比例，注重春花、秋叶的季相搭配，既要有稳定的景观，又要有四季的变化，在不同景区要选择不同的植物组合。

　　入口景观区及道路两侧坡地分段配植各式灌木和地被植物，植物主要以灌木丛为主：红白相间的野蔷薇、黄白相间的金银花、黄灿灿的迎春、雪白的刺槐花，以展现春花烂漫的景观。各段主导色彩分别为红、白、黄、紫。红色系代表植被为杜鹃、鸡冠花；白色系代表植被为野蔷薇；黄色系代表植被为金银花、迎春；紫色系代表植被为夹竹桃、紫荆。这样不仅丰富了植物的多样性，也丰富了景观层次，给人以不同的景观感受。

　　科普教育展览区在农家蔬菜园种植一些当地有观赏价值的各种时令蔬菜，如黄瓜、玉米、茄子、辣椒、觅豆等。而百草园内可种植各类中草药，如芍药、中华常春藤等。此景区的植物种植规划，一方面增加了植物的多样性，另一方面用植物烘托了景区主题氛围，展现了矿山文化内涵。

　　山坡可设计成秋游登高之处，观景台附近种植贴梗海棠、杜鹃、天竺葵、红枫等乔灌木；外围种植灌木杜鹃、气势雄伟的枫香等。既改善了单一脆弱的自然生态环境，又以植物点题，待深秋时节能营造出浓烈的红色氛围，形成独特风景。让人们能身处其中，体验"会当凌绝顶"的壮观景象。

　　e　配套设施规划

　　为了满足游人购物、游玩的需要，设置了一系列的小卖部、购物点、餐厅、问询处、医疗救助站、厕所等公共设施。

5.3.3.3　湖南冷水江锑矿区景观生态重建实例分析

　　湖南省冷水江锡矿山位于冷水江市，地处湖南省中部，雪峰山北段南麓，资江中游。属亚热带季风性湿润气候，年平均气温 16.8℃，1 月平均气温 4.9℃，7 月平均气温 28.2℃，极端最高温度 39.7℃，极端最低温度 -10.9℃，年平均有效积温 5118.5℃，年平均无霜期 279 天，年平均降水量为 1457.0mm，年相对湿度 53.1%。冷水江锡矿山是湖南省重要的能源原材料基地，以盛产锑矿和原煤而闻名。冷水江市属湘中丘陵区，地形地貌特点为五山二丘二岗一平地，地势呈南北高，中部低不对称的马鞍形。最高海拔 1072m，最低海拔 162m，地势高差 910m。洞庭湖水系的资江干流贯穿全市 18km，资水一级支流 10 条，总流程 135.18km。锡矿山，位于冷水江市东北 15km 处，是著名的"世界锑都"，锑储量达 2000kt 以上，经过 110 年开采，仍拥有保有储量 400kt。

　　冷水江锑矿区森林景观改造与营造应遵循自然规律进行种植设计，借鉴地带性自然群落的种类组成、结构特点和演变规律，根据不同植物的生态特征，营造以乔木为骨架，以木本植物为主体的乔、灌、草复合群落，充分考虑群落的发展和动态演变规律，形成接近自然植物群落的结构，增加总体物种潜在的共存性，为动物、微生物提供良好的栖息和繁衍场所,确保群落空间结构、营养结构和时间结构的合理性。植物群落也追求自然美,优化物种,注意群落外貌、形态和色彩等组合,重视植物的景观、美感、寓意和韵律效果,产生富有自然气息的美学价值和文化底蕴的景观,达到生态、科学和美学高度和谐的效果。

在物种选择上,尽量从生态性、经济性、适宜性、景观性为根本原则,以当地的乡土树种为基础,引入少量在试验地表现良好的外来种相结合的方式,模拟自然群落构成模式种植,形成自然群落环境,有助于群落的稳定及有效的繁衍。另外,绿地群落构建的重点也转移到生态条件的改良方面,可以运用工程方法改良种植土,创造和模拟植被最适生境。

A 冷水江地带性天然植物群落类型研究

冷水江地处中亚热带丘陵地,其地带性典型植物群落是常绿阔叶林,即以各类常绿树种为优势的植被类型。通过对矿区山涧山保留较为完好的自然山林进行调查,设立 10m × 10m 样地 5 处,主要可分为下列几类植被群落:

(1) 青冈栎群落 (cyclobalanopsis glaucacommunity)。青冈栎群落以青冈栎为优势种,其相对显著度、相对多度、相对频度占有明显优势;伴生种叶萼山矾、苦槠处于次要地位,其他种偶见,随着群落的发展,伴生种逐渐减少或消失。

(2) 石栎群落 (lithocarpus glabra community)。石栎群落以石栎为单优种,处在中、幼龄演替阶段,伴生种有马尾松、苦槠、野柿。石栎类型群落在营造单优种或多优种群落中均有多种绿化功能,且效益持久;与马尾松、湿地松、樟树、合欢等混交,可提前成林成型。

(3) 苦槠、青冈栎群落 (castanopsis sclerophylla、cyclobalanopsis glauca community)。苦槠、青冈栎群落尚处在演替初期阶段,其组成树种有枫香、白栎、野柿等落叶树种,但苦槠和青冈栎暂时处在优势地位;灌木层种类主要有苦槠、青冈栎幼苗,还有胡氏格药枸、尖叶杨桐、山矾、小果蔷薇;草本植物有狗脊蕨、淡竹叶、乌韭等。苦槠、青冈栎生长较慢,混交喜光树种,如樟树、冬青、香椿、乐昌含笑等,可提前郁闭成林。

(4) 樟树群落 (cinnamomum camphora community)。樟树群落为樟树中龄林,种群优势明显。主要伴生树种有山杜英、叶萼山矾、油茶,它们的个体数量和空间配置均处于从属地位,其他阳性树种如马尾松、黄檀、枫香等个体稀少;灌木稀少,主要有格药枸、黄栀子、大青叶;林下灌木主要有杜鹃、格药枸、铁山矾。

(5) 马尾松群落 (pinus massoniana lamb. community)。马尾松群落为中龄林,马尾松树高 8 ~ 19m,均高 13.5m,平均胸径 23.5cm,优势地位明显,林下伴生有苦槠、白栎、青冈栎等,灌木主要有木、大叶胡枝子,草本植物以铁芒其为主。

冷水江山涧山有天然群落类型 8 个,有一定的代表性,基本反映了本地植物群落演替系列。通过对各群落的种类组成,结构特征的分析,为营造各类人工群落的植物配置,功能性养护提供了依据。

B 模拟天然群落进行植物景观规划设计

根据天然群落类型,进行选种育苗,设计人工植物群落。一般来说人工植物群落与天然植物群落有着显著区别。人工群落是在人为干预条件下按照人类预先设定的目的而发生发展的。天然植物群落的更替是植物在自身的力量和环境条件不断相互竞争而取得平衡。

尽管如此，人工植物群落的种类组成、结构特点和演替规律与天然群落是一致的。因此，人工群落的种类配置、层次结构设计及其未来演替动态的设想均要符合天然群落所具备的规律。模拟天然群落是园林中最复杂和最高形式的植物景观设计，宜采用大面积、多树种、多层次、多色彩的设计手法，表现出丰富多彩的景观效果。

C　植被修复及可持续景观营造

树种的选择筛选冷水江当地自然群落中抗性较强的植物种类作为先锋树种，并按当地潜在的自然植被类型确定仿建目标林型，选择各群落的建群种和灌木层优势种，作为"近自然森林"建设的种源，构建地带性特色与地域特色的植物群落。

可持续植物景观构建模式在适当改造地形和改良土壤的情况下，采用构建"复层林"，慢生树种与速生树种相结合，常绿树种与落叶树种相结合、针叶树种与阔叶树种相结合的模式。上层树种可选择马尾松、香樟、苦楝、臭椿、朴树、合欢、乐昌含笑、深山含笑、翅荚木、刺槐、皂荚、楸树、栾树、枫香、山杜英、臭辣树、女贞、南酸枣、山苍子、山乌桕、小叶栎、青冈栎、石栎、黎槊栲等；中下层树种可选择构树、栓皮栎、苦槠、麻栎、海桐、六月雪、小蜡、山矾、小果蔷薇、檵木、木芙蓉、栀子花、油茶等；草本层可选择铁芒萁、狗芽根、野菊、狗脊蕨、淡竹叶、乌韭等。

6 金属矿山清洁生产审核案例

6.1 清洁生产审核概述

6.1.1 清洁生产审核的定义

清洁生产审核是对企业现在的和计划进行的工业生产实行预防污染的分析和评估，是企业实行清洁生产的重要前提。在实行预防污染分析和评估的过程中，应制订并实施减少能源、水和原材料消耗，消除或减少产品和生产工艺过程中有毒物质的使用，减少各种废物排放及其毒性的方案。

我国经济长期以来是一种粗放型的发展模式，大多数企业生产工艺和技术设备落后，管理不完善，工业污染严重。要改变这一局面，很有必要大力开展物耗最小化、废物减量化和效益最大化的清洁生产。清洁生产审核是企业推行清洁生产、进行全过程污染控制的核心。清洁生产审核，要对企业生产全过程的每个环节、每道工序可能产生的污染进行定量的监测，找出高物耗、高能耗、高污染的原因，然后有的放矢地提出对策，制订方案，防止和减少污染的产生。

清洁生产审核的主要内容包括：

（1）审查产品在使用过程中或废物的处置中是否有毒、有污染，对有毒、有污染的产品尽可能选择替代品，尽可能使产品及其生产过程无毒、无污染；

（2）审查使用的原辅材料是否有毒、有害，是否难以转化为产品，产生的"三废"是否难以回收利用等，能否选用无毒、无害、无污染或少污染的原辅材料；

（3）审查产品生产过程、工艺设备是否陈旧落后、工艺技术水平高低、过程控制自动化程度、生产效率与国内外先进水平差距等，找出主要原因进行工业技术改造，优化工艺操作；

（4）审查企业管理情况，对企业的工艺、设备、材料消耗、生产调度、环境管理等方面，找出因管理不善而使原材料消耗高、能耗高、排污多的原因与责任，从而拟定加强管理的措施与制度，提出解决办法；

（5）对需投资改造，实现清洁生产的方案进行技术、环境、经济的可行性分析，以选择技术可行、环境与经济效益最佳的方案，予以实施。

随着经济的发展，环境保护工作的压力增加。要从过去偏重于末端治理转变到对全过程的控制，作为社会经济的细胞——各个工业企业，只有通过企业的清洁生产审核，来推进清洁生产，才能把预防污染的方针落到实处，最终实现人类和自然的和谐发展。

6.1.2 清洁生产与清洁生产审核

清洁生产是总结了各国防治工业污染经验教训后，提出的一个比较完整、比较科学的新概念，是防治工业污染，保护环境，提高工业企业整体素质，实现可持续发展战略的重大举措。它不仅涵盖了过去常说的"清洁工艺"、"无废少废工艺"、"废物最小化"，综合利用，企业管理，产品原材料、能源替代，技术更新改造等防治工业污染的全部内容，而且提出了通过产品生命周期评估防治污染的新观点，所以清洁生产内容是在不断完善的。在清洁生产推行方面，可从方法研究，政策制定、组织机构建设、科学研究、培训、示范项目的建立、组织推广以及信息交流与国际合作等方面展开。

实施清洁生产可从国家、行业、企业三个层次上进行。国家级要实现物耗和能耗最少的生产活动规划和管理，具体包括：制订相应的特殊政策，完善现有的环境法律，调整和建立优化的产业结构体系，开展各种形式的清洁生产宣传教育，为工业部门提供技术支持等；行业级要以清洁生产推进技术进步，实现全行业的清洁生产技术改造，具体包括：把改革工艺设备实现生产过程连续操作，实现产品更新和原料替代，进行生态再生设计，实现产品生命周期的闭路循环等。企业级通过企业清洁生产审核，查明清洁生产的潜力和机会并加以实现，具体包括：进行企业清洁生产审核，对生产全过程控制，组织企业内物料循环，减少物耗和污染物的排放量等。

清洁生产是一种跨学科、综合的战略，其目标是实现可持续生产和消费，最终实现可持续发展。而清洁生产审核和环境管理体系是执行这一战略的环境工具。企业是通过清洁生产审核来贯彻清洁生产思想的。所以，把清洁生产简单地理解成企业清洁生产审核，是片面和不完整的。

6.1.3　清洁生产审核的原则

清洁生产审核的对象是企业，其目的有两个：一是判定出企业中不符合清洁生产的地方和做法；二是提出方案并解决这些问题，从而实现清洁生产。清洁生产审核在实行污染预防分析和评估的过程中，制订并实施减少能源、资源和原材料使用，消除或减少产品和生产过程中有毒物质的使用，减少各种废物排放的数量及其毒性的方案。清洁生产审核的总体思路可以用一句话来概括，即判明废物的产生部位，分析废物的产生原因，提出方案并实施，减少或消除废物。清洁生产的审核思路如图 6-1 所示。

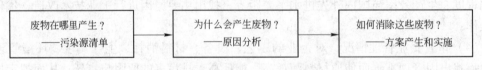

图 6-1　清洁生产审核思路

（1）废物在哪里产生？通过现场调查和物料平衡找出废物的产生部位并确定产生量，这里的"废物"包括各种废物和排放物。

（2）为什么会产生废物？这要求分析产品生产过程的每一个环节。

（3）如何消除这些废物？针对每一种废物的产生原因，设计相应的清洁生产方案，包括无/低费方案和中/高费方案，方案可以是一个、几个甚至几十个。通过实施这些清洁生产方案来达到减少或消除废物产生的目的。

分析污染物产生的原因和提出预防或减少污染产生的方案，这两项工作该如何去做呢？为此需要分析生产过程中污染物产生的主要途径，这也是清洁生产与末端治理的重要区别之一。抛开生产过程千差万别的个性，概括出其共性，得出如图 6 - 2 所示的生产过程框图。

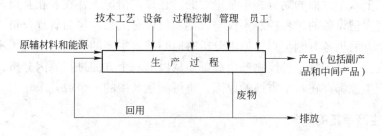

图 6 - 2　生产过程

从图 6 - 2 可以看出，一个生产和服务过程可抽象成八个方面，即原辅材料和能源、技术工艺、设备、过程控制、管理、员工六方面的输入及产品和废物两方面的输出。产生的废物，要优先采用回收和循环使用措施，剩余部分才向外界环境排放。从清洁生产的角度看，废物产生的原因跟这八个方面都可能相关，这八个方面中的某几个方面直接导致废物的产生。分析废物的产生原因可从以下八个方面进行：

（1）原辅材料和能源。原辅材料本身所具有的特征，例如纯度、毒性、难降解性等，在一定程度上决定了产品及其生产过程对环境的危害程度，因此选择对环境无害的原辅材料是清洁生产所要考虑的重要方面。同样，作为动力基础的能源，也是每个企业所必需的，有些能源在使用过程中直接产生废物（如煤、油等的燃烧过程），而有些则间接产生废物（如一般电的使用本身不产生废物，但火电、水电和核电的产生过程均会产生一定的废物），因此节约能源和使用二次能源或清洁能源也将有利于减少污染物的产生。除原辅材料和能源本身所具有的特性以外，原辅材料的储存、发放、运输、投入方式和投入量等都决定了废物产生种类和数量。

（2）技术工艺。生产过程的技术工艺水平基本上决定了废物的产生量和状态，先进且有效的技术可以提高原材料的利用效率，从而减少废物的产生。结合技术改造预防污染是实现清洁生产的一条重要途径。

（3）设备。设备作为技术工艺的具体体现，在生产过程中也具有重要作用，设备的适用性及其维护、保养情况等均会影响到废物的产生。

（4）过程控制。过程控制对生产过程十分重要，反应参数是否处于受控状态并达到优化水平（或工艺要求），对产品的回收率和废物产生数量有直接影响。

（5）管理。加强管理是企业发展的永恒主题，任何管理上的松懈均会严重影响到废物的产生。

（6）员工。任何生产过程，无论自动化程度多高，都需要人的参与，因而员工素质的提高及积极性的激励也是有效控制生产过程中废物产生的重要因素。

（7）产品。产品性能、种类和结构等的变化往往要求生产过程做相应的改变和调整，因而也会影响到废物的产生。产品的包装、体积等也会对生产过程及其废物的产生造成影响。

（8）废物。废物本身所具有的特性和所处的状态直接关系到它是否可循环使用，只有当它离开生产过程时才成为废物，否则仍为生产过程中的物质，应尽可能回收，以减少废物排放的数量。

当然，以上八个方面的划分并不是绝对的，在许多情况下存在着相互交叉和渗透的情况，例如一套大型设备的过程控制不仅与仪器、仪表有关系，还与管理及员工有很大的联系等，但八个方面仍各有侧重点，原因分析时应归结到主要的原因上。为了不漏掉任何一个清洁生产机会，对于每一种废物产生源都要从以上八个方面进行原因分析，但这并不是说每种废物产生源都存在八个方面的原因，也可能是其中的一个或几个。

6.1.4　清洁生产审核的对象

组织实施清洁生产审核的最终目的是减少污染，保护环境，节约资源，降低费用，增强全社会福利。清洁生产审核对象是组织，其目的有两个：一是判定出组织中不符合清洁生产的方面和做法；二是提出方案并解决这些问题，从而实现清洁生产。清洁生产审核适用于第一产业、第二产业、第三产业和所有类型的组织。

（1）第一产业。我国农业的迅猛发展，为人们丰富了餐桌的同时，也带来了农业生态方面的污染，尤其是近年来农业面源污染呈现上升趋势。例如随着畜禽养殖业的快速发展，其环境污染总量、污染程度和分布区域都发生了极大的变化。目前我国畜禽养殖业正逐步向集约化、专业化方向发展，不仅污染物量大幅度增加，而且污染呈集中趋势，出现了许多大型污染源；畜禽养殖业正逐渐向城郊集中，加大了对城镇环境的压力。由于畜禽养殖业呈多样化经营，使得这种污染在许多地方以面源的形式出现，呈现出"面上开花"的状况。同时，养殖业和种植业日益分离，畜禽粪便用于农田的比重大幅度下降；畜禽粪便乱堆乱排的现象越来越普遍，对环境污染逐年加重。农业方面的环境问题还表现在水资源的极大浪费、化肥污染、杀虫剂的污染等许多方面。

（2）第二产业。据不完全统计，2011 年我国在 24 个省市，有多达 40 个加工型企业开展了清洁生产审核。实践证明，清洁生产审核在节能、降耗、减污、增效方面起巨大作用。通过清洁生产，这些企业平均削减其审核重点污染产生量的 20% 以上，经济效益可观。

（3）第三产业。第三产业尤其是餐饮业、酒店、洗浴业，在水污染、大气污染和噪声扰民问题上已越来越引起人们关注。很多城市餐饮业造成的大气污染、洗浴业造成的水资源过度消耗，已到了不可忽视的地步；相当一部分学校、银行等组织，对于资源的浪费问题也是十分突出的，都存在明显的清洁生产机会。国家清洁生产中心于 1999 年开始陆续对一批酒店和娱乐业进行了清洁生产审核，实施清洁生产后，这些组织产污量、耗水量、耗电量均有明显减少。2010 年 3 月，宾馆饭店清洁生产标准颁布，标志着第三产业实施清洁生产审核进入了标准化阶段。

6.1.5　清洁生产审核的特点

进行企业清洁生产审核是推行清洁生产的一项重要措施，它从一个企业的角度出发，通过一套完整的程序来达到预防污染的目的，具备如下特点：

（1）具备鲜明的目的性。清洁生产审核特别强调节能、降耗、减污、增效，并与现代企业的管理要求相一致，具有鲜明的目的性。

（2）具有系统性。清洁生产审核以生产过程为主体，考虑对其产生影响的各个方面，从原材料投入到产品改进，从技术革新到加强管理等，设计了一套发现问题、解决问题、持续实施的系统方案。

（3）突出预防性。清洁生产审核的目标就是减少废物的产生，从源头削减污染，从而达到预防污染的目的，这个思想贯穿于整个审核过程。

（4）符合经济性。污染物一经产生需要花费很高的代价去收集、处理、处置，使其无害化，这也就是末端处理费用往往使许多企业难以承担的原因，而清洁生产审核倡导在污染物产生之前就予以削减，不仅可减轻末端处理的负担，而且也可减少污染物的产生，从而增加了产品的产量和生产效率。事实上，国内外许多经过清洁生产审核的企业都证明了清洁生产审核可以给企业带来良好的经济效益。

（5）强调持续性。清洁生产审核十分强调持续性，无论是审核重点的选择还是方案的滚动实施均体现了从点到面、逐步改善的持续性原则。

（6）注重可操作性。清洁生产审核的每一个步骤均与企业的实际情况相结合，在审核程序上是规范的，即不漏掉任何一个清洁生产机会，而在方案实施上则是灵活的，即当企业的经济条件有限时，可先实施一些无/低费方案，以积累资金，逐步实施中/高费方案。

6.1.6　清洁生产审核的操作要点

企业清洁生产审核是一项系统而细致的工作，在整个审核过程中应注重充分发动全体员工的参与积极性，解放思想，克服障碍，严格按审核程序办事，以取得清洁生产的实际成效并巩固下来。

（1）充分发动广大企业职工，积极参与；

（2）贯彻边审核、边实施、边见效的方针，在审核的每个阶段都应注意实施已成熟的无/低费清洁生产方案，成熟一个实施一个；

（3）对已实施的方案要进行核查和评估，并纳入企业的环境管理体系，以巩固成果；

（4）对审核结论，要以定量数据为依据；

（5）在阶段4方案产生和筛选完成后，要编写中期审核报告，对前四个阶段的工作进行总结和评估，从而发现问题、找出差距，以便在后期工作中进行改进；

（6）在审核结束前，对筛选出来还未实施的可行的方案，应制定详细的实施计划，并建立持续清洁生产机制，最终编制完整的清洁生产审核报告。

6.1.7　清洁生产审核的实用技巧

在审核过程中，熟练运用以下技巧，有助于清洁生产在企业内的推动：

（1）领导承诺，制订环境方针，弘扬企业环境理念；

（2）领导带头，全员参与；

（3）建立激励机制，如清洁生产奖励制度（在有成果后一定要兑现）；

（4）教育员工要有长远意识和整体意识，要从点滴小事做起，实践证明，改善内部管理和小的工艺也可减少污染物产生；

（5）各步骤的 PDCA（规划：plan；实施：do；检查：check；改进：action）循环，即在每一项工作中做好计划、按计划实施、检查实施情况、纠正偏差，进而持续改进；

（6）对简单易行的无/低费方案应做到边审核，边实施。

6.2　金属矿山清洁生产审核

清洁生产审核对污染预防进行分析和评估，也就是判明废物在哪儿产生的（where）、分析为什么会产生废物（why）、提出方案如何来消除或削减这些废物（how），这也是清洁生产审核的总体思路。在实际生产过程中，可从原辅材料和能源、技术工艺、设备、过程控制、管理、员工、产品、废物等八个方面着手进行调查，分析废物产生的原因，再找出解决影响废物数量、特性问题的途径或设想。

根据这个思路，整个清洁生产审核程序可分解为具有可操作性的七个步骤（清洁生产审核的七个阶段），即筹划和组织、预评估、评估、方案产生和筛选、可行性分析、方案实施及持续清洁生产（图 6 - 3）。

阶段一是整个审核程序的准备阶段，阶段二、阶段三是整个审核程序的审核阶段，阶段四、阶段五是制订方案阶段，阶段六是实施方案阶段，阶段七是编写清洁生产报告，是本轮审核的总结以及下一轮审核的输入。七个阶段有机结合组成了企业清洁生产审核工作程序。

这套清洁生产审核程序，是从企业的角度出发，通过审核来达到节能、降耗、减污、预防污染的目的；是以生产过程为主体，考虑了从原材料输入到产品输出，对其影响的各个方面，是一套较系统和完善的清洁生产方法学以及环境审核方法学。这套程序把清洁生产的总体思想贯穿于整个审核过程的始终，突出了预防性；同时，又十分强调持续性，审核过程始终贯彻边审核边实施持续改善的原则，此外，这套程序还注重可操作性，对企业进行清洁生产审核起到实实在在地指导作用。企业通过这套程序的运作，可以给企业带来经济效益，审核试点结果也证实了这一点。企业通过清洁生产审核不仅削减了污染物排放，而且提高了企业的生产效率，减少了原材料消耗，降低了生产成本，提高了企业的经济效益。

下面以某矿业公司开展清洁生产审核的过程介绍清洁生产审核的七个阶段的主要内容。

6.2.1　筹划和组织阶段

6.2.1.1　目的和重点

筹划和组织阶段是企业进行清洁生产审核的第一阶段。目的是通过宣传教育使企业的领导和职工对清洁生产有一个初步、比较正确的认识，消除思想上和观念上的障碍；了解企业清洁生产审核的工作内容、要求及其工作程序。在一个企业推行清洁生产之初，考虑的重点并非是企业内废物的排放，而是思想问题，关键是要解放思想。企业最注重的往往是生产情况、产品质量及销售等状况。许多企业生怕搞了清洁生产后会影响企业正常的生产，"一动不如一静"，满足于只要生产正常、污染物达标排放、环保部门不找上门就可以了，企业搞清洁生产的积极性不高。所以，在审核的第一阶段，一定要加强宣传教育以

活动　　　　　　　　　　　　　　　　　　　产出

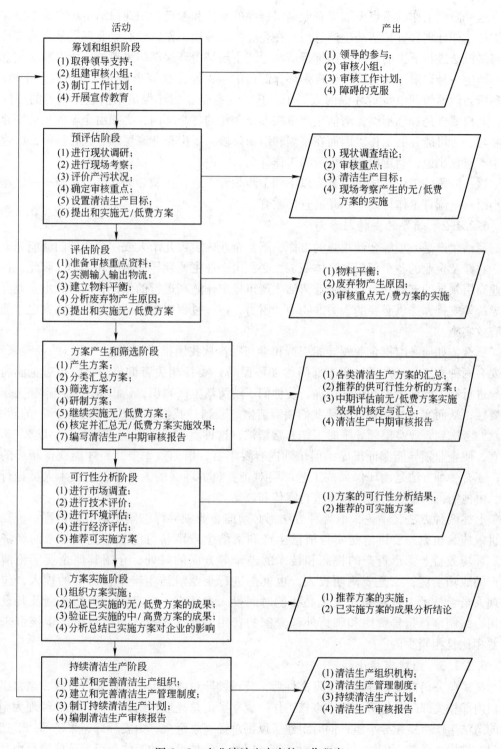

图 6 - 3　企业清洁生产审核工作程序

提高领导、职工对清洁生产的认识。在思想问题解决的基础上，再深入进行具体的审核工作各方面的宣传、培训。

这一阶段工作的重点要取得企业高层领导的支持和参与，组建清洁生产审核小组，制订审核工作计划和宣传清洁生产思想。在企业推动一项工作，没有企业高层领导的支持和参与是没法进行下去的。在我国推行清洁生产主要是由环保部门来抓的，所以容易使企业领导产生一种误解，认为清洁生产是环保部门的事，同样在该企业进行清洁生产审核时，他理所当然地想到由负责环保的人去干。其实仅有企业的环保员来搞企业自身的审核工作，其权威性是远远不够，清洁生产审核涉及企业的各个部门，必须由企业的高层领导直接参与，才可能开展工作。因而在策划和组织阶段，要由企业高层领导亲自挂帅，组建清洁生产审核小组，制定出切实可行的工作计划。

这一阶段的工作具体可以分为以下四个步骤着手进行：领导的支持与参与——组建审核小组——制订工作计划——开展宣传教育。

6.2.1.2 领导的支持与参与

清洁生产是一项综合性很强的工作，不是企业内少数几个人或一两个部门就能完成的事，它涉及企业的各个部门和全体职工，必须由企业主要领导去组织和推动。因此，各级企业高层领导的支持和参与是企业清洁生产审核工作顺利进行的保证，同时，由企业高层领导统筹安排，提供必要的人力、物力、财力，审核过程中提出的清洁生产方案也才能得以有效实施。

那么，如何来取得企业领导的支持和参与呢？从我国推进清洁生产项目的经验来看，主要有两种方法：一是通过政府部门（如环保局）委托相关咨询机构，直接对企业高层领导进行有关清洁生产知识的培训，使他们了解清洁生产知识，认识清洁生产审核工作的重要性，从而实现"由环保局要我们搞清洁生产"到"我们主动想搞清洁生产"的转变，当然，考虑到企业高层领导平时工作非常繁忙，这种直接培训时间不宜长，一般2~3天为宜，使企业领导能保证出席，但培训内容要丰富，培训效率要高，才能获得相应的效果；还有一种方法是由环保局或工艺部门对企业负责环保的人员和工艺技术人员进行培训，由他们再向企业的高层领导进行宣传和鼓动。

上述两种方法，不论采取哪种方法都必须向企业领导详细阐明两方面内容：一是要宣讲效应，也就是要讲清楚实行清洁生产和清洁生产审核可能会给企业带来的经济效益、环境效益、无形资产的提高和技术的进步等方面的好处，介绍其他企业实施清洁生产的成功实例；二是要阐明投入，也就是进行企业清洁生产审核需要的投入，包括管理人员、技术人员和操作工人必要的时间投入；还有一些费用，例如监测及其设备费用、编制审核报告费用和聘请外部专家的费用。但这些投入与清洁生产审核带来的效益相比是相当少的。

6.2.1.3 组建审核小组

某矿业公司自接到环保局下发文件后，公司领导对清洁生产工作非常重视，亲自组织公司内部相关部门参加清洁生产审核工作。成立了由总经理为组长，两名副总经理为副组长的清洁生产审核领导小组；同时组建了以副总经理总牵头，由安环部、采矿部门、选矿部门、排岩、尾矿、机械、热电、财务等部门骨干成员组成的工作小组，这些成员由具备清洁生产审核知识、熟悉矿山采选生产工艺、公司经营管理和设备维护等情况的厂长、车间主任、技术人员、设备人员、环保主管和财务主管等人员组成。在工作小组中还可以聘请外部专家作为审核小组的顾问。到评估阶段，还可补充审核重点的管理、技术人员的加入，但这些人员不一定是全时制，可以根据实际审核的需要、工作的进展情况而做相应的增减。

领导的直接参与为审核工作的顺利开展奠定了基础。成立领导小组和工作小组则在机构和制度上保证了清洁生产审核工作的顺利开展，为增强各部门之间的协调能力提供了领导保障。

审核小组成员确定后，接下去就是成员分工，明确任务。审核小组的任务包括：制定审核工作计划；向全体员工进行清洁生产的宣传教育；确定本轮审核的重点和目标；组织实施审核工作；编写总结报告；本轮审核结束后，总结经验，提出持续清洁生产建议等。这些任务可根据审核小组成员各自的情况进行适当的分配，并对各成员的具体职责、投入时间等加以列表说明。

某矿业公司的清洁生产审核小组成员见表6-1。

表6-1　某矿业公司的清洁生产审核小组成员

姓名	审核小组职务	来自部门及职务职称	职　责	投入时间
×××	组长	总经理	推动清洁生产审核工作，总体协调各部门的职责、分工	
×××	副组长	副总经理	负责采矿及其他各个部门的清洁生产协调工作	
×××	副组长	副总经理	负责选矿及其他各个部门的清洁生产协调工作	
×××	成员	地下矿、露天矿矿长	负责清洁生产方案的征集及本部门的清洁生产推进工作	50天
×××	成员	选矿厂厂长	负责提供选矿厂的资料收集并协助进行设备改造的工艺论证，组织方案的产生、筛选、评估、方案研究推荐等全过程	全程参与
×××	组员	机械设备部部长	负责提供设备方面的资料并协助进行设备改造的工艺论证	全程参与
×××	成员	尾矿厂厂长	负责清洁生产方案的征集及本厂的清洁生产推进工作	全程参与
×××	成员	汽运部部长	负责清洁生产方案的征集及本部门的清洁生产推进工作	全程参与
×××	成员	机修厂厂长	负责清洁生产方案的征集及本厂的清洁生产推进工作	全程参与
×××	成员	质检中心主任	负责本部门的清洁生产方案的征集工作	全程参与
×××	成员	地测部部长	负责清洁生产方案的征集及本部门的清洁生产推进工作	全程参与
×××	成员	财务部部长	负责各方案的经济投入及经济收益，并对中高费方案进行经济分析	全程参与

6.2.1.4　制订工作计划

审核小组成立后，对如何开展审核工作，必须制订出一个比较详细的工作计划，这样才能组织好人力、物力，使审核工作按一定的程序和步骤有条不紊地进行下去。工作计划可以列表的形式出现，要注意对审核各阶段的工作内容、进度、人员分工等做详细安排。每一项工作任务都要指定专人负责，明确起始时间和完成时限。必要时还可以设定考核部门和考核人员对工作计划的进展情况做定期考核。

清洁生产审核工作计划见表6-2。

表6-2 清洁生产审核工作计划表

七个阶段	清洁生产审核工作内容	完成时间	咨询机构的主要工作内容	负责部门及负责人	考核部门及人员	产出成果
筹划与组织	(1) 向公司领导及员工宣讲进行清洁生产的意义，阐明此项工作对公司的重要性； (2) 有关清洁生产的法律法规、清洁生产知识、清洁生产审核程序的培训； (3) 成立清洁生产审核领导、工作小组	6月8日~6月26日	(1) 协助公司启动清洁生产审核工作； (2) 培训公司中层以上干部，主要培训清洁生产的意义以及清洁生产实现的主要方法、清洁生产审核相关的内容； (3) 协助公司制定符合公司实际的清洁生产审核工作计划； (4) 协助公司进行相关知识的宣传	审核领导小组	总经理	(1) 取得共识、克服障碍； (2) 全员发动； (3) 前期准备
预评估	(1) 公司发展简史、规模、产值、利税、组织结构、人员状况和发展规划等； (2) 公司主要原辅料消耗； (3) 主要工艺流程； (4) 公司设备水平及维护状况； (5) 主要污染源的治理现状； (6) 三废的循环/综合利用情况	6月27日~7月6日	(1) 提出需要收集的公司概况的资料； (2) 对收集的资料进行现场考察； (3) 对现场考察的结果进行分析，并协助公司确定审核的重点； (4) 对公司的审核重点现状进行分析并协助公司进行审核目标的确定； (5) 在现场考察的同时，对明显的可见的无低费方案协助提出	审核工作小组	审核领导小组	对公司的生产、管理水平有一个全面的认识，了解生产线的生产过程和工艺流程，为下一步开展清洁生产审核工作做准备
评估	(1) 建立审核重点的物料平衡图； (2) 分析产品产量情况； (3) 分析废弃物产生的原因； (4) 提出提高产品产量、质量的方法； (5) 提出废弃物削减方案； (6) 进一步实施无/低费方案	7月7日~7月24日	(1) 协助收集公司在审核重点的输入输出资料； (2) 测算审核重点物料平衡，找出差距； (3) 协助审核小组评估与分析废物产生原因	审核工作小组	审核领导小组	(1) 分析监测报告； (2) 物料平衡图； (3) 废弃物产生原因； (4) 实施审核重点无/低费方案
方案产生和筛选	(1) 产生方案； (2) 分类汇总； (3) 筛选方案	7月25日~8月1日	(1) 整理统计收集的方案； (2) 清洁生产审核师、行业专家协助提出方案； (3) 对方案进行筛选，划分为可执行、不可执行的以及挂起来的等几类； (4) 筛选出初步可行的中高费方案（一般2~3个）	审核工作小组、各生产车间	审核领导小组	(1) 清洁生产方案汇总； (2) 产生推荐的供可行性分析的方案

七个阶段	清洁生产审核工作内容	完成时间	咨询机构的主要工作内容	负责部门及负责人	考核部门及人员	产出成果
可行性分析	(1) 分析评估技术可行性； (2) 分析评估环境可行性； (3) 分析评估经济可行性； (4) 确定可行的中高费方案，推荐实施	8月2日～8月10日	(1) 结合中/高费方案收集国内外相关的数据； (2) 对中/高费方案进行技术上的可行性分析； (3) 对中/高费方案进行环境方面可行性分析； (4) 对中/高费方案进行经济方面可行性分析； (5) 向公司领导推荐可实施方案	审核工作小组	审核领导小组	(1) 方案的可行性分析结果； (2) 推荐的可实施方案
方案实施	(1) 制定可行方案的实施计划； (2) 汇总、验证已实施的无/低费方案的成果； (3) 验证已实施的中/高费方案的成果； (4) 分析总结已实施方案对公司的影响	8月11日～9月30日	(1) 协助公司进行领导批示的中/高费方案初期准备以及计划； (2) 总结公司实施清洁生产的经济环境方面的成效	总经理部、审核领导小组	审核领导小组	(1) 已实施方案效果分析； (2) 已经实施方案的成果分析
持续清洁生产	(1) 建立和完善清洁生产组织； (2) 建立和完善清洁生产管理制度； (3) 制定持续清洁生产计划	10月	协助公司制定长期污染防治规划和编写报告	审核工作小组	审核领导小组	(1) 清洁生产组织机构； (2) 清洁生产管理制度； (3) 持续清洁生产计划

6.2.1.5 开展宣传教育

清洁生产是一种新型的环境保护和生产管理模式，必须广泛开展清洁生产的宣传、教育和培训，才能转变传统的生产观念和思维方式，争取企业内各部门和广大职工的支持。这样，在企业进行清洁生产审核时，就能得到企业内部上上下下的积极配合，征集到大量切实有效的无/低费方案，并且审核工作也就能比较顺利地进行，最终收到较为明显的成效。

审核小组要根据不同的对象采用不同的方式有针对性地进行清洁生产的宣传和教育。对于矿业公司领导、中层干部及管理人员可利用企业现行的各种例会、下发文件或者组织报告会等方式进行清洁生产的内容、途径、作用意义以及清洁生产审核方法步骤等的宣传，也可介绍其他企业开展清洁生产的成功案例，使他们对清洁生产有真正的认识。对于全体职工，可召开全厂职工大会、出黑板报、贴宣传资料、利用广播和闭路电视等多种形式进行宣传教育，使广大职工认识到清洁生产不只是环保部门或企业领导的事，而是可以从自身做起，从现在做起，从点滴做起。企业搞清洁生产，仅靠一个审核小组是不够的，要靠全体职工的支持和参与。

清洁生产的宣传工作要尽量避免虎头蛇尾，应该贯穿于审核过程的始终，宣教的内容也应随着审核工作阶段的变化作相应的调整。随着审核工作的进行，往往会遇到各种各样的障碍，不克服这些障碍则很难达到公司清洁生产审核的预期目标。为顺利完成清洁生产审核工作，经过清洁生产领导小组和工作小组成员共同探讨分析，障碍分析及解决办法见表6-3。

表6-3 障碍分析及解决办法

障碍类型	障 碍 表 现	解 决 办 法
观念和思想认识障碍	认为清洁生产是走形式，是环保局的任务；把清洁生产、清洁工厂与环保治污混为一谈，认为污染治理需要投入大量的环保设施，环保是末端治理，对生产过程中的污染预防认识不足	宣传清洁生产和组织清洁生产审核知识，清洁生产是公司自愿进行的一项工作，是企业可持续发展的必要条件。结合国内外成功的案例，提供实施清洁生产审核的组织取得的成功经验，分析公司实际和进行清洁生产的机会与潜力
	清洁生产必须有大量投入，并且是个只有投入没有效益的工作，会加重公司负担	用具体实例和数据证明，无/低费方案实施得到的效益，累积起来同样给企业带来经济与环境效益
	清洁生产工作涉及多部门协作，相互协调会有较多困难	由公司领导直接参与，成立专门领导机构和常设机构开展工作，保证各种人力、物力资源集中使用
操作障碍	人员少，任务重，恐怕不能按时完成清洁生产审核工作	成立清洁生产办公室，抽调专人，落实责任制，使其各尽其职、各负其责，统一指挥，协调配合
技术障碍	担心由于缺乏足够的分析测试人员、仪表设备，对生产过程的物耗和废物排放无法获得确切的数字；担心没有实现污染预防的可行性技术	组织和协调各部门分析人员测试和设备，实测各种数据，尽可能运行原始记录数据，各有关部门进行咨询
资金物质障碍	缺乏实施清洁生产方案的资金	从组织内部挖潜积累资金，寻找各种渠道筹措资金，按轻重缓急、技术力量程度和经济效益积累快慢情况逐步实施污染预防技术
	中/高费方案资金需要大，很难筹集	利用政策，广泛筹集
其他	无论如何宣传和教育，还有部分员工认为清洁生产审核过于复杂和严格，在某种意义上会影响生产	坚持工作，随着审核工作的不断深入，真正找出生产、经营、管理存在的问题，及时地实施无/低费方案，以收到明显的环境和经济效益，以此来说明审核工作不仅没有影响生产，反而取得了效益，用事实从根本上消除各种顾虑

6.2.2 预评估阶段

6.2.2.1 目的和重点

预评估阶段是企业进行清洁生产审核的第二阶段，目的是对企业全貌进行调查分析，分析和发现清洁生产的潜力和体会，从而确定本轮审核的重点。通常人们会发现，企业人员平时往往是忙于日常生产，对整个企业生产各方面的情况很少有时间去进行详细的思考分析，再加上他们长期处于自己熟悉的环境中，对企业有很多事情都已习惯成自然，很多做法都已"熟视无睹"，对企业存在的问题把握得不一定准确，容易忽略许多清洁生产机会，因而很有必要对企业生产现状做全面的调查研究。审核小组若聘用外部审核人员，则可通过预评估使他们对企业有一全面的了解，然后他们才能提出中肯的建议。此外，由于受人力、财力和时间安排等限制，审核小组不可能对企业全部生产过程进行清洁生产审核，而须确定审核重点。企业开展清洁生产审核可以一个车间、一个工段和一条生产线为审核重点，然后经过重点排序再逐步在其他车间、工段或生产线中有计划地进行。

这一阶段的工作重点是评价企业产污、排污状况，分析并发现企业清洁生产的潜力和机会，从而确定本轮清洁生产审核的重点，并针对审核重点设置清洁生产目标。预评估要从企业生产全过程出发，弄清各个部门物料和能源消耗量以及污染物的产生和排放量，通过定性比较和定量分析，确定出审核重点。审核重点一定要选好，尤其是第一次开展清洁生产审核的企业，以审核清洁生产方案实施以及通过审核收到的效果为重点，可以增强企业搞清洁生产的信心和决心，将对企业持续地开展清洁生产产生巨大影响。

这一阶段的工作具体可以分为以下六个步骤：进行现场调研——进行现场考察——评价产污排污状况——确定审核重点——设置清洁生产目标——提出和实施无/低费方案。

6.2.2.2 某矿业公司现状调研和考察

为了确定该矿业公司清洁生产审核的对象和目标，必须对整个矿业公司生产的各方面的情况进行摸底调查，为下一步现状考察做准备。通过现状调研和现场考察，了解该矿生产、经营及管理等基本情况，从而找出其生产过程中最薄弱的环节以及资源消耗和环境影响最大的部位，寻找清洁生产机会，确定审核对象，制定出企业清洁生产的具体目标。

A 公司概况

a 企业背景情况

某矿业公司位于河北省唐山市，是冀东矿脉的一部分，矿区铁矿石产于前震旦系变粒岩中，属鞍山式沉积变质铁矿床。矿区内矿体南北长 10km，以 S6 勘探线为界被分为南北两区，南区长 6km，北区长 4km。矿石资源总储量为 21.2 亿吨，其中氧化矿 3.5 亿吨，磁铁矿 16.8 亿吨。

该矿业公司建设规模为采选原矿 7700kt/a，其中 Ⅱ 采场露天开采 5900kt/a，初期均为氧化矿；Ⅲ 采场地下开采 1650kt/a（原生矿）。一期服务年限 30 年。选矿厂产品为单一铁精矿，年产 2520kt，精矿品位 TFe 66%。工程主要由露天采矿场（Ⅱ 采场）、地下采矿场（Ⅲ 采场）、破碎排岩厂、选矿厂、热电厂、尾矿库等组成。

Ⅱ 采场采用露天开采。Ⅲ 采场采用地下开采，采用分段采矿法。氧化矿采用三段一闭路破碎，阶段磨矿，粗粒重选—细粒磁选—阴离子反浮选流程。原生矿采用三段一闭路破碎，一段磁滑轮干选，三段磨矿，单一磁选流程六段磁选，得到铁精矿。

公司有完善的环保管理机构，健全的环保管理体系和制度。

b 企业生产状况

公司近几年物料、能源消耗及产品产量、产值见表 6 - 4 ~ 表 6 - 6。

表 6 - 4 公司近三年原辅材料消耗统计情况

项 目		2008 年	2009 年	2010 年
1	炸药/kg	岩石炸药	324261	826354	366084.7
		铵油炸药	1641350	2750715	2679650
		乳化炸药	2041327	3799662	5981594
2	其他火工材料/个		0	0	13600
3	塑料导爆管/m		588899.2	230692	0
4	导爆管/个		236599	341542	936215.25
5	钢线绳/kg		9644.25	1023708	2397
6	润滑油/kg		39385.1	510282	107556

	项　目		2008年	2009年	2010年
7	斗齿/个		0	0	811
8	钻头/个		35	9444	145
9	钻杆/个		4	3	9
10	稳杆器/个		14	25	30
11	衬板/kg		663657.28	511758.7	420060.88
12	钢球		13029744	13639640	14246240
	其中	一段钢球	5448585.06	5827775	2939100
		再磨钢球	2758044.22	4673885	4475000
		再磨钢球	4823114.72	3137980	3832140
13	运输带/m²		477	1278	300
14	润滑油/kg		46370	74625	75083
15	陶瓷片/块		1461	1558	0
16	药剂/kg		8583156.5	10473416	7203620

表6-5　近三年煤、油、水、电消耗统计

项　目	2008年	2009年	2010年
煤/t	80028	80016	80023
汽油/t	139.06	136.71	221.27
柴油/t	4534.34	7564.68	10902.39
电/kW·h	228276300	250811900	337534100
水/t	10264312.22	8045491	16471002

表6-6　公司产品产量、产值

年　份	产品	产量/kt	产值/万元	工业增加值/万元
2008	铁精粉	1361.5	144173.30	108149.58
2009	铁精粉	2205.0	131765.39	104433.90
2010	铁精粉	2553.8	241444.03	80225.78

B　该矿山排污状况分析

目前，公司设有专门部门（安环部）进行公司的环保管理工作，设有专职环保管理人员3人，负责全公司的日常环保管理工作，有专人负责废水、尾矿库、除尘设备及生态恢复的人员10人。公司建立了完整的环境保护组织机构，公司污染排放控制较好，没有发生环境污染和破坏事故。根据生产工艺流程编制产排污节点流程，认真核对每一个产排污环节。该矿业公司产排污节点流程如图6-4所示。

根据公司生产工艺流程特点及排污状况，按废气（粉尘）、噪声、固体废弃物、废水等分别分析。

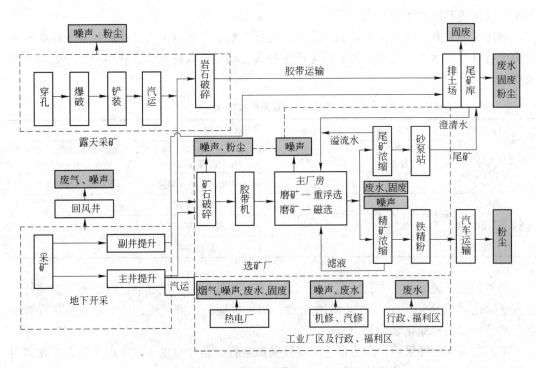

图 6-4　铁矿采选生产工艺及产排污节点流程

废气产生及治理见表 6-7。

表 6-7　废气产生及治理状况

分类	污染源	污染物	排放方式	控制措施
采矿	岩石转运站	工业粉尘	点源	布袋除尘器
选矿	原生矿预破	工业粉尘	面源	水浴除尘
	转运站	工业粉尘	面源	布袋除尘
	中细碎	工业粉尘	面源	水浴除尘
	原生矿筛分	工业粉尘	面源	水浴除尘
	氧化矿筛分	工业粉尘	面源	水浴除尘
	磨矿仓	工业粉尘	面源	水浴除尘
	干选及废石仓	工业粉尘	面源	布袋除尘
电厂	破碎筛分转运仓	工业粉尘	点源	布袋除尘器
	35t 循环流化床锅炉	SO_2、烟尘	面源	静电除尘器

公司采用密闭产尘点，设置湿式除尘器和布袋除尘器等共 25 台进行除尘，热电厂采用 3 台循环流化床锅炉，锅炉配烧石灰，在破碎、筛分、倒运过程中和煤混匀，脱硫效率 80% 以上，每台锅炉各配一台三电场静电除尘器。

公司大气污染物排放总量为：工业粉尘 176.7t/a，烟尘 96.8t/a，二氧化硫 315.5t/a。

公司产生的废水主要包括生产废水和生活污水。生产废水主要为开采矿坑水、选矿厂生产废水、热电厂循环冷却用水、锅炉废水和地坪废水等。生活污水主要为机修汽修含油污水、行政福利区的生活污水。

固体废物主要是露天采矿场剥离表土、废石，地下开采的废石及选矿排弃的尾矿砂和干选废石以及废水处理污泥。铁矿采选产生的固废均得到较好地综合利用和合理处置，见表6-8。

表6-8 固废产排情况

污染源	固废名称	排放量/kt·a⁻¹	治理或综合利用措施	备 注
排土场、尾矿库及表土转运场	剥离废石（含表土）	20270	全部运往曹妃甸用于填海造田	Ⅱ、Ⅲ采场圈定范围共有岩土408380kt
	尾矿砂	4339	使用终了覆土绿化	服务期内98495.3kt
选矿厂	除尘灰	14.1	回收送磨矿	
热电厂锅炉房	煤灰渣	44	做粉煤灰砖	
污水处理站	污泥	0.03	送尾矿库	

公司积极开展绿化工作，绿化采用因地制宜，点线结合，见缝插针的原则。据统计厂区内已绿化面积165000m²，植树5320余棵，树种包括杨、柳、槐、松、柏以及花卉等绿色观赏植物，公司绿化率达35.68%。

矿山进入深凹开采后，在边帮土层厚处播撒草籽，培育草皮，减少水土流失，在靠边帮的境界圈植树一周。该措施实施后，可基本控制水土流失。

C 清洁生产指标分析

国家环境保护总局于2006年已发布了铁矿采选业的标准，即《清洁生产标准 铁矿采选业》（HJ/T 294—2006）。根据此标准，审核小组根据该矿业公司实际情况认真与该指标所有项目逐条进行对比，定出等级，查找差距。对比结果见表6-9。

表6-9 公司资源能源利用指标

指 标	HJ/T 294—2006			公司指标及等级	
	一级	二级	三级	现状	评定
一、露天开采					
回采率/%	≥98	≥95	≥90	90.5	三级
贫化率/%	≤3	≤7	≤12	6.8	二级
采矿强度/t·(m·a)⁻¹	≥6000	≥2000	≥1000	6536	一级
电耗/kW·h·t⁻¹	≤0.7	≤1.2	≤2.5	0.45	一级
二、地下开采					
回采率/%	≥90	≥80	≥70	75.55	三级
贫化率/%	≤8	≤12	≤15	13.07	三级
采矿强度/t·(m·a)⁻¹	≥50	≥30	≥20	30	二级
电耗/kW·h·t⁻¹	≤10	≤18	≤25	14.55	二级
三、选矿厂					
金属回收率/%	≥90	≥80	≥70	71.34	二级
电耗/kW·h·t⁻¹	≤16	≤28	≤35	26.35	二级

指　　标	HJ/T 294—2006			公司指标及等级	
	一级	二级	三级	现状	评定
水耗/$m^3 \cdot t^{-1}$	≤2	≤7	≤10	2.92	二级
四、电厂					
总热效率年平均值/%		>45		64.2	符合
年平均热电比（单机容量<50MW）/%		100		100	符合
热电厂热效率（产热率>7MW）/%		≥80		85	符合

从以上资源能源利用指标看，该矿业公司露天开采的回采率、地下开采回采率和贫化率处于国内基本水平，为三级水平；露天开采电耗和开采强度指标均达到一级水平。选矿厂的金属回收率、电耗和水耗均为二级水平，存在相对较大的清洁生产潜力。

6.2.2.3　确定审核重点

确定审核重点应根据公司的实际情况及具备的条件而定，可以是公司的某一生产线、某一车间、某个工段，也可以是某个操作单元。对于工艺复杂、生产单元多、生产规模大的大中型企业要先进行备选审核重点的确定，确定的备选审核重点一般为 3~5 个，然后再按一定的原则确定审核重点。而对工艺简单、产品单一、生产规模小的中小型企业，可不必经过备选审核重点这一阶段，而依据定性分析，直接确定审核重点。

审核小组先根据所掌握的资料，列出企业的主要问题，从中选出 3~5 个问题和环节作为备选审核重点。选择备选审核重点时主要着眼于是否具有清洁生产潜力，要特别注意以下几个环节：污染物产生量大、排放大、超标严重的环节；物耗、能耗和水耗大的生产单元；生产效率低下，严重影响正常生产的环节；污染物毒性大，难以处理、处置的环节；企业多年存在的"老大难"问题；事故多发和设备维修较多的部位；公众反应强烈，投诉最多的问题等。然后把收集到的有关备选审核重点的数据，如物耗、能耗、废物处理等进行整理汇总和换算，并列表加以说明。备选审核重点情况汇总见表 6-10。

表 6-10　备选审核重点情况汇总

备选审核重点名称	废物量/$t \cdot a^{-1}$		主要消耗						环保费用/万元·a^{-1}					
	水	渣	原料消耗		水耗		能耗		小计/万元·a^{-1}	厂内末端治理费用	厂外末端治理费用	排污费	罚款	其他	小计
			总量/$t \cdot a^{-1}$	费用/万元·a^{-1}	总量/$t \cdot a^{-1}$	费用/万元·a^{-1}	总量/$t \cdot a^{-1}$	费用/万元·a^{-1}							
一车间	1000	6	1000	30	10	20	500	6	56	40	20	60	15	5	140
二车间	600	2	2000	50	25	50	1500	18	118	20	0	40	0	0	60
三车间	400	0.2	800	40	20	40	750	9	89	5	0	10	0	0	15

对备选审核重点间的比较分析，一定要使用同一单位，同一标准。末端处理费用是针对某一种污染物所采取的处理处置费用，应将末端处理投资按折旧年限分配到各年，运费、排污费、罚款要根据实际缴纳的填写。

在分析、综合各审核重点的情况后，就要对这些备选审核重点进行科学排序，从中确定本轮审核重点，同时也为今后的清洁生产审核提供优选名单。审核重点一定要选准，选准审核重点是企业成功实施清洁生产的良好开端。本轮审核重点的数量取决于企业的实际情况，一般一次选择一个审核重点。

确定审核重点的方法有多种，可用简单比较法、权重总和计分排序法、打分法、投票法、头脑风暴法等。常用的是前面两种方法。

简单比较法就是根据各备选重点的废物排放量和毒性等的情况进行对比、分析和讨论，通常污染最严重的、消耗最大、清洁生产机会最明显的部位定为本轮审核重点。简单比较法确定审核重点见表6-11。

表6-11 简单比较法确定审核重点

项目	原料消耗	水耗	能耗	废水	废气	废渣	……	综合
1								优
2								良
3								中
4								一般

简单比较法是定性的，一般只能确定本轮的审核重点，而难以为今后的清洁生产提供足够的依据。所以，为了更为科学、客观，最好采用半定量和定量的方法进行分析。

权重总和计分排序法是综合考虑这一因素的权重及其得分，指出每一个因素的加权得分值，然后将这些加权得分值进行叠加，以求出权重总和，在比较各权重总和值来做出选择的方法。权重因素的确定应突出重点，主要为实现企业清洁生产预防污染这一目标服务，权重因素的含义要明了，易于打分，因素之间应避免相互交叉，数量一般在5个左右。根据清洁生产预防污染这一目标，权重因素最基本应考虑环境方面因素，如污染物排放等；经济方面的因素，如减少投资、降低消耗等；技术方面的因素，如技术先进性、运行维修的难易等；实施方面的因素，如施工期长短、施工难易等。此外，还应考虑前景方面的因素，如是否符合市场需求等；资源、能源方面的因素，如水、电、煤的消耗减少，资源和能源的回收利用等。权重分数值的确定是根据各因素的重要程度。高重要性的因素、权重值为8~10；中等重要性的因素，权重值为4~7；低重要性的因素，权重值为1~3。从我国已进行的清洁生产实践、示范工程的效果及专家讨论的结果来看，各权重因素值（W）建议值见表6-12。

表6-12 权重因素值（W）建议值

因 素	废物量	主要消耗	环保费用	市场发展潜力	车间积极性
权重建议值	10	7~10	7~9	4~6	1~3

上述权重值仅为一个范围，实际审核时每个因素必须确定一个数值，数值一旦定下来，则在整个审核过程中不得改动。统计废物时，应选企业最重要的污染物，如废水、废渣、废气，也可根据实际情况增加COD总量等项目。

审核小组和聘请的专家，对每个备选审核重点的权重因素分别进行评分，分值$R=$

1~10，以最高者为满分 10 分。评分时，不要受权重值的影响，也不应预先带有主观倾向性。当评分出现分歧时，由审核小组和专家各自评分，然后取其平均值。将打分值与权重值相乘（$R \times W$），求所有乘积之和（$\sum R \times W$），即为该备选审核重点的总得分，再按总分排序，得分最高的为本次审核重点，以此类推。此顺序也可作为今后清洁生产审核优先次序的参考。加权计分排序的结果合理性，可结合经验判断，表 6-13 为某厂权重总和计分排序法确定审核重点表。所以，备选对象 2 即为本轮审核的重点。

表 6-13　权重总和计分排序法确定审核重点表

因　素		权重 W (2~10)	分数 R (1~10)							
			备选对象 1		备选对象 2		备选对象 3		备选对象 4	
			R	R × W	R	R × W	R	R × W	R	R × W
废物量	粉尘	10	9	90	10	100	9	90	7	70
	能耗		8	80	9	90	8	80	6	60
废物危害	粉尘	8	7	56	9	72	9	72	7	56
环境代价	粉尘	8	6	48	9	72	7	56	5	40
	能耗		5	40	8	64	7	56	5	40
潜　力	粉尘	5	3	15	5	25	4	20	3	15
	能耗		2	10	4	20	3	15	2	10
关心程度		2	5	10	7	14	4	8	4	8
总分（$\sum R \times W$）				349		457		397		239
名　次				3		1		2		4

根据清洁生产审核工作的目的及矿业公司具体实际情况，确定备选审核重点的原则如下：

（1）矿山污染物产生量大，排放量大的环节。

（2）严重影响或威胁正常生产，构成生产"瓶颈"的环节。

（3）一旦采取措施，容易产生显著环境效益和经济效益的环节。

（4）在区域环境质量改善中起重大作用的环节。

该矿业公司清洁生产审核重点的确定如下：

（1）由于公司生产工序从原料投入到最终产品产出属连续性批量生产，各生产部门承担整个工艺生产不同任务，其污染物排放以废气、废水、固废形式产生，根据公司产污、排污状况、耗能情况初步分析和公司实际生产情况及确定备选审核重点原则，在全矿范围内，以耗能较为严重部位，影响正常生产瓶颈部位作为重点审核环节。备选审核重点见表 6-14。

表 6-14　备选审核重点

污 染 物	来　源
废　水	选矿厂、采矿厂、电厂
固　废	选矿厂、采矿厂
废气（无组织粉尘）	选矿厂、采矿厂、电厂
生产过程"瓶颈"	选矿厂处理能力不足，电耗和水耗较高

（2）公司在生产过程中，污染源较多，污染物特别是废气，而且自身能耗较高。采用清洁生产权重总和计分排序法确定了本次审核重点环境污染因子，权重考虑了环境、经济、解决生产"瓶颈"、清洁生产潜力、方案实施难易等方面因素，对备选审核重点进行计分排序，以确定本轮清洁生产审核重点，见表6-15。

表6-15 权重总和法确定重点审核因子计分排序

权重因素	权重值（W）	方案得分（R）		
		选矿厂	采矿厂（露采和地采）	电厂
环境方面	10	9	8	7
经济方面	9	8	7	9
生产"瓶颈"	8	7	7	7
清洁生产潜力	7	8	8	7
方案实施难易	6	7	7	6
总分（$\sum R \times W$）		316	297	292
排 序		1	2	3

（3）从排序表比较可以看出，在备选审核重点中选矿厂得分最高，故应把选矿厂作为本轮清洁生产审核的重点。

6.2.2.4 设置清洁生产目标

清洁生产审核重点确定后，要针对审核重点设置定量化的硬性指标，以便能据此考核和检验，达到预防污染的目的。同时，还可激励企业今后开展清洁生产工作。

设置清洁生产目标应与企业经营目标和方针相一致，而且要纳入企业的发展规划，成为企业发展的重要组成部分。清洁生产目标主要是针对审核重点的；要定量化并具灵活性，可以根据需要和实际情况适当调整；要具有可操作性，是切实可行的，易于被人理解、易于接受、易于实现；要具有激励作用，具有挑战性，又有明显的效益。经济增长目标不仅要有减污、降耗和节能的绝对量，还要有相对量指标，并与现状对照具体设置时，可把目标分成近期目标和中远期目标。近期目标是清洁生产某一阶段或某一个项目要达到的具体指标，一般到本轮审核结束时必须完成，而中远期目标则可成为企业长期发展规划的一个重要组成部分，更富挑战性，一般为2~3年，甚至可长达4~5年。

清洁生产目标设置必须有充分的依据，审核小组制定后，最好经企业上层领导充分讨论通过。在设置目标时，应考虑环保法规和标准；区域总量控制规定；企业发展远景和规划要求；国内外同行业的水平和本企业存在的差距；审核重点、生产工艺、技术、设备能力；企业的能力；以及企业升级、落实某项行动计划等。

该矿业公司各指标与《清洁生产标准 铁矿采选业》（HJ/T 294—2006）对标后发现了部分差距，现选用尽可能定量化指标作为本轮清洁生产审核实施实现的目标，见表6-16。

表 6-16　清洁生产目标

工序	项　目		现　状	近期目标	远期目标
采矿	露天	回采率/%	90.5	91	95
	地下	回采率/%	75.55	80	85
选矿	金属回收率/%		71.34	72.00	73.50
	电耗/kW·h·t^{-1}		26.35	26.20	25.80
	水耗/m^3·t^{-1}		2.92	2.8	2.70

6.2.2.5　提出和实施无/低费方案

在清洁生产审核过程中，将发现公司各个环节存在的各种问题，这些问题分两大类：一类是需要投资较高、技术性较强、投资期较长才能解决的问题，解决这类问题的方案称为中/高费方案；另一类只需少量投资或不投资，技术性不强、很容易在短期内（如审核期间）得到解决的问题，解决这个问题的方案称为无/低费方案。

无/低费方案的发现和提出在不同审核阶段是不同的。在预评估阶段，无/低费方案是通过调研，特别是现场考查和座谈得到，一般比较直观，并且是全厂范围内的，如防止跑、冒、滴、漏或纠正操作规程等；到评估阶段，无/低费方案，必须深入分析物料平衡结果后才能发现，是针对审核重点，如调整工艺参数、改进工艺流程等；在方案产生和筛选阶段，无/低费方案更需对深化重点的生产过程进行分析，并向有关专家咨询后提出，相对而言，技术性强、实施难度较大。

清洁生产机会和清洁生产方案是产生于清洁生产的全过程，公司应贯彻边审核边实施的原则，及时总结，滚动式推进审核工作。在预评估阶段，无/低费方案可采用座谈、咨询、现场查看、散发清洁生产建议表等方式征求。对该矿业公司预评估阶段可以采取的清洁生产措施可以从下列几个方面发现：

（1）原辅料及能源。采购量与需求相匹配；加强原料质量（如纯度、水分等）的控制。

（2）技术工艺。经过对公司的现场调查和分析可以采取的技术措施是降低中磁前弱磁选作业浓度，强化中磁选预先抛尾。现场中磁机处理能力有富余，可适当增加扫尾矿量，增大中磁抛尾量，提高中磁选精矿品位。

（3）过程控制。由于矿石品位不稳定，造成金属回收率低，从而造成精粉产量低，各种消耗指标上升，应对入选矿石品位加强控制，选择最佳选矿配比进行选矿；根据原矿石品质合理搭配选矿工序进料品质，提高生产效率。同时可以增加检测计量仪表；校准检测计量仪表；改善过程控制及水、气等在线监控。

（4）设备。改进并加强设备定期检查和维护，减少跑、冒、滴、漏；及时修补输热、输汽管线，确保隔热保温。

（5）产品。加强库存管理。

（6）管理。严格岗位责任制及操作规程。

（7）废物。废物可以采取强磁前弱磁尾矿浓缩作业措施。对强磁前弱磁选尾矿浓缩溢流金属损失大的问题，建议进行选择性絮凝试验，通过试验室试验选择既可以达到絮凝沉降效果又对下一步磁选、浮选不产生影响的絮凝剂，达到降低浓缩作业中金属量损失的目的。设备检修排放的废旧机油统一回收，沉淀澄清后使用。回收废旧筛网：建立一个专门的修复小组，对那些破损不十分严重的筛网进行修复，加以利用；或者与厂家协商，以旧筛网换新筛网，节省资金。电厂除尘水利用：将发电厂的除尘水作为氧化矿选矿用水，充分回收除尘水中的矿物。

（8）员工。加强员工技术与环保意识的培训；采用各种形式的精神与物质激励措施等。

6.2.3 评估阶段

6.2.3.1 目的和重点

评估阶段是企业清洁生产审核的第三阶段。目的是通过审核重点的物料平衡，发现物料流失的环节，找出污染物产生的原因，查找物料储运、生产运行、管理、过程控制以及废物排放等方面存在的问题，寻找与国内外先进水平的差距，为清洁生产方案的产生提供依据。

这一阶段的工作重点是实测输入输出物流，建立物料平衡，分析废物产生的原因。审核小组会在这一阶段花费较长时间。所以在实测之前，可先设计调查表进行发放调查，然后再到现场核实。审核员在进行实测前，必须做好仪器、设备等充分的准备，以保证实测的顺利进行。在实测物流，建立物料平衡时，审核员应注意，不要完全相信资料所报的任何一个数据，不解决审核重点的具体技术细节问题，主要精力应放在摸清审核重点每一物流进出情况，找出原因，提出解决问题的思路上。

这一阶段的工作具体可以分为以下五个步骤：准备审核重点资料——实测输入输出物流——编制物料平衡——分析废物产生的原因——提出和实施无/低费方案。以上步骤并不是截然分开的，有些步骤可以相互穿插进行。

6.2.3.2 编制审核重点的工艺流程

充分收集掌握审核重点的资料，进一步修订、增补和完善所需资料。这些资料包括以下几种：

（1）工艺资料，如工艺流程图；工艺设计资料；工艺操作资料；物料和能量平衡的设计数据；车间的平面布置、管线分布图、工艺设备图等；

（2）原辅材料、能量和产品资料，如原辅材料消耗统计表、消耗定额；原辅材料进厂检验记录；产品检验及质量报表；产品和原辅材料库存记录；能量（水、电、气、燃料）使用记录等；

（3）废物产生和处理处置资料，如排污申报登记表；污染物排放清单；污染物排放报告；废物监测分析报告；废物管理及处理处置费用；环保设施运行和维护情况等；

（4）其他资料，如承担费用分析报告；财务报表；生产进度表；一些国内外同行业有关审核重点的单位产品的原辅材料消耗、排污情况等。

收集完上述资料，还必须到现场进行调查，进一步补充验证已有的数据。现场调查采用现场提问、现场考察、追踪记录等方式进行，调查不同操作周期的取样、化验。现场考察的重点是废物产生的工序、时间和产量。现场调查要求调查时间与生产周期相协调（如选矿厂正常生产运行情况、加料、设备清理过程等），同一生产周期内应不同班次取样。现场调查时最好能请厂内外专家、顾问参加，充分发现问题。现场调查时还应与现场操作人员多讨论，征求和收集合理化建议。现场调查越充分，清洁生产机会就越不容易丢失。

要在收集审核重点有关资料、调查掌握其情况的基础上，编制审核重点的工艺流程图，并了解审核重点所有单元操作的功能和它们的相互关系，以及单元操作和工艺之间的关系。如果单元操作比较复杂，则应在审核重点工艺流程图的基础上分别编制各单元操作的详细工艺流程（图6-5）和功能说明表（表6-17）。

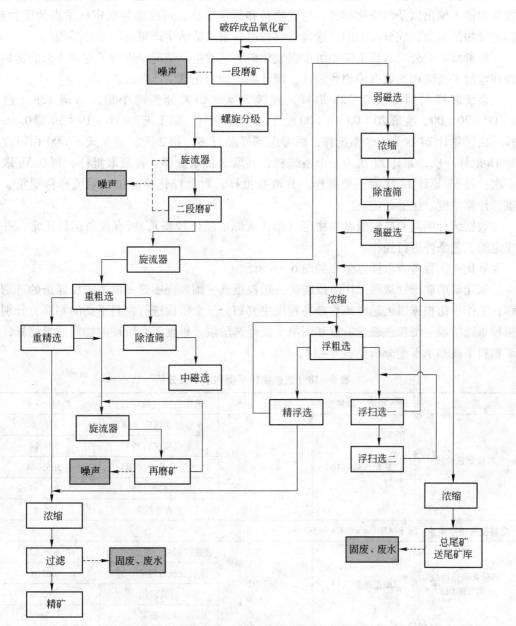

图6-5 审核重点（氧化矿磨矿选矿）工艺流程

表6-17 选矿厂单元操作功能说明表

序号	操作说明	功　　能
1	破　碎	将原矿石采用二级破碎工艺进行破碎，为磨矿工艺做好前期准备
2	磁　选	将矿石中的铁精粉分离出来，完成磁选过程
3	磨　矿	以水为介质，采用球磨机将碎矿磨成粉矿，完成由碎矿到粉矿过程
4	过　滤	采用真空过滤机，将铁精粉中水分去除完成精矿过滤过程

6.2.3.3　实测和编制物料平衡

测算物料和能量平衡是清洁生产审核工作的核心。实地测量和估算审核重点的物料和能量的输入输出以及污染物排放，建立物料和能量平衡，可准确判断审核重点的废物流，确定废物的数量、成分及去向，这也是寻找审核重点清洁生产机会的重要手段。

所考察矿业公司审核工作小组根据氧化矿磨选的生产情况，进行了为期 3 天的物料平衡和水量平衡流程的数据检测和统计，统计期间均为正常生产阶段。

系统取样时间为稳定 72h 取样，连续 3 天，每天分为两个班，每班 12h（白班 8：00～20：00，晚班 20：00～8：00）。白班取系统样，第 1 天 8：00～19：30 每 0.5h 取样一次，累计 24 次为一个系统样，后考虑到样品过多，第 2 天、第 3 天 8：00 白班改为每 1h 取样一次，累计 12 次为一个系统样，共取 3 批系统样；夜班取批样，每 0.5h 取样一次，每 6h 累计 12 次为一个批样，共取 6 批样。对批样化验品位，系统样称湿重、干重、计算浓度、化验品位。

数据统计期间原矿性质基本稳定（第 3 天原矿品位较高），所有设备运转正常，并按规定的工艺条件进行操作。

氧化矿流程考查取样点分布如图 6-6 所示。

氧化矿磨矿选别流程采用阶段磨矿—粗粒重选—细粒强磁选—阴离子反浮选的选别流程，工作小组根据以上选样流程难易程度主要划分三个阶段进行物料平衡的测算，分别为粗粒重选阶段、细粒强磁选阶段和阴离子反浮选阶段。根据三个阶段的物料质量测算，选矿物料平衡和水平衡分析见表 6-18。

表 6-18　选矿物料平衡和水平衡分析

阶　　段	输入物流（取样点）	数量/t·d⁻¹	输出物流（取样点）	数量/t·d⁻¹
粗粒重选阶段 （第一阶段）	二旋粗选后（10）	4760.4	5 层振动筛后（18）	226.08
			重选精矿（19）	594.24
			三旋分级前（28）	3655.44
			最终尾矿（26）	255.84
			木渣等损失	28.8
物料损失相对误差：28.8/4760.4＝0.6%＜5%				
细粒强磁选阶段 （第二阶段）	二旋粗选后（11）	1549.92	强磁前弱磁分级后（38）	628.32
			强磁分级后尾矿（37）	682.8
			溢流回用	202.8
			木渣损失	36
物料损失相对误差：36/1549.92＝2.3%＜5%				
阴离子反浮选阶段 （第三阶段）	浮选粗前（38）	628.32	浮选精矿（45）	274.32
			浮选尾矿（50）	354

总物料损失相对误差：(28.8＋36)/4760.4＝1.36%＜5%；
在允许范围内，物料衡算数据可靠，可以进行深入分析

注：流程计算中，考虑到金属量和水量的平衡，舍弃了极少数明显异常的浓度指标，对部分产品品位和浓度进行了适当调整。

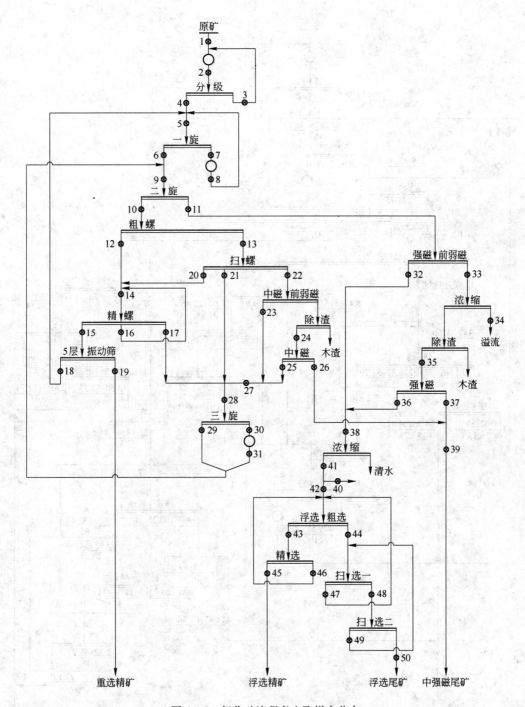

图 6-6 氧化矿流程考查取样点分布

根据对 50 个监测点物料量及铁精矿品位的监测绘制了磨选系统物料及质量流程图（图 6-7）。

考查结果表明，在氧化矿原矿品位为 33.73% 时，获得总精矿产率 36.19%、品位 65.38%、回收率 70.15% 的指标。

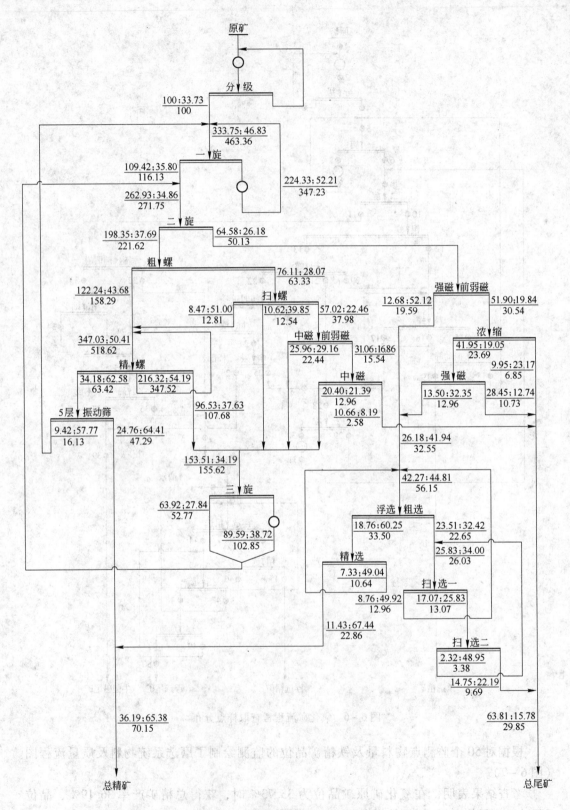

图 6-7 磨选系统物料及质量流程图

在磨选系统中共有 16 个补水点，进入选矿的矿浆流程中，经过对各个监测点水量之和分析见表 6 - 19。

表 6 - 19 水平衡分析

输入项	数量/$m^3 \cdot d^{-1}$	输出项	数量/$m^3 \cdot d^{-1}$
水	23810.88	铁精粉带水	674.8
		工艺损失水	5036
		外排水（回用）	17780.08

氧化矿磨选系统矿浆流程如图 6 - 8 所示。

6.2.3.4 分析物料和能量损失原因

针对每一个物料流失和废物产生部位进行分析，找出产生的原因，分析可从影响生产过程的原辅料和能源、技术工艺、设备、过程控制、管理、员工、产品、废物八个方面来进行。

审核小组根据该矿业公司对选矿厂做了物料质量平衡和水平衡的分析之后，结合选矿厂的产污现状，认为主要污染物主要是破碎、球磨和磁选工序。选矿厂废物产生的原因初步分析见表 6 - 20。

表 6 - 20 选矿厂废物产生原因初步分析

废物产生工序	废物名称	原因分类							
		原辅材料和能源	技术工艺	设备	过程控制	产品	废物特性	管理	员工
破碎	粉尘噪声	矿石破碎时需破碎到一定粒径故会产生粉尘及噪声	工艺要求需破碎矿石故产生粉尘及噪声	设备运转产生噪声，无除尘系统，无集尘措施	—	矿粉	无组织排放	管理力度不够	—
球磨	噪声废水	矿石与水混合加工	需将矿石磨到一定粒径	—	设备运转时产生噪声并外溅废水	矿水混合物	—	管理力度不够	重视程度不足
磁选	废水尾矿砂	矿石与水混合	选出含铁物质，其余与水的混合物排至尾矿库	—	设备运转时外溅废水	铁精粉	—	管理力度不够	重视程度不足

根据物料平衡、水平衡的情况分析，以及废物产生重点原因分析，咨询单位与企业相关人员共同研究，发现了如下问题，制定了初步解决方案。

（1）单位产品耗电指标远远高出标准指标，主要原因为：原矿品位低，造成产量偏低，原设备选型不合理，生产连续性较差，特别是粉碎工序，设备选型问题较大。同时由于设备装机功率大，电网存在高位谐波等因素，造成电耗升高，为此建议对大型机进行监测，并根据监测结果，制订相应的改造方案。

（2）单位产品水耗高，通过水平衡分析，主要由于公司选矿水虽经过沉淀，但未回收造成大量选矿水直接排放所致，建议对选矿水进行回收。

（3）磨矿分级系统。一段磨矿返砂比较小，仅为 52.51%，导致一段球磨机磨矿效率低，建议调整分级设备的循环负荷，提高磨矿效率。

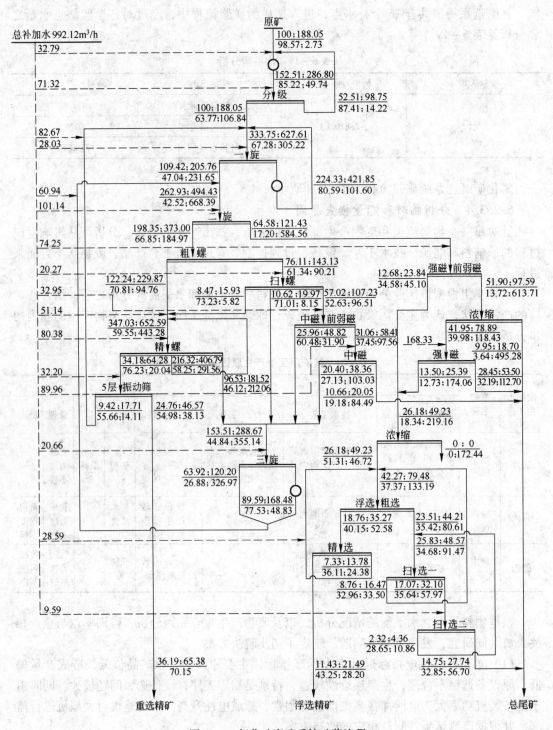

图6-8　氧化矿磨选系统矿浆流程

（4）重选系统。螺旋溜槽粗选和精选作业浓度均较高，建议降低螺旋溜槽粗选和精选作业给矿浓度，以提高重选选别效率，减少中矿循环量。建议减少螺旋溜槽扫选作业台数，增加到精选作业，并适当降低精选作业浓度。螺旋溜槽扫选作业精矿产率小，品位也不高，可直接给入三段旋流器分级。

（5）浮选作业。浮选尾矿品位较高，可达到 22.19%，二次扫选精矿产率为 2.32%。建议操作中适当减少二次扫选刮泡量，增加中矿返回量；或增加三次扫选，以降低浮选尾矿品位，提高浮选作业回收率。

6.2.4 方案产生和筛选阶段

6.2.4.1 目的和重点

方案产生和筛选阶段是企业清洁生产实施的第四阶段。目的是通过方案的产生、筛选、研制，为下一阶段的可行性分析提供足够的清洁生产方案。企业在进行清洁生产审核过程中，始终必须做到企业全体职工的积极配合、鼓励职工积极参与。因为他们在生产第一线，最了解生产实情，尤其是在方案产生阶段，应制订措施鼓励他们从自身岗位出发多提方案、多提建议。只有广泛采集、创新思路，才有可能获得数量多、质量高、实施效果好的清洁生产方案。

这一阶段的工作重点是根据评估阶段的结果，制定审核重点的清洁生产方案，在分类汇总基础上（包括已产生的非审核重点的清洁生产方案，主要是无/低费方案），经过筛选确定出两个以上中/高费方案，供下一阶段进行可行性分析，同时对已实施的无/低费方案实施效果核定与汇总，最后编写清洁生产中期审核报告。审核小组在这一阶段要针对审核重点制定出污染物控制的中/高费备选方案，然后按一定的原则经过筛选、研制，确定出两个以上技术水平高、难度较大的方案供下一步做更深入的分析。

这一阶段的工作具体可以细分为以下七个步骤进行：方案产生—分类汇总方案—筛选方案—研制方案—继续实施无/低费方案—初步核定并汇总无/低费方案实施效果—编写清洁生产中期审核报告。

6.2.4.2 方案产生

征集方案是组织全体职工为企业实施清洁生产出谋划策，提出清洁生产方案。清洁生产方案的数量、质量和可行性直接关系到企业清洁生产审核的成效，是审核过程的一个关键环节，因而应广泛发动群众征集、产生各类方案。

A 介绍物料和能量平衡图、分析损失原因

清洁生产工作小组将评估阶段的成果介绍给全体职工，讲解审核重点的物料和能量平衡图，对每一个操作单元物料、能量损失原因及污染物产生、排放等情况作详细介绍，为征集清洁生产方案做准备。

B 广泛采集、提出方案

组织企业职工根据审核重点的物料和能量的平衡情况、损失原因以及污染物排放情况，针对原辅材料和能源代替、技术工艺改造、设备维护和更新、过程优化控制、产品更换或改进、废物回收利用和循环使用、加强管理、员工素质的提高等八个方面存在的问题，提出清洁生产方案。

广泛收集国内外同行业先进技术。类比是产生方案的最有效的快捷办法之一，组织企业工程技术人员广泛采集国内外同行业的先进技术，找出差距，以此为基础，结合本企业的实际情况，提出清洁生产方案。

组织行业专家进行技术咨询。当企业利用本身的力量难以完成某些方案的产生时，可以借助于外部力量，组织行业专家进行技术咨询，这对启动思路、畅通信息会很有帮助。

征集方案过程中应注意如下问题：

（1）征集方式。口头创意与书面创意均可。

（2）征集方案时应遵循的原则。对任何方案都应认真记录，不得横加指责；广泛发动企业职工献计献策，相互学习，取长补短，不断完善方案。企业可采取精神或物质奖励相结合的办法，对广大职工、特别是审核重点的操作工人和技术人员所提出的清洁生产方案，应给予一定的物质奖励。

清洁生产方案的基本类型主要有加强管理与生产过程控制、原辅材料的改变、产品更新或改进以及技术工艺改造等。

（1）加强管理与生产过程控制。一般是无/低费方案，在审核过程中，边发现、边实施，陆续取得成效。

（2）原辅材料的改变。采用合乎要求的无毒、无害原辅材料，合理掌握投料配比，改进计量输送方法，充分利用资源能源，综合利用或回收使用原辅材料。

（3）产品更新或改进。为提高产品质量、产量，降低物料、能耗，改进或更换产品，减少产品的毒性和对环境的危害，提高产品的使用寿命。

（4）技术工艺改造。实现最佳工艺路线，提高自动化控制水平及更新设备等。

6.2.4.3　分类汇总方案

对所有的清洁生产方案，不论已实施的还是未实施的，不论是属于审核重点的还是其他的，均按原辅材料和能源代替、技术工艺改造、设备维护和更新、过程优化控制、产品更换或改进、废物回收利用和循环使用、加强管理、员工素质提高及行动激励等八个方面列表简述其原理和实施后的预期效果。以该矿业公司为例，清洁生产方案汇总见表6-21。

表6-21　清洁生产方案汇总

方案类别	方案编号	方案名称	方　案　简　介	预计投入资金/万元	预计效果	
					经济效益/万元	绩　　效
原辅材料的质量管理	F1	加强库房管理	加强库房环境卫生及物品的码放整齐。库房物品要与账相符，账物不符应追究相关人员责任	0.5	1	降低原辅料的浪费，避免了丢失损坏现象
	F2	加强原辅材料进厂质量管理	严格检验、严把原料精洗煤等质量关，不合格原料不得进厂；对电子汽车秤要请权威部门进行校验，使准确度得以保障，保证进厂原料和出厂产品数量的准确性。同时减少辅料库存数量；辅料计划的数量、型号的准确性要提高；合理安排生产和检修计划，降低洗油消耗	0.5	4	提高原辅料质量，减少计量误差；降低辅料消耗，提高产品产量

方案类别	方案编号	方案名称	方 案 简 介	预计投入资金/万元	预计效果	
					经济效益/万元	绩 效
技术工艺改造	F3	原生矿选矿系统改造	为充分发挥磨矿机效率，提高原生矿精粉生产能力，对原生矿干式磁滑轮甩尾进行改造，改造后入磨原矿品位将提高到25%左右。在不降低台时能力的前提下，大大增加入选的金属量	317	6600	碎矿原生矿系统改造后入磨原矿品位可提高到25%以上，在精、尾品位保持不变的情况下，每小时产铁精粉可达50t以上，每天可多生产铁精粉200t以上，经济效益显著
	F4	建造尾矿库回水净化站	建造处理量900m³/h的水处理厂一座，尾矿库回水经净化后能作为净水使用，由现有水网直接进入高位水池，满足生产对净水的需要。既节约了水资源，又能取得一定的经济效益，同时降低尾矿库内水位，保证尾矿库安全	550	330	选矿厂生产用水全部来自净化水，与用新水相比，成本大大降低，同时保护了水资源
	F5	电厂除尘水利用	将发电厂的除尘水作为氧化矿选矿用水，充分回收除尘水中的矿物	2	—	节省了药剂、水、电的使用
	F6	滑板（集电器）技术改造	运输区电机车滑板长期采用碳质滑板，材质较软，使用寿命短，更换成本大。经试验，采用转载机废旧活塞铸造，并加宽加厚，能很好地延长其使用寿命，且功能性也有加强	1.4	3	自制铝合金滑板使用寿命是碳材质的6倍，既实现了废物利用，又降低了成本
	F7	地采车间沉淀池小井阀门改造	把井底蝶阀的开关手柄加链条改造，以链条传动方式，在地表做一支架并安装传动手柄，再把井口加盖封闭，形成在地表工作方式，安全实用	0.1	—	虽然不能产生直接经济效益，但可以有效预防水淹运输大巷，避免运输部停车导致停产造成的损失
	F8	新车间淀粉冷浆罐技术改造	在搅拌罐底部加设一台小口径离心泵	0.5	15	减少了药剂的浪费，降低了生产成本，每年少配置24次淀粉药剂，减少了工人的劳动量
设备维护与更新	F9	改装钻机捕尘罩	在原有捕尘罩下面加装一段胶皮，避免钻机车下捕尘距离地面较高，导致钻孔时泥土在高压风的作用下，飞溅到千斤顶及末级链上，造成磨损加快，卫生难保持	0	2	改造所需的材料为废旧的皮带，既回收利用了废物，又降低了泥土的到处飞溅
	F10	电铲二车油污的控制	在二车下两侧焊两根角钢，将油脂汇集，可以缓解油污，既可以保护环境又可以收集废油，另作他用	0	3	通过回收废油，可减少有限资源的使用，充分发挥资源的价值
	F11	电铲干油泵改造	在干油泵向各部的输油管断开，分开控制，按需向各部供应油料。避免某些部位供给不了，而有些部分供给不足	1	50	每年可节约43.8t润滑油
	F12	磁选设备养护	磁选等设备漏矿部位很多，有些地方漏矿严重。用电焊机对其进行全面维修	0	—	使设备更稳定地运行，减少矿浆的损失
	F13	主井、措施井、地表料仓溜槽衬板改造	首先在溜槽底面进行铺平作为衬板支撑面，用120mm×120mm方钢代替锰钢板作溜槽衬板。所需2.4m长方钢10~11根，其均匀排列，间隙为30mm，侧面安装时做焊接面	1.2	0.5	每年节约成本投入约6000元，减少维护、维修时间100h以上，确保生产的连续性

方案类别	方案编号	方案名称	方案简介	预计投入资金/万元	预计效果	
					经济效益/万元	绩效
设备维护与更新	F14	高压清洗机	采用电动高压清洗机,带10m超高压管的伺服引发栓,压力、流量可以控制。带有大清洁剂箱。能够快速高效地清洁有危险、或不停车不能处理卫生的地方	0.3	1	节省水资源、清洁剂、拖布、抹布等工具的使用数量,降低成本消耗,同时保证生产的连续性
	F15	回收废旧筛网	建立一个专门的修复小组,对那些破损不十分严重的筛网进行修复,加以利用;或者与厂家协商,以旧筛网换新筛网,节省资金	0	—	最大限度地利用筛网,降低购买筛网的成本
	F16	选矿厂各浓缩池井中心柱电源滑道	在各滑道上方加宽防水檐,侧面加设防水板	0.1	—	预防因进水跳闸事故,维护正常生产
	F17	扫选减速机改造	更换减速机底座为可调节式并平行角度	0.1	—	最大限度地减少了减速机三角带的磨损
过程控制环节改造	F18	热网换热站技术改造	通过对疏水结构的改造,把热网换热站两台换热器的凝结水回收再利用,把凝结水直接引入锅炉0m输水箱处,用疏水泵打到除氧器供锅炉使用	1	20.9	每小时回收使用水10t左右,节省了大量水和热能源
	F19	循环水水池清淤	在事故池上架一平台,高于事故池6~8m,便于搭建电动葫芦,由电动葫芦通过钢丝绳由人工控制淤泥抓斗	9	—	池水中的淤泥属于隐性影响生产的因素,及时处理,避免影响正常生产
	F20	加强地勘工作	加强地勘工作,对矿山矿石品质严格控制,保证进矿品位	0.5	—	提高原矿品位,降低水、电等原料的消耗
	F21	进料工序改造	根据原矿石品质合理搭配选矿工序进料品位	3	2	保证进料品位,降低水、电等原料的消耗
	F22	磨矿分级系统改造	调整分级设备的循环负荷	2.5	3	提高磨矿效率
	F23	重选系统改造	降低螺旋溜槽粗选和精选作业给矿浓度减少螺旋溜槽扫选作业台数,增加到精选作业,并适当降低精选作业浓度	5	4.5	提高重选别效率,减少中矿循环量
	F24	浮选作业改造	适当减少二次扫选刮泡量,增加中矿返回量;或增加三次扫选	1.5	3	降低浮选尾矿品位,提高浮选作业回收率
完善各种制度与管理	F25	加强用电管理	节约用电,照明灯、电脑、空调等控制好,做到人走及时关掉;对生产设备用电应该优化电力设施,实行错峰用电,以降低生产成本	0	1.5	节约用电约15000kW·h
	F26	照明灯改造	改造照明设施,将各办公室的白炽灯换为节能灯,并下照明的白炽灯换为防爆节能灯	0.3	0.7	节约用电约7000kW·h
	F27	杜绝"跑冒滴漏"现象	加强对水、原矿等管道(或皮带)的管理,杜绝"跑冒滴漏"现象的发生,建立专人负责制;对选矿厂加强老化设备的维修和更换	0	—	减少浪费

方案类别	方案编号	方案名称	方 案 简 介	预计投入资金/万元	预 计 效 果	
					经济效益/万元	绩 效
完善各种制度与管理	F28	加强岗位责任制和操作规范管理	制定合理的规章制度与奖惩制度	0	—	提高职工生产积极性
	F29	物资支领以旧换新制度	物资支领以旧换新制度的建立,目的在于杜绝浪费现象和支领物品的随意性	0	0.5	减少浪费
	F30	实行网络化管理	改进生产管理软件,使生产管理数据能够通过公司局域网进行传输,从而提高工作效率,减少报表数量及纸张用量,对打印纸张双面使用	0	0.4	减少纸张等电脑耗材的浪费
员工培训与教育	F31	加强"节能、减排"培训与宣传	提高全公司职工的清洁生产意识,认真执行操作标准,自觉开展清洁生产。加强企业员工清洁生产知识培训与宣传工作,在工作中按规程规范操作	0	—	提高员工清洁生产意识、能力
	F32	对各岗位员工进行技术培训	对各厂员工进行技术培训,提高职工思想水平和操作技能,考核不合格不准上岗	0.3	2	提高生产效率,减少操作事故,节约煤气等能源浪费

6.2.4.4 筛选方案

在进行方案筛选时常用初步筛选、权重加和排序法两种方法。

A 初步筛选

初步筛选是对已产生的所有清洁生产方案进行简单检查和评估,从而分出可行的无/低费方案、初步可行的中/高费方案和不可行方案三大类。其中,可行的无/低费方案可立即实施,初步可行的中/高费方案供下一步进行研制和进一步筛选,不可行的方案则搁置或否定。

初步筛选时考虑如下因素:

(1)技术可行性。技术可行性主要考虑方案的成熟程度,即技术路线是否在同行业采用过,以及本企业是否具备使用条件。

(2)环境效果。环境效果主要考虑方案是否可以减少废物的毒性和数量,能否改善工人的操作环境等。

(3)经济效益。经济效益主要考虑投资和运行费用能否承受得起,是否有经济效益,能否减少废物的处理处置费用等。

(4)易于实施程度。易于实施程度主要考虑是否在现有的场地、公用设施、技术人员等条件下即可实施或稍加改进即可实施。

(5)对生产和产品的影响。对生产和产品的影响主要考虑方案的实施过程中对企业正常生产的影响程度以及方案实施后对产量、质量的影响。

方案初步筛选方法见表 6 – 22。

表 6 – 22　方案初步筛选方法

筛选结果	方 案 编 号				
	方案 1	方案 2	方案 3	方案 4	方案 5
技术可行性	√	×	√	√	√
环境效果	√	√	×	√	×
经济效益	√	√	√	×	√
结　论	√	×	×	√	×

B　权重加和排序法

权重加和排序法适合于中/高费方案的筛选和排序。方案的权重加和排序与预评估的基本一致，只是权重因素和权重值有所不同，权重因素和权重值的选取可参照以下执行：

(1) 技术可行性主要考虑技术是否成熟、先进。权重值 $W = 6 \sim 8$。

(2) 环境效果主要考虑是否减少了对环境有害物质的排放量及其毒性；是否减少了对工人安全和健康的危害。权重值 $W = 8 \sim 10$。

(3) 经济效益主要考虑费用/效益比是否合理。权重值 $W = 7 \sim 10$。

(4) 易于实施程度主要考虑方案实施过程中对生产的影响大小，施工过程，施工周期，工人是否易于接受。权重值 $W = 4 \sim 6$。

(5) 对生产和产品的影响考虑是否影响产量和产品的质量。权重值 $W = 5 \sim 7$。

具体方法见表 6 – 23。

表 6 – 23　方案的权重总和计分排序法

权 重 因 素	权重值 (W)	方 案 得 分					
		方案 1		方案 2		方案 3	
		R	$R \times W$	R	$R \times W$	R	$R \times W$
环境效果							
经济可行性							
技术可行性							
可实施性							
对生产和产品的影响							
总　分							
排　序							

C　汇总筛选结果

按不可行方案、可行的无/低费方案、初步可行的中/高费方案列表汇总方案的筛选结果。该矿业公司方案筛选结果汇总见表 6 – 24。

表 6 – 24 方案筛选结果汇总

方案类别	方案编号	方案 名 称
初步可行无/低费方案	F1	加强库房管理
	F2	加强原辅材料进厂质量管理
	F5	电厂除尘水利用
	F6	滑板（集电器）技术改造
	F7	地采车间沉淀池小井阀门改造
	F8	新车间淀粉冷浆罐技术改造
	F9	改装钻机捕尘罩
	F10	电铲二车油污的控制
	F11	电铲干油泵改造
	F12	磁选设备养护
	F13	主井、措施井、地表料仓溜槽衬板改造
	F14	高压清洗机
	F15	回收废旧筛网
	F16	选矿厂各浓缩池井中心柱电源滑道
	F17	扫选减速机改造
	F18	热网换热站技术改造
	F19	循环水水池清淤
	F20	加强地勘工作
	F21	进料工序改造
	F22	磨矿分级系统改造
	F23	重选系统改造
	F24	浮选作业改造
	F25	加强用电管理
	F26	照明灯改造
	F27	杜绝"跑冒滴漏"现象
	F28	加强岗位责任制和操作规范管理
	F29	物资支领以旧换新制度
	F30	实行网络化管理
	F31	加强"节能、减排"培训与宣传
	F32	对各岗位员工进行技术培训
初步可行的中/高费方案	F3	原生矿选矿系统改造
	F4	建造尾矿库回水净化站

6.2.4.5 研制方案

经过筛选得出的初步可行的中/高费清洁生产方案，因为投资额较大，而且一般对生产工艺过程有一定程度的影响，因而需要进一步研究，一般提供三个以上方案做可行性分析。

　　方案的研制内容包括以下四个方面：方案的工艺流程详图、方案的主要设备清单、方案的费用和效益估算、编写方案说明。对初步可行的中/高费清洁生产方案均应编写方案说明，主要包括技术原理、主要设备、主要的技术及经济指标、可能的环境、产品影响等。

　　一般说来，筛选出来的每一个中/高费方案在进行研制和细化时都应考虑以下几个原则：

　　(1) 系统性。考察每个操作单元在一个新的生产工艺流程中所处的层次、地位和作用，以及与其他操作单元的关系，从而确定新方案对其他生产过程的影响，并综合考虑经济效益和环境效果。

　　(2) 闭合性。尽量使工艺流程对生产过程中的载体，例如水、溶剂等，实现闭路循环。

　　(3) 无害性。清洁生产工艺应该是无害（或至少是少害）的生态工艺，要求不污染（或轻污染）空气、水体和土壤；不危害操作工人和附近居民的健康。

　　(4) 合理性。合理性旨在合理利用原料，优化产品的设计和结构，降低能耗、水耗和物耗，减少劳动量和劳动强度等。

　　下面介绍该矿业公司筛选出的两个中/高费方案进行研制。

　　A　F3：原生矿选矿系统改造方案研制

　　a　改造理由

　　该矿业公司选矿厂原生矿系统原设计年处理量为1000kt，台时处理能力为111.11t，入磨原矿品位为29.22%。目前实际入磨原矿品位为21%左右，系统的台时能力175t。为充分发挥磨矿机效率，提高原生矿精粉生产能力，对原生矿干式磁滑轮甩尾进行改造，改造后入磨原矿品位将提高到25%左右。在不降低台时能力的前提下，入选的金属量将大大增加。原系统的高频筛分机、选别、矿浆输送等设备的生产能力明显不足、部分工艺管路也不能满足提产要求。因此，公司需对原生矿选矿系统进行配套的扩能改造。

　　b　改造方案

　　根据评估阶段进行的流程考察结果及设备生产能力核定计算，确定本次改造方案如下：

　　(1) 磨矿系统。现二段为$\phi 3.6m \times 5.0m$磨机、三段为$\phi 3.6m \times 6.0m$磨机，三磨能力大于二磨能力，从实际看工艺不合理。计划将两者的功能对调，即原二磨作三磨使用，原三磨作二磨使用。

　　(2) 分级及磁选系统。为使工艺合理，配合磨矿系统改造，将给矿设备浓缩磁选和旋流器的位置同时对调；考虑一段浓缩磁选为1台1230CTB磁选机，改造后能力明显不足，计划将原平台西部接出5m，再增加1台同规格的磁选机（将这次改造换下的二磁设备1230CTB磁选机安装在增加的平台上）。二磁现为1台1230CTB磁选机，能力不足，计划用1台1245CTB磁选机替代1230CTB磁选机。原三磁为2台1030CTB磁选机，场强为144kA/m，场强偏高，对提高精矿品位不利，计划将磁选机的磁系更换为场强112kA/m、磁场梯度大的磁系，提高精矿品位。

　　筛分系统现为12台LK-MVS2020高频振动筛，处理能力不足；计划增设2台2SG48-60W-5STK高效德瑞克多层筛或2台陆凯D5FMVS1014型多层振动筛，提高系统筛分能力。

现有 6 台 ϕ600mm 磁选柱的生产能力仅能满足当前生产要求，本次改造计划增加两台鞍山产裕丰改进型 ϕ600mm 磁选柱，处理能力提高到现在的 1.5 倍左右。

（3）矿浆给矿及输送系统。现有的一磁尾泵、高频筛给矿泵、浓缩磁选给矿泵、旋流器给矿泵能力不足，需要更换成 150ZBD – 630 型给矿泵；用原浓缩磁选 125ZBD – 530 型给矿泵替代原 100ZBG – 400 型三磁给矿泵；用原 100ZBG – 400 型三磁给矿泵替代原 100ZJ – 33 型精矿泵。同时对这部分渣浆泵的钢结构泵底座和泵的进口部分的阀门、短节、软连接、伸缩节等都进行适当改造。

（4）其他。根据上述改造项目需要，对现有工艺管路、阀门、设施等进行配套改造。

B　F4：建造尾矿库回水净化站方案研制

选矿厂生产是用水大户，通常每处理 1t 原矿需用水 4 ~ 6t，有些重力选矿甚至高达 10 ~ 20t。这些水随尾矿排入尾矿库内，经过澄清和自然净化后，大部分的水可供选矿生产重复利用。

现有尾矿库回水系统如下：

（1）浮船泵站。为回收利用尾矿库内尾矿澄清水及雨水，设计采用浮船泵站取水方式，浮船泵站设于尾矿库内深水区，浮船随着尾矿库内水位的高低变化而上下浮动，始终保持取水泵的吸水口淹没深度。尾矿库内水通过取水泵提升送至库外总回水泵站。

浮船泵站尺寸为 $L \times B \times H = 32m \times 8m \times 4.5m$（甲板上）。浮船需另委托专业厂家设计制造。

泵站内设 200WFZ340 – 28.5 型自控自吸泵 4 台，其中 3 台工作，1 台备用。水泵性能为：$Q = 340m^3/h$；$H = 28.5m$；$N = 55kW$。

泵站内设 MD3 – 6 型电动葫芦一部，起重量为 $Q = 3t$。

浮船与岸边回水干管采用橡胶管连接，橡胶管由浮筒支撑。

（2）总回水泵站。总回水泵站的作用是将尾矿库内浮船泵站送来的尾矿澄清水，经回水泵加压后一段送至选矿厂循环水泵站吸水池。

总回水泵站设于尾矿坝外侧附近。

泵站为地上式设置，泵房尺寸为 $L \times B \times H = 25.47m \times 8m \times 6.5m$。水泵吸水池尺寸为 $L \times B \times H = 12m \times 3m \times 3m$。为钢筋混凝土水池半地下式设置。

泵站内设 250D – 60X4 型回水泵 3 台，2 台工作，1 台备用。水泵性能为：$Q = 450m^3/h$；$H = 240m$；$N = 500kW$。

另设 50QW42 – 9 – 2.2 型污水泵 1 台，根据集水坑水位高低启停水泵。水泵性能为：$Q = 42m^3/h$；$H = 9m$；$N = 2.2kW$。

泵站内设 LX 型电动单梁悬挂起重机一部，起重量为 $Q = 5t$。

（3）排渗水泵站。为及时排除尾矿库外尾矿坝渗水，在尾矿坝外于南、西、北三侧设一个集水井，泵站与集水井合建。渗水通过井内潜水电泵提升送回库内。排渗水泵站同时兼做喷灌泵用。

每座泵站内设 300QCJ170 型潜水电泵 2 台，其中 1 台工作，1 台备用。水泵性能为：$Q = 170m^3/h$；$H = 76m$；$N = 55kW$。

集水井为地下式圆形钢筋混凝土结构，集水井直径为 2.5m，深度为 10m。地面泵站尺寸为 $\phi \times H = 2.5m \times 3m$。

（4）冲洗水泵站。回水管线兼作尾矿输送管线的备用管，为满足管道的冲洗用水量要求，需建一座储水池，池内设潜水泵组成冲洗水泵站。

泵站内设 350QW1200 – 18 – 90 型潜水泵 2 台，其中 1 台工作，1 台备用。水泵性能为：$Q = 1200m^3/h$；$H = 18m$；$N = 90kW$。

储水池为地下式圆形钢筋混凝土结构。储水池直径为 26.7m，深度为 4m。有效容积为 $2000m^3$。

（5）回水管道及排渗喷水防尘管道。

1）回水管道。回水管道分为两部分，一部分从浮船泵站至总回水泵站，管道采用 $D478 \times 8mm$ 卷焊钢管，输送距离约 600m；第二部分从总回水泵站至选矿厂循环水泵站，回水管管材采用 $D480 \times 9mm$ 无缝钢管；输送距离约 28000m。

回水管道设计采用一条，正常情况下作为回水管使用，如遇尾矿输送管道事故时，兼作尾矿输送管道的备用管。

2）排渗喷水防尘管道。排渗喷灌排水管道接自排渗水泵站水泵出水管，该管道布置尾矿初期坝顶。尾矿坝需要防尘喷水时停止向库内排水进行喷洒。喷水管道总长约 4.70km。

喷水管道设计采用一条。管材均采用 PE 给水管。喷水主管道由泵站至尾矿坝上管径为 $D219 \times 8mm$。喷水支管管径为 DN50mm。喷水采用 HWPQ 型 $\phi12mm$ 喷嘴。喷射半径为 25.0m，最大高度 10.5m。喷射流量 $13m^3/h$，喷嘴布置间距为 25m。

尾矿库已运行近四年，从目前生产来看，因回水质量较差对矿山生产造成了较大影响。

正常生产情况下，随尾矿进入尾矿库的水约 $950m^3/h$，经蒸发、渗漏后约 $900m^3/h$ 水要回到选矿厂再用。但由于回水中悬浮物浓度（多次取样检测在 0.01% 以上）较高，不能满足生产中作为净水使用的要求，致使只有 $450m^3/h$ 回水进入环水泵站作为次净水使用，不足的 $450m^3/h$ 净水则由新水补充。如此长期运行，造成水循环的不平衡，同时由于尾矿库内水位长期保持高位，对尾矿库的安全造成威胁。尾矿库回水经净化后能作为净水使用，可由现有水网直接进入高位水池，满足生产对净水的需要。如此，新水用量将减少 $450m^3/h$，既节约了水资源，又能取得一定的经济效益。

资金用量方面，经与研究设计部门咨询，建造处理量 $900m^3/h$ 的水处理厂约需投入 550 万元。鉴于生产中存在的上述问题，建议建造处理量 $900m^3/h$ 的水处理厂一座，选址可定在尾矿库旁边，不需另外征地。

6.2.4.6 继续实施无/低费方案并汇总无/低费方案实施效果

继续实施经筛选确定的可行的无/低费方案。对已实施的无/低费方案，包括在预评估和评估阶段所实施的无/低费方案，应及时核定其效果并进行汇总分析。核定及汇总内容包括方案序号、名称、实施时间、投资、运行费、经济效益和环境效果。无/低费方案实施绩效汇总见表 6 – 25。

表 6 – 25　无/低费方案实施绩效汇总

方案编号	名称	实施时间	投资	运行费	经济效益	环境效益
小　计						

6.2.5 可行性分析阶段

6.2.5.1 目的和重点

可行性分析阶段是企业清洁生产审核的第五阶段。其目的是对所筛选出来的中/高费清洁生产方案进行分析和评估，以选择最佳的可实施的清洁生产方案。分析和评估的方法有一定的原则，必须先进行技术评估，再进行环境评估，最后进行经济评估，要严格按此顺序进行。技术评估通不过的方案，不必再做环境评估；同样，环境评估通不过的方案，也不必再做经济评估；只有技术、环境评估都可行的方案，才做经济评估。通过方案的分析比较，选择技术上可行又获得经济和环境最佳效益的方案供投资者进行科学决策，得到最后实施的预防污染方案。

这一阶段的工作重点是，在结合市场调查和收集一定资料的基础上，进行方案的技术、环境、经济的可行性分析和比较，从中选择和推荐最佳的可行方案。

方案的可行性分析也可按国家、地方和部门的规定和通常做法进行，但至少应包括下列的技术评估、环境评估和经济评估中所列的各项内容。

这一阶段的工作具体划分为以下五个步骤：市场调查——技术评估——环境评估——经济评估——推荐可实施方案。

6.2.5.2 市场调查

当清洁生产方案涉及企业产品结构调整或有新的产品（或副产品）产生、得到可用于其他生产过程的原料时，必须先进行市场调查，以确定合适的技术途径和生产规模。市场调查需调查国内外同类产品目前的市场需求、产品价格、销售对象等，并预测国内外市场今后发展趋势、产品开发销售周期等，从而对原来方案的技术直接做相应的调整。每一方案中应有2~3种不同的技术途径以供选择。每一方案的不同技术途径都要有方案简述表，内容有方案技术工艺流程、实施途径、设备清单、所达到的技术经济指标和可产生的环境经济效益预测以及方案的总投资等。

6.2.5.3 技术评估

技术评估的目的是研究筛选的中/高费方案在预定条件下，为达到投资目的而采用的技术是否可行，技术评估应着重评价以下几方面：（1）与国内外同行业对比技术的先进性；（2）技术的安全性、可靠性；（3）技术成熟程度，有无实施先例；（4）方案对产品质量有无影响，能否保证产品质量；（5）引进技术或设备要符合我国国情，要有消化吸收能力；（6）现有的公共设施应满足要求（包括水、汽、热力、电力的要求）。

技术可行性分析应注意的问题：（1）对可能影响产品质量和生产效率的方案，必须进行更为细致的调查、研究，必要时要进行一定规模的试验；（2）对需要改变生产工艺和原辅材料的方案，必须确定该方案对最终产品质量的影响程度；（3）对于消除了某些方面的污染而又可能产生其他方面污染的方案，在技术评估时需要进行全面而充分的考虑；（4）技术可行性分析的原则是：方案中采用的技术要有利于节省资源，减少污染物排放，改善产品质量，提高生产效率，确保经济效益和环境效益统一。

对于该矿业公司筛选出的两个中高费方案进行技术评估分析见表6-26。

表 6 –26　初选方案进行技术上的评估

方　案　名　称	F3：原生矿选矿系统改造	F4：建造尾矿库回水净化站
技术可行性	可行	可行
技术先进性	一般技术	一般技术
技术安全、可靠性	安全可靠	安全可靠
技术成熟程度	成熟	成熟
产品质量能否保证	能	能
对生产能力影响	提高产量	提高水资源利用率
对生产管理影响	无影响	无影响
操作控制的难易	容易	一般
设备的选型和维修要求	成熟设备易维护	成熟设备，维修容易
人员的数量和培训要求	无	无
是否需要许可证的申请	不需要	不需要
工期长短、是否要求停工停产	利用原有停工检修时间进行	不需要停工停产
有无空间安装设备	有	有
是否需要额外的储运设施与能力	不需要	需要

6.2.5.4　环境评估

对技术评估可行的方案，再进行环境评估。清洁生产方案都应有显著的环境效益，但要防止在方案实施后会对环境产生新的影响。环境评估是对方案在资源、能源使用的变化、废物排放量、二次污染、废物毒性的变化及其再利用情况、操作环境对人体健康的影响等方面进行全面研究、讨论和分析。其目的是预测、评价某项方案实施后污染物的排放、资源能源消耗和对环境影响的变化情况。环境评估侧重于方案实施后对环境造成的不利影响。在进行环境评估时，审核小组可聘请有关的行业专家和环保专家一起参加。表6 – 27 为某方案实施环境可行性分析。

表 6 –27　初选方案实施环境可行性分析

方　案　名　称	F3：原生矿选矿系统改造	F4：建造尾矿库回水净化站
生产中废物排放量的变化	尾矿减少排放	提高循环水利用率，减少新水的使用量
污染物组分毒性的变化，可否降解	无毒性	无毒性
有无污染物在介质中的转移	无转移	无转移
有无二次污染或交叉污染	无	无
废物/排放物是否回用、再生或可利用	可以回用	可以利用
生产安全的变化（防火、防爆）	安全	安全
对操作人员身体健康的影响	无	无
能源的污染（包括水、气、固废等）	无	无

6.2.5.5　经济评估

对技术评估和环境评估均可行的方案，再要进行经济评估。经济评估是对清洁生产方案进行综合性的全面经济分析，是将拟选方案的实施成本与可能取得各种经济收益进行比较，确立方案实施后的盈利能力，并从中选出投资最少，经济效果最佳的方案，为投资决策提供科学依据。

经济评估主要采用现金流量分析、财务动态及获利分析方法。评价指标主要有以下六个：

（1）总投资费用（I）。

总投资费用（I）= 总投资 - 补贴 = 建设投资 + 建设期利息 + 流动资金 - 补贴

建设投资包括固定资产投资、无形资产投资、开办费及不可预见费。

（2）年净现金流量（F）。

年净现金流量（F）= 销售收入 - 经营成本 - 各类税 + 年折旧费 = 年利润 + 年折旧费

因为年折旧费通常情况下是打入经营成本内，并且不用上税，所以在计算年现金流量（F）时还需加上年折旧费，它也是企业现金流入的一部分。

（3）投资偿还期（N）。投资偿还期是指项目投产后，以项目获得的年净现金流量来回收建设项目总投资所需的年限。

投资偿还期（N）= 总投资费用（I）/年净现金流量（F）

（4）净现值（NPV）。净现值是指该项目经济寿命期内（或折旧年限内），将每年的净现金流量按规定的贴现率折现到计算期初的基年（一般为投资期初）现值之和。

$$NPV = \sum_{j=1}^{n} \frac{F}{(1+i)^j} - I$$

式中　i——贴现率，由国家每年公布，其值由国家宏观调控，一般比现金存款利率略高；

　　　n——项目寿命周期（或折旧年限），我国是折旧年限规定较长，一般为 10 年以上；

　　　j——年份。

（5）净现值率（$NPVR$）。净现值率是指单位投资额所得到的净收益现值。

$$NPVR = 净现值（NPV）/总投资费用（I）$$

净现值率主要用于不同项目间的比较，如方案一的总投资费用 $I_1 = 100$ 万，净现值 $NPV_1 = 10$ 万，而方案二的总投资费用 $I_2 = 1000$ 万，净现值 $NPV_2 = 20$ 万，则方案一的净现值率 $NPVR_1 = 0.1$，而方案二的 $NPVR_2 = 0.02$，就净现值率这一指标来看，应选择净现值率大的方案一。

（6）内部收益率（IRR）。内部收益率是在整个经济寿命期内累计逐年现金流入的总额等于现金流出总额，即净现值率为零的贴现率。

$$NPV = \sum_{j=1}^{n} \frac{F}{(1+IRR)^j} - I = 0$$

用线性试差法得：

$$IRR = i_1 + \frac{NPV_1(i_2 - i_1)}{NPV_1 + NPV_2}$$

式中　i_1——当净现值为接近于零的正值时的贴现率；

　　　i_2——当净现值为接近于零的负值时的贴现率。

内部收益率（IRR）可判断项目实际的投资收益水平。

经济评估的原则为投资偿还期（N）应小于定额偿还期。一般要求中费项目 $N < 2 \sim 3$

年，较高费项目 $N < 5$ 年，高费项目 $N < 10$ 年；净现值为正值 $NPV \geq 0$；净现值率越大，内部收益率（IRR）应大于基准收益率和银行贷款利率。

该矿业公司的两个中高费方案的经济效益分析如下：

（1）F3：原生矿选矿系统改造方案经济评估。本次计划安排总资金 317 万元，全部由维简资金支付。这些资金主要是增添设备及安装费用、工艺管路及设施的改造费用等。资金使用情况见表 6-28。

表 6-28　原生矿选矿系统改造资金情况

项目名称	土建费	设备安置费	安装费	其他设施、材料费	合计
原生矿选矿系统改造	0	212.0	25.0	80.0	317.0

原生矿系统改造：现在原生矿系统磨机台时为 175t/h，原矿品位平均 21%，精矿品位平均 65.5%，尾矿品位平均 7.5%，平均每小时产铁精粉 40t；碎矿原生矿系统改造后入磨原矿品位可提高到 25% 以上，在精、尾品位保持不变的情况下，每小时产铁精粉可达 50t 以上，每天可多生产铁精粉 200t 以上，每年可多生产 73kt 以上。按照当前的市场价格，直接经济效益高达几千万元，经济效益非常显著。

（2）F4：建造尾矿库回水净化站经济评估。尾矿库回水净化站如果建成，一次投入 550 万元，新水用量将减少 450m³/h，年节省新水 3942kt，节省水费 300 多万元。

F3 和 F4 方案经济效益可以接受，两个中/高费方案均推荐实施。

6.2.5.6　推荐可实施方案

可行性分析阶段的最后工作是将各投资方案的技术、环境、经济评估结果汇总成表，以确定最佳可行的推荐方案。

6.2.6　方案实施阶段

6.2.6.1　目的和重点

方案实施阶段是企业清洁生产审核的第六阶段。目的是通过推荐方案（经分析可行的中/高费最佳可行方案）的实施，使企业实现技术进步，获得显著的经济和环境效益；通过评估已实施的清洁生产方案成果，激励企业推行清洁生产。经过可行性分析的中/高费方案以及在审核过程中产生的无/低费方案，只有真正实施，才能取得实际效益。尤其是中/高费方案的实施，规模较大，涉及面较广，不单是车间、部门的事，有的还需专业设计单位进行设计、专业安装、建筑施工以及涉及企业多个部门，因此，实施时必须统筹安排，量力制定切实可行的实施计划，并且企业相关部门和员工协同配合，才能保证方案得到良好实施，从而使企业达到在技术创新的同时，获得较好的经济效益、环境效益和社会效益。

这一阶段的工作重点是：总结前几个审核阶段已实施的清洁生产方案的成果，统筹规划推荐方案的实施。清洁生产方案实施后，必须全面及时地跟踪评价实施的效果，这一方面可摸清企业清洁生产的潜力，为调整、制定下一轮的清洁生产行动积累资料；另一方面本企业的成功事例是最具说服力的宣传教材，可以使企业领导和职工及时了解清洁生产给企业带来的效益，不断提高对清洁生产的认识，增强企业开展清洁生产的信心，从而使企业更积极主动并持之以恒的参与清洁生产行动。

这一阶段的工作具体可以细分为四个步骤：组织方案实施——汇总已实施的无/低费方案的成果——验证已实施的中/高费方案的成果——分析总结实施方案时对企业的影响。

6.2.6.2　组织方案实施

经过可行性分析的推荐方案，大多是比较复杂的中/高费方案，需要一定的资金、设备和技术、工艺保证。在组织实施方案时，必须根据方案可行性分析结果、企业现有资金状况、技术程度以及其他外部条件等因素，进行统筹规划，制订详细的实施计划和时间进度表，确保方案有效实施。一般来说，先要筹措资金、进行工程设计、征地和现场开发、设计施工许可证，接下来就是新建厂房、设备选型，调研、设计加工或订货以及落实配套公共设施和设备安装，最后是人员培训、试车、验收和正常生产。筹措资金是较重要的，主要资金来源应该是企业内部的自筹资金，要从企业积累的资金、技改资金、正常运行费用以及实施的无/低费方案逐步积累的资金中得以解决。此外，还可向国内外银行或其他金融机构贷款。与此同时，还应合理安排有限的资金保证几个方案的滚动实施。具体方案的立项、设计、施工、验收等，按照国家、地方或部门的有关规定执行。

组织方案实施，通常编制一进度表（甘特图）张贴出来，以便督促，见表6-29。

表6-29　方案实施进度表（甘特图）

编号	任　　务	时标（周）												负责部门
		1	2	3	4	5	6	7	8	9	10	11	12	
1	筹措资金													财务部
2	申请立项													行政综合部
3	申请施工许可证													行政综合部
4	设备选型、订货													供应部
5	设备安装													设备科
6	组织操作、管理、维修班子													人力资源部
7	编写作业指导书													设备科
8	人员培训													乙方

6.2.6.3　评价汇总已实施方案的效果

对已实施的无/低费方案所取得的环境效益和经济效益，可通过调研、实测和计算，分别对比物耗、水耗、电耗等资源消耗以及废水、废气、废物等废物量这些环境指标在方案实施前后的变化，得到无/低费方案实施后的环境效果；分别对比产值、原材料费用、能源费用、公共设施费用、水费、污染控制费用、维修费、税金以及净利润等经济指标在方案实施前后的变化，得到无/低费方案实施后的经济效益。对已实施的中/高费方案所取得的成果，可通过技术、环境、经济和综合评价，分别对方案实施后的各项技术指标、环境指标、经济指标与措施以原设计要求、设计值，这些指标在方案实施后的实际值与设计者的差距，可得到中/高费方案实施后所产生的效益。无/低费方案实施效果的核定与汇总见表6-30。

表 6 - 30　无/低费方案实施效果的核定与汇总

方案编号	方案名称	投入成本/万元	取得实际效果	
			经济效益/万元·a^{-1}	绩　效
F1	加强库房管理	0.5	1.5	降低原辅料的浪费和消耗,避免丢失损坏现象发生
F2	加强原辅材料进厂质量管理	0.5	4.5	提高原辅料质量,尤其是减少精洗煤的计量错误;经过加强管理后效益非常明显,同时提高产品产量
F5	电厂除尘水利用	2	3.8	节省了药剂、水、电的使用
F6	滑板(集电器)技术改造	1.47	3.066	自制铝合金滑板使用寿命是碳材质的 6 倍,既实现了废物利用,又降低了成本
F7	地采车间沉淀池小井阀门改造	0.11	—	虽然不能产生直接经济效益,但可以有效预防水淹运输大道,避免运输部打车停产造成的损失
F8	新车间淀粉冷浆罐技术改造	0.5	15.4	减少了药剂的浪费,降低了生产成本,每年少配置 24 次淀粉药剂,减少了工人的劳动量
F9	改装钻机捕尘罩	0	2	改造所需的材料为废旧的皮带,既回收利用了废物,又降低了泥土的到处飞溅
F10	电铲二车油污的控制	0	3	通过回收废油,可减少有限资源的使用,充分发挥资源的价值
F11	电铲干油泵改造	1.5	50	每年可节约 43.8t 润滑油
F12	磁选设备养护	0	—	使设备更稳定的进行,减少矿浆的损失
F13	主井、措施井、地表料仓溜槽衬板改造	1.28	0.6	每年节约成本投入约 6000 元,减少维护、维修时间 100h 以上,确保生产的连续性
F14	高压清洗机	0.3	1.2	节省水资源、清洁剂、拖布、抹布等工具的使用数量,降低成本消耗,同时保证生产的连续性
F15	回收废旧筛网	0	—	最大限度地利用筛网,降低购买筛网的成本
F16	选矿厂各浓缩池井中心柱电源滑道	0.1	—	预防因进水跳闸事故,维护正常生产
F17	扫选减速机改造	0.1	—	最大限度地减少了减速机三角带的磨损
F18	热网换热站技术改造	1.2	10.9	每小时回收使用水 10t 左右,年减少水耗约 86kt,同时节约了热能源,减少煤耗约 54t
F19	循环水水池清淤	9	—	池水中的淤泥属于隐形影响生产的因素,及时处理,避免影响正常生产
F20	加强地勘工作	0.5	2.2	提高原矿品位及金属回采率,节约用水约 12kt/a,节约电耗约 16000kW·h/a
F21	进料工序改造	3.5	2.3	保证进料品位,节约用水约 10kt/a,节约电耗约 18000kW·h/a
F22	磨矿分级系统改造	2.5	3.5	提高磨矿效率,单位时间增加精矿产量,降低电耗 35000kW·h/a
F23	重选系统改造	5	4.5	提高重选选别效率,减少中矿循环量,直接减少电耗约 45000kW·h/a
F24	浮选作业改造	1.5	—	降低浮选尾矿品位,提高浮选作业回收率
F25	加强用电管理	0	1.5	节约用电约 15000kW·h
F26	照明灯改造	0.3	0.7	节约用电约 7000kW·h
F27	杜绝"跑冒滴漏"现象	0		减少水资源浪费约 12kt

方案编号	方 案 名 称	投入成本/万元	取得实际效果	
			经济效益/万元·a⁻¹	绩 效
F28	加强岗位责任制和操作规范管理	0	—	提高职工生产积极性
F29	物资支领以旧换新制度	0	0.5	减少浪费
F30	实行网络化管理	0	0.4	减少纸张等电脑耗材的浪费
F31	加强"节能、减排"培训与宣传	0	—	提高员工清洁生产意识、能力
F32	对各岗位员工进行技术培训	0.3	2	提高生产效率，减少操作事故，节约煤气等能源浪费
合　计		32.16	113.6	节约润滑油 43.8t；节煤耗 54t；节水约 120kt，节电约 136000kW·h

已实施的中/高费方案环境、经济效果见表 6-31。

表 6-31　已实施的中/高费方案环境、经济效果

方案编号	方案名称	实际投资/万元	实际效益	实际经济效益/万元
			效 益 描 述	
F3	原生矿选矿系统改造	317	现在原生矿系统磨机台时为 175t/h，原矿品位平均 21%，精矿品位平均 65.5%，尾矿品位平均 7.5%，平均每小时产铁精矿 40t；碎矿原生矿系统改造后入磨原矿品位可提高到 25% 以上，在精、尾品位保持不变的情况下，每小时产铁精粉可达 50t 以上，每天可多生产铁精粉 200t 以上，经济效益非常显著	600
F4	建造尾矿库回水净化站	550	尾矿库回水净化站的建成，大大降低了新水用量，经过实施 3 个月后水量消耗统计，平均每小时节省新水达 450m³，每年可节省新水 380 多万吨	75
合　计		867	—	675

通过清洁生产审核，提高了企业的整体素质，完善了企业的管理制度，促进了生产工艺的技术进步；整改方案的实施，提高各个生产环节废物的充分利用，减少了生产工艺过程中污染物的排放量，取得了较为明显的经济效益和环境效益。

该矿业公司在实施了 30 个清洁生产无/低费方案，投入 32.16 万元后，取得了较显著经济效益，节约润滑油 43.8t；节煤耗 54t；节水约 120kt，节电约 136000kW·h。共计达到 113.6 万元，节约了大量的资金及维修费用。

总结已实施方案所取得的效果，分析实施方案对企业的影响，这既是清洁生产审核报告的重要内容，也是企业的宣传材料，可增强企业搞清洁生产的信心，并有助于巩固已取得的清洁生产成果，为继续推行清洁生产打好基础。

6.2.7　持续清洁生产阶段

6.2.7.1　目的和重点

持续清洁生产阶段是企业清洁生产审核的最后一个阶段。其目的是使清洁生产工作在

企业内长期、持续地推行下去。企业搞清洁生产审核并不是搞一轮清洁生产审核就可以一劳永逸的，而是需要不断改进。因为清洁生产是一个相对的概念，在现在的能源、工艺、设备、产品、管理的情况下，也许是清洁的，随着社会经济的发展和科学技术进步，现在的"清洁"就会变成"不清洁"，因此，清洁生产是一个连续不断地改进企业管理、改革工艺、降低成本，提高产品质量和减少对环境污染的过程，是永无止境的连续过程，它不但能使企业改善环境，又能保证企业增加盈利和竞争性。所以，清洁生产工作必须作为企业的长期决策，持续永久地进行下去。

这一阶段的工作重点：建立推行和管理清洁生产工作的组织机构、建立促进实施清洁生产的管理制度、制定持续清洁生产计划以及编写本轮清洁生产审核报告。清洁生产工作要想在企业内长期开展下去，必须有固定的机构、稳定的工作人员来组织协调这方面工作，这样才能保障清洁生产工作的进行以及清洁生产工作的质量，并且要把这项工作作为制度纳入企业的生产管理中，不断扩大企业内实施清洁生产的范围，不断扩大清洁生产的成果，给企业带来更大的效益。

这一阶段的工作具体可细分为以下四个步骤：建立和完善清洁生产组织——建立和完善清洁生产管理制度——制订持续清洁生产计划——编写本轮清洁生产审核报告。

6.2.7.2　建立和完善清洁生产组织

清洁生产是一个动态的、相对的概念，是一个连续的过程，因而需有一个固定的机构、相对稳定的工作人员来组织和协调这方面工作，以巩固已取得的清洁生产成果，并使清洁生产工作持续地开展下去。

（1）明确任务。企业清洁生产组织机构的任务主要有：组织协调并监督实施本轮清洁生产审核提出的清洁生产方案；负责清洁生产活动的日常管理，经常性组织对企业职工的清洁生产教育和培训；选择下一轮清洁生产审核重点，并启动新的清洁生产审核。

（2）设立清洁生产机构，专人负责。清洁生产机构要想发挥应有的作用，及时完成任务，必须落实其归属问题。企业的规模、类型和现有机构等千差万别，因而清洁生产机构的归属也有多种形式，各企业可根据自身的实际情况具体掌握。可考虑以下三种形式：1）单独设立清洁生产办公室，直接归属厂长领导；2）在环保部门中设立清洁生产机构；3）在管理部门或技术部门中设立清洁生产机构。不论是以何种形式设立的清洁生产机构，企业的高层领导要有专人直接领导该机构的工作，因为清洁生产涉及生产、环保、技术、管理等各个部门，必须有高层领导的协调才能有效地开展工作。

6.2.7.3　建立和完善清洁生产管理制度

清洁生产管理制度包括把审核成果纳入企业日常管理轨道、建立激励机制和保证稳定的清洁生产资金来源。

（1）把审核成果纳入企业的日常管理。把清洁生产的审核成果及时纳入企业的日常管理轨道，是巩固清洁生产成效、防止流于形式的重要手段，通常应做好以下几方面工作：1）把清洁生产审核提出的加强管理的措施文件化，形成制度；2）把清洁生产审核提出的岗位操作改进措施，写入岗位操作规程，并要求严格遵循执行；3）把清洁生产审核提出的工艺过程控制的改进措施，写入企业的技术规范。

（2）建立和完善清洁生产激励机制。在奖金、工资分配、提升、降级、上岗、下岗、表彰、批评等诸多方面，与清洁生产工作业绩挂钩，建立清洁生产激励机制，以调动全体职工参与清洁生产的积极性。

（3）保证稳定的清洁生产资金来源。清洁生产的资金来源可以有多种渠道，例如贷款、集资等，但是清洁生产管理制度的一项重要作用是保证实施清洁生产所产生的经济效益，全部或部分地用于清洁生产和清洁生产审核，以持续滚动地推进清洁生产。建议企业财务对清洁生产的投资和效益单独建账。

6.2.7.4 制订持续清洁生产计划

清洁生产应制定持续清洁生产计划，使清洁生产有组织、有计划地在企业中可持续进行下去。持续清洁生产计划应包括如下内容：

（1）下一轮的清洁生产审核工作计划。新一轮清洁生产审核的启动并非一定要等到本轮审核的所有方案都实施以后才进行，只要大部分可行的无/低费方案得到实施，取得初步的清洁生产成效，并在总结已取得的清洁生产的基础上，即可开始新的一轮审核。

（2）制订已通过可行性分析但未实施的中/高费方案的实施计划。

（3）清洁生产新技术的研究与开发计划，根据本轮审核发现的问题，研究与开发新的清洁生产技术。

（4）企业职工的清洁生产培训计划。

持续清洁生产计划见表6-32。

表6-32 持续清洁生产计划

计划分类	主　要　内　容	开始时间	结束时间	负责部门
下一轮清洁生产审核工作计划	（1）确定新一轮审核重点，并提出新的清洁生产目标； （2）进一步实测输入输出物流，进行物料衡算； （3）产生方案，分析筛选方案，组织方案的实施； （4）对方案实施效果进行汇总，分析方案对企业的影响			
计划实施本轮审核清洁生产的方案	（1）逐步实施已发现和寻找到的无/低费方案； （2）按计划实施确定的中/高费方案； （3）继续分析、评估和实施其他中/高费方案； （4）认真吸取广大职工提出的清洁生产建议，并分类规划			清洁生产办公室
制订企业职工的清洁生产培训计划	对职工讲解清洁生产知识和方法，清洁生产的背景及发展趋势，提高职工清洁生产意识和技能，同时结合本公司实际已取得的清洁生产成果，补充完善环保各项管理制度			

6.2.7.5 编制本轮清洁生产审核报告

清洁生产审核报告的结构与格式如下：

（1）封面：一般采用A4纸。自上而下写明标题、编制单位名称和日期。

（2）目录：按开展清洁生产的步骤、程序编目，写明章节、标题和页码。

（3）正文：正文是报告主体，按审核七个阶段如实编写。正文内容如下：

1）前言：企业概况，开展清洁生产的背景，开展清洁生产的必要性。

2）清洁生产审核过程：如实报告"筹划和组织，预评估，评估，方案产生和筛选，可行性分析，方案实施，持续清洁生产"七个阶段的工作内容。

3）清洁生产审核绩效：清洁生产审核前后经济效益、环境效益对比。

4）小结：写出实施清洁生产的体会、存在的问题及建议。

参 考 文 献

[1] 国家环境保护总局科技标准司编著. 清洁生产审计培训教材 [M]. 北京：中国环境科学出版社，2002.

[2] 方圆标志认证集团编著. 清洁生产与清洁生产审核方法 [M]. 北京：中国标准出版社，2009.

[3] 杜静，等. 清洁生产审核实用知识手册 [M]. 北京：中国环境科学出版社，2009.

[4] 环境保护部清洁生产中心. 清洁生产论文集（2010 年）[M]. 北京：中国环境科学出版社，2011.

[5] 鲍建国，周发武. 清洁生产实用教程 [M]. 北京：中国环境科学出版社，2010.

[6] 李景龙，马云. 清洁生产审核与节能减排实践 [M]. 北京：中国建材工业出版社，2009.

[7] 臧树良，关伟，李川. 清洁生产、绿色化学原理与实践 [M]. 北京：化学工业出版社. 2006.

[8] 张延青，沈国平，刘志强. 清洁生产理论与实践 [M]. 北京：化学工业出版社. 2012.

[9] 叶永恒. 循环经济与清洁生产 [J]. 环境管理，2003，(1).

[10] 杨永杰. 环境保护与清洁生产 [M]. 北京：化学工业出版社，2002.

[11] 熊文强，等. 绿色环保与清洁生产概论 [M]. 北京：化学工业出版社，2002.

[12] 彭晓春，谢武明. 清洁生产与循环经济 [M]. 北京：化学工业出版社，2009.

[13] 周中平，赵毅红，朱慎林. 清洁生产工艺及应用实例 [M]. 北京：化学工业出版社，2002.

[14] 肖泉. 清洁生产与循环经济知识问答 [M]. 北京：化学工业出版社. 2007.

[15] 国家环境保护总局科技标准司. 清洁生产标准铁矿采选业 [M]. 北京：中国环境出版社. 2006.

[16] 王斌. 矿山清洁生产理论与评价方法研究 [D]. 长沙：中南大学. 2007.

[17] 黄浦. 大连市实施清洁生产系统研究 [D]. 大连：大连海事大学，2005.

[18] 唐军，李富平. 循环经济及清洁生产理念下的新型矿业开发 [J]. 矿业工程，2007 (2).

[19] 李富平，杨福海，袁怀雨. 矿业开发密集地区景观生态重建 [M]. 北京：冶金工业出版社，2007.

[20] 李树志. 矿区生态破坏防治技术 [M]. 北京：煤炭工业出版社，1998.

[21] 薛奕忠. 高阶段大直径深孔崩矿嗣后充填采矿法在安庆铜矿的应用 [J]. 采矿技术，2007，12：13 ~ 14.

[22] 刘同友. 国际采矿技术发展的趋势 [J]. 中国矿山工程，2005，2：35 ~ 40.

[23] 刘荣，李事捷，等. 我国金属矿山采矿技术进展及趋势综述 [J]. 金属矿山，2007，10：14 ~ 17.

[24] 王运敏. 冶金矿山采矿技术的发展趋势及科技发展战略 [J]. 金属矿山，2006，1：19 ~ 25.

[25] 战凯. 地下金属矿山无轨采矿装备发展趋势 [J]. 采矿技术，2006 (3)：34 ~ 38.

[26] 古德生，李夕兵，等. 现代金属矿床开采科学技术 [M]. 北京：冶金工业出版社，2006.

[27] 蔡美峰，郝树华，等. 大型深凹露天矿高效运输系统综合技术研究 [J]. 矿业工程，2004，10：10 ~ 13.

[28] 果晓明. 露天矿破碎—胶带半连续运输工艺的研究与实践 [J]. 金属矿山，2005，2：12 ~ 15.

[29] 蔡美峰，李军财，等. 汽车—胶带半连续运输系统线路优化研究 [J]. 金属矿山，2004，8：6 ~ 8.

[30] 刘敬国，段海峰. 爆破机理的推墙假说与协能爆破技术研究 [J]. 金属矿山，2007，12：32 ~ 35.

[31] 李大培，刘为洲，等. 姑山采场东部强采区预裂爆破合理参数的计算 [J]. 金属矿山，2004，4：20 ~ 22.

[32] 石栓虎，杨斌，王域，等. 逐孔起爆技术在金堆城露天矿深孔爆破中的应用 [J]. 中国钼业，2003，12 (6)：12 ~ 15.

[33] 殷延军. 逐孔起爆技术在金堆城露天矿的应用 [J]. 工程爆破，2004，9 (3)：72 ~ 75.

[34] 张兆元，于宝新. 齐大山铁矿精确微差逐孔起爆技术试验研究 [J]. 金属矿山，2004 (5)：

4～21.

[35] 庄世勇，卢文川，高洪亮．逐孔起爆在南芬露天矿深孔爆破中的应用［J］．金属矿山，2002（8）：58～62.

[36] 施建俊，汪旭光，等．逐孔起爆技术及其应用［J］．黄金，2006（4）：25～28.

[37] 梁学映．露天转地下联合开采技术探讨［J］．中国锰业，2006（11）：42～45.

[38] 李富平，杨富海，甘德清．露天—地下联合采矿方案的综合评价法［J］．金属矿山，1999（8）：15～17.

[39] 宋卫东，等．大间距无底柱分段崩落法采场地压变化规律研究［J］．金属矿山，2008（8）：13～16.

[40] 胡杏保．大间距无底柱开采进路应力状况研究［J］．金属矿山，2005（9）：123～167.

[41] 金闯，董振民，贡锁国，等．梅山铁矿无底柱分段崩落法加大结构参数研究［J］．金属矿山，2000（4）：16～19.

[42] 董振民．无底柱分段崩落法结构参数的优化［J］．宝钢技术，2000（5）：1～3.

[43] 余健．汪德文．高分段大间距无底柱分段崩落采矿新技术［J］．金属矿山，2008（3）：26～31.

[44] 张世雄，褚洪涛．我国金属矿山地下采矿的技术进步［J］．矿冶研究与开发，2009（6）：1～4.

[45] 孙恒虎，黄玉诚，杨宝贵，等．当代胶结充填技术［M］．北京：冶金工业出版社，2002.

[46] 解伟，隋利军，何哲祥．基于采矿充填的尾矿处置技术应用前景［J］．工业安全与环保，2008（8）：37～39.

[47] 刘同有，周成浦．金川镍矿充填采矿技术的发展［J］．中国矿业，1999（4）：1～4.

[48] 吴爱祥，王洪江，等．溶浸采矿技术的进展与展望［J］．采矿技术，2006（9）：39～47.

[49] 王运敏．"十五"金属矿山采矿技术进步与"十一五"发展方向［J］．金属矿山，2007（12）：1～9.

[50] 刘同有．国际采矿技术的发展趋势［J］．中国矿山工程，2005（2）：35～40.

[51] 张福群，刘冰心，等．可控循环通风技术的研究与应用［J］．金属矿山，2006（11）：8～11.

[52] 唐绍辉．深井金属矿山岩爆灾害研究现状［C］//长沙矿山研究院建院50周年院庆论文集，2006：136～140.

[53] 杨承祥，罗周全，等．深井金属矿床安全高效开采技术研究［J］．采矿技术，2006（3）：142～146.

[54] 荆永滨，王李管，等．地下矿山开采的智能化及其实施技术［J］．矿业研究与开发，2007（3）：49～52.

[55] 吕苗荣，古德生．矿山企业信息体系结构的研究与探讨［J］．矿业研究与开发，2006，26（4）：61～66.

[56] 文先保．海洋开采［M］．北京：冶金工业出版社．1996.

[57] 滕应，黄昌勇，龙健，等．矿区侵蚀土壤的微生物活性及其群落功能多样性研究［J］．水土保持学报，2003，17（1）：115～118.

[58] 倪含斌，张丽萍，等．矿区废弃地土壤重构与性能恢复研究进展［J］．土壤通报，2007，4：399～402.

[59] 胡振琪，魏忠义，等．矿山复垦土壤重构的概念与方法［J］．土壤，2005（1）：8～12.

[60] 胡永平，袁怀雨，刘保顺．提高和优化铁精矿品位的技术途径［J］．金属矿山，2002（9）增刊．

[61] 孙炳泉．我国复杂难选铁矿石选矿技术进展［J］．金属矿山，2005（8）增刊．

[62] 赵春福，吴建华，王辉．磁团聚重力选矿机的研制、发展与应用［J］．金属矿山，2005（8）增刊．

[63] 郝树华，蒋文利．铁精矿提铁降硅的捷径——磁团聚重选新工艺的应用和效果分析［J］．金属矿

山，2003（5）．

[64] 卞春富，许宏举．复合闪烁磁场精选机的研制与应用 [J]．金属矿山，2005（8）增刊．

[65] 陈广振，刘秉裕，周伟，等．磁选柱及其工业应用 [J]．金属矿山，2002（9）．

[66] 袁志涛，郑龙熙．脉冲振动磁场磁选柱的研制与试验 [J]．金属矿山，2001（3）．

[67] 秦煜民，张强，王化军，等．低场强自重介质跳汰机在磁铁矿选矿中的应用 [J]．矿山机械，2003（10）．

[68] 孙仲元．高效磁选设备在铁精矿提质降杂中的应用 [J]．金属矿山，2002（8）增刊．

[69] 张世文，姚强．王红艳．弓选厂采用 BX 磁选机代替原 CTB 磁选机的可行性研究 [J]．矿业快报，2004（4）．

[70] 高志喆，方丽芬，高振学，等．高效磁选机在大孤山选矿厂的工业试验 [J]．金属矿山，2003（10）增刊．

[71] 陈占金，李维兵．鞍山矿业公司铁精矿提铁降硅工作的思考 [J]．金属矿山，2003（10）增刊．

[72] 梁振绪．提铁降硅阴离子反浮选工艺在磁铁矿选矿中的应用 [J]．矿业工程，2003（4）．

[73] 郭友谦．尖山铁精矿提铁降硅试验及生产实践 [J]．金属矿山，2004（10）增刊．

[74] 高林章，王义达，马厚辉．提高铁精矿铁品位降低 SiO_2 含量的研究及应用 [J]．金属矿山，2004（3）．

[75] 赵贵军，林增常，曹忠新，等．铁精矿反浮选工艺精选技术在鲁南矿业公司的实践 [J]．金属矿山，2004（10）增刊．

[76] 葛英勇，陈达，余永富．耐低温阳离子捕收剂 GE－601 反浮选磁铁矿的研究 [J]．金属矿山，2004（4）．

[77] 熊大和，张国庆．SLon－2000 磁选机在调军台选矿厂的工业试验与应用 [J]．金属矿山，2005（12）．

[78] 朱格来，李建设．SLon－2000 立环脉动高梯度磁选机在调军台选矿厂的应用 [J]．矿业工程，2005，3（2）．

[79] 熊大和．SLon 型磁选机在齐大山选矿厂的应用 [J]．金属矿山，2002（4）．

[80] 赫荣安，陈平，熊大和．SLon 强磁机选别鞍山式贫赤铁矿的试验及应用 [J]．金属矿山，2003（9）．

[81] 熊大和．SLon 磁选机分选东鞍山氧化铁矿石的应用 [J]．金属矿山，2003（6）．

[82] 黄会春，廖国平，范志坚．SLon 立环脉动高梯度磁选机在满银沟铁矿的工业试验与研究 [J]．矿冶工程，2005，25（1）．

[83] 许继斌，张金河，左爱祥，等．姑山铁矿选矿厂技术改造实践 [J]．金属矿山，2004（6）．

[84] 熊大和，杨庆林，汤桂生，等．提高姑山赤铁矿生产指标的工业试验研究 [J]．金属矿山，2004（12）．

[85] 衣德强．立环脉动高梯度磁选机在梅山铁矿的应用 [J]．冶金矿山设计与建设，1999（2）．

[86] 刘动．反浮选应用于铁精矿提铁降硅的现状及展望 [J]．金属矿山，2003（2）．

[87] 张泾生，邓克，李维兵．磁选—阴离子反浮选工艺应用现状及展望 [J]．金属矿山，2004（5）．

[88] 彭显宏．东鞍山烧结厂红铁矿分选具体问题的探讨 [J]．国外金属矿选矿，2004（6）．

[89] 王陆新，周惠文，张宏艺．关宝山难选赤铁矿石可选性工业试验研究 [J]．矿业工程，2005（1）．

[90] 魏礼明，储荣春，王宗林，等．铁坑褐铁矿新工艺研究 [J]．金属矿山，2005（8）增刊．

[91] 陈兴华，王毓华，黄传兵，等．某褐铁矿浮选工艺流程试验研究 [J]．金属矿山，2005（8）增刊．

[92] 李永聪，孙福印．新疆某褐铁矿的选矿工艺研究 [J]．金属矿山，2002（6）．

［93］王毓华，任建伟．阴阳离子捕收剂反浮选褐铁矿试验研究［J］．矿产保护与利用，2004（8）．

［94］罗立群，张泾生，高远扬，余永富．菱铁矿干式冷却磁化焙烧技术研究［J］．金属矿山，2004（10）．

［95］陈述文，曾永振，陈启平．贵州赫章鲕状赤铁矿直接还原磁选试验研究［J］．金属矿山，1997（11）．

［96］童雄，黎应书，周庆华，等．难选鲕状赤铁矿石的选矿新技术试验研究［J］．中国工程科学，2005（9）．

［97］黄瑛彩，杨任新．马钢南山矿区极贫化铁矿石综合利用研究［J］．金属矿山，2005（8）增刊．

［98］张明达，李广文，唐晓玲．永磁强磁选机预选酒钢铁矿石研究与应用［J］．金属矿山，2004（10）增刊．

［99］曹志良，等．DPMS永磁强磁机在选矿生产中应用的新进展［J］．金属矿山，2004（10）增刊．

［100］圣洪．粗粒永磁辊式强磁选机的研制与应用［J］．金属矿山，2004（10）增刊．

［101］张锦瑞，王伟之，李富平．金属矿山尾矿综合利用与资源化［M］．北京：冶金工业出版社，2002．

［102］孟跃辉，倪文，张玉燕．我国尾矿综合利用发展现状及前景［J］．中国矿山工程，2010，39（5）：4~9．

［103］徐文慧，徐凯．加快我国有色金属矿山尾矿开发利用［J］．中国有色金属，2006（10）：49~51．

［104］刘惠中．镍矿尾矿的重选法再选［J］．有色金属（选矿部分），2005（1）：11~13．

［105］邱媛媛，赵由才．尾矿在建材工业中的应用［J］．有色冶金设计与研究，2008，29（1）：35~36．

［106］马茂君，陈家坨，郭林华．铁矿山废料再利用实验研究与实践［J］．中国资源综合利用，2007，25（3）：3~7．

［107］贾清梅，张锦瑞，李凤久．高硅铁尾矿制取蒸压尾矿砖的研究［J］．中国矿业，2006（4）：39~41．

［108］刘海龙．采矿废弃地的生态恢复与可持续景观设计［J］．生态学报，2004（2）．

［109］段云青，雷焕贵．小白菜富集Cd能力及对土壤Cd污染修复的能力研究［J］．农业环境科学学报，2006，25（S2）：476~479．

［110］张炜鹏，陈金林，黄全能．南方主要绿化树种对重金属的积累特性［J］．南京林业大学学报（自然科学版），2007，31（5）：125~128．

［111］WANG X F. Resource potential analysis of omamaentals aphid in cdtltaminatedsoil remediation［M］. Beijing：A Dissertation in Graduate School of Chinese Academy of Sciences. 2005：36~52．

［112］刘家女，周启星，孙挺．Cd-Pb复合污染条件下3种花卉植物的生长反应及超积累特性研究［J］．环境科学学报，2006，26（12）：2039~2044．

［113］曲向荣，孙约兵，周启星．污染土壤植物修复技术及尚待解决的问题［J］．环境保护，2008（12）：45~47．

［114］王伟，王新文，吴王锁．高含硫气井井喷事故污染土壤的植物修复研究——以重庆市开县"12·23"特大井喷事故为例［J］．农业环境科学学报，2010，29（S1）：111~115．

［115］Kozdro J, Piotrowska-Seget Z, Krupa P. Mycorrhizal fungi and ecto-mycorrhiza associated bacteria isolated from an in—dustrial desert soil protect pine seedlings hgainst Cd（Ⅱ）im—pact［J］. Ecotoxicology, 2007, 16：449~458．

［116］楚海林．四川红层人工边坡喷植绿化技术的研究［D］．成都：西南交通大学，2000．

冶金工业出版社部分图书推荐

书 名	定价(元)
采矿手册（第1卷~第7卷）	927.00
采矿工程师手册（上、下）	395.00
现代采矿手册（上册）	290.00
现代采矿手册（中册）	450.00
现代采矿手册（下册）	260.00
选矿手册（第1卷~第8卷共14分册）	637.50
现代金属矿床开采技术	260.00
爆破手册	180.00
中国冶金百科全书·采矿	180.00
中国冶金百科全书·安全环保	120.00
中国冶金百科全书·选矿	140.00
现代矿山企业安全控制创新理论与支撑体系	75.00
矿山废料胶结充填（第2版）	48.00
采矿概论	28.00
采矿学（第2版）	58.00
中国典型爆破工程与技术	260.00
中国爆破新技术Ⅱ	200.00
矿用药剂	249.00
选矿设计手册	140.00
地下装载机	99.00
硅酸盐矿物精细化加工基础与技术	39.00
炸药化学与制造	59.00
倾斜中厚矿体损失贫化控制理论与实践	23.00
矿山地质技术	48.00
井巷工程（本科教材）	38.00
井巷工程（高职高专教材）	36.00
现代矿业管理经济学	36.00
选矿知识600问	38.00
采矿知识500问	49.00
矿山尘害防治问答	35.00
金属矿山安全生产400问	46.00
煤矿安全生产400问	43.00
铁矿石选矿技术	45.00
环境工程微生物学实验指导	20.00
基于ArcObjects与C#. NET的GIS应用开发	50.00
矿物加工实验理论与方法	45.00